重庆市骨干高等职业院校建设项目规划教材

重庆水利电力职业技术学院课程改革系列教材

工程信息技术

主　编　胡　勇　徐　塱

副主编　何　宁　胡渝苹　马　琴

黄河水利出版社

·郑州·

内 容 提 要

本书是重庆市骨干高等职业院校建设项目规划教材、重庆水利电力职业技术学院课程改革系列教材之一,由重庆市财政重点支持,根据高职高专教育工程信息技术课程标准及理实一体化教学要求编写完成。本书内容全面,共分七个项目,主要内容包括:计算机基础知识与多媒体技术基础、操作系统 Windows 7、文字处理软件 Word 2010、电子表格处理软件 Excel 2010、演示文稿处理软件 PowerPoint 2010、数据库基础、计算机网络应用等。本书在编写时注重原理与实践紧密结合,注重实用性和可操作性;案例选取注重从读者日常学习和工作的需要出发;文字叙述上深入浅出,通俗易懂。

本书适合作为高职高专院校计算机专业与非计算机专业的教材,也可作为计算机初学者的自学用书。

图书在版编目(CIP)数据

工程信息技术/胡勇,徐曌主编. —郑州:黄河水利出版社,2016.11 (2018.9 修订版重印)

重庆市骨干高等职业院校建设项目规划教材
ISBN 978 – 7 – 5509 – 1600 – 5

Ⅰ.①工… Ⅱ.①胡…②徐… Ⅲ.①电子计算机 – 高等职业教育 – 教材 Ⅳ.①TP3

中国版本图书馆 CIP 数据核字(2016)第 302546 号

组稿编辑:王路平 电话:0371 – 66022212 E-mail:hhslwlp@ 163. com

出 版 社:黄河水利出版社 网址:www. yrcp. com
　　　　　地址:河南省郑州市顺河路黄委会综合楼14层 邮政编码:450003
发行单位:黄河水利出版社
　　　　　发行部电话:0371 – 66026940、66020550、66028024、66022620(传真)
　　　　　E-mail:hhslcbs@ 126. com
承印单位:河南承创印务有限公司
开本:787 mm ×1 092 mm 1/16
印张:17. 25
字数:400 千字　　　　　　　　　　印数:9 301—12 300
版次:2016 年 11 月第 1 版　　　　　印次:2018 年 9 月第 4 次印刷
　　　　2018 年 9 月修订版

定价:40. 00 元

前　言

　　按照"重庆市骨干高等职业院校建设项目"规划要求,水利水电建筑工程专业是该项目的重点建设专业之一,由重庆市财政支持、重庆水利电力职业技术学院负责组织实施。按照子项目建设方案和任务书,通过广泛深入的行业、市场调研,与行业、企业专家共同研讨,兼顾学生职业迁徙和可持续发展需要,构建基于职业岗位能力分析的教学做一体化课程体系,优化课程内容,进行精品资源共享课程与优质核心课程的建设。经过三年的探索和实践,已形成初步建设成果。为了固化骨干建设成果,进一步将其应用到教学之中,最终实现让学生受益,经学院审核,决定正式出版系列课程改革教材,包括优质核心课程和精品资源共享课程等。

　　当前,工程信息技术的应用已经渗透到大学所有的学科和专业,对大学非计算机专业的学生来说,不仅应该掌握计算机的操作使用,而且还要了解计算机和信息处理的基础知识、原理和方法,才能更好地应用于自己的专业学习与工作、生活等各方面。工程信息技术是学生进入高校后的第一门计算机课程,它将为后续的专业课程学习打下必要的基础。教育部非计算机专业计算机基础课程教学指导委员会发布的《进一步加强高校计算机基础教学的几点意见》中,明确要求学生应该了解和掌握计算机系统与网络、程序设计、数据库以及多媒体技术等方面的基本概念与基本原理,在坚持以应用能力为主的前提下,提高以计算机技术为核心的信息技术基本原理和基本知识的考核要求。为提高学生对计算机的理解和应用,重庆水利电力职业技术学院修订了工程信息技术教学大纲,课程内容不断推陈出新,进行了项目化教学设计,修订了课程教材。在编写本书时,我们在兼顾培养学生操作技能的同时,加强了理论知识的内容,希望借此培养和提高大学生在计算机理论方面的素养。

　　本书共分七个项目,项目一主要介绍了信息和信息技术的基础知识以及计算机的软硬件和内部信息的表示方式;项目二介绍了操作系统基础知识以及 Windows 7 操作系统的安装、配置和使用;项目三、项目四、项目五分别介绍了办公自动化基本知识,以及常用办公自动化软件 Office 2010 中文字处理软件、电子表格处理软件和演示文稿处理软件的使用;项目六主要介绍了关系型数据库的基本概念和 Access 软件的基本使用方法;项目七主要介绍了计算机网络基本知识、Internet 的基本概念和基本使用方法,讨论了信息安全的基本内容。

　　参加本书编写的人员是多年从事一线教学的教师,具有较为丰富的教学经验。在编写时注重原理与实践紧密结合,注重实用性和可操作性;案例的选取上注重从读者日常学习和工作的需要出发;文字叙述上深入浅出,通俗易懂。本书曾几易其稿,先后多次召集提纲研讨会、书稿讨论会和审定会,并广泛征求不同层面学者、专家的建议和意见。根据编委会的分工和安排,参与各项目编写、修改、审稿的人员主要有:项目一和项目五胡渝苹,项目二和项目四徐塱,项目三何宁,项目六和项目七马琴。全书由重庆水利电力职业技术学院胡勇、徐塱担任主编,胡勇负责全书统稿,由重庆水利电力职业技术学院何宁、胡渝苹、马琴担任副主编,由重庆三峡职业学院张南宾教授担任主审。

在本书的编写过程中,参与者们放弃了许多的休息时间,查阅资料、构思文章,相互帮助、支持,甚至展开激烈的争论,力求精益求精,充分体现了学术上的严谨和求真务实的作风,在此谨向他们表示敬意与衷心的感谢!

由于信息技术发展较快,本书涉及的新内容又较多,加之编者水平有限,时间仓促,书中难免有错误与不妥之处,恳请广大读者批评指正。

编 者

2016 年 6 月

目　录

前　言

项目一　认识和使用计算机 ……………………………………………… (1)

　　子项目一　认识计算机 ……………………………………………… (1)

　　　　任务一　计算机的发展与分类 …………………………………… (1)

　　　　任务二　计算机中的数 …………………………………………… (5)

　　子项目二　组装计算机 ……………………………………………… (13)

　　　　任务一　判断微型计算机的性能好坏 …………………………… (14)

　　　　任务二　了解计算机硬件 ………………………………………… (14)

　　　　任务三　了解计算机软件 ………………………………………… (17)

　　子项目三　键盘操作 ………………………………………………… (20)

　　　　任务一　认识键盘 ………………………………………………… (20)

　　　　任务二　掌握键盘录入的基本要领 ……………………………… (22)

　　　　任务三　使用输入法 ……………………………………………… (22)

　　子项目四　认识多媒体 ……………………………………………… (23)

　　　　任务一　了解多媒体的概念 ……………………………………… (23)

　　　　任务二　了解多媒体硬件设备 …………………………………… (23)

　　　　任务三　了解多媒体格式及类别 ………………………………… (24)

　　项目小结 ……………………………………………………………… (25)

　　习　题 ………………………………………………………………… (25)

项目二　Windows 7 操作系统 ………………………………………… (29)

　　子项目一　配置 Windows 7 系统环境 …………………………… (29)

　　　　任务一　认识 Windows 7 操作系统 …………………………… (30)

　　　　任务二　掌握 Windows 7 的基本操作 ………………………… (31)

　　　　任务三　认识 Windows 7 操作系统的组成 …………………… (32)

　　　　任务四　掌握窗口的基本操作 …………………………………… (34)

　　　　任务五　认识 Windows 的对话框 ……………………………… (38)

　　　　任务六　认识 Windows 的【开始】菜单和任务栏 …………… (39)

　　　　任务七　使用控制面板设置个性化 Windows 7 外观 ………… (42)

　　　　任务八　打开或关闭 Windows 功能 …………………………… (45)

　　　　任务九　卸载程序 ………………………………………………… (46)

　　　　任务十　管理设备与打印机 ……………………………………… (46)

　　任务十一　设置用户账户 ……………………………………………………………… (47)

　子项目二　Windows 7 磁盘空间管理 …………………………………………………… (48)

　　任务一　文件和文件夹的基础知识 …………………………………………………… (49)

　　任务二　认识资源管理器 ……………………………………………………………… (51)

　　任务三　文件和文件夹的基本操作 …………………………………………………… (52)

　　任务四　文件和文件夹的高级操作 …………………………………………………… (56)

　　任务五　掌握库的基本操作 …………………………………………………………… (58)

　　任务六　利用磁盘维护工具管理磁盘空间 …………………………………………… (60)

　项目小结 ………………………………………………………………………………… (62)

　习　题 …………………………………………………………………………………… (62)

项目三　Word 2010 电子文档 …………………………………………………………… (67)

　子项目一　某建设工程公司宣传文稿 …………………………………………………… (67)

　　任务一　创建 Word 文档 ……………………………………………………………… (68)

　　任务二　页面布局的设置 ……………………………………………………………… (74)

　　任务三　设置字符格式 ………………………………………………………………… (76)

　　任务四　设置段落格式 ………………………………………………………………… (76)

　　任务五　格式刷的应用 ………………………………………………………………… (77)

　　任务六　查找和替换 …………………………………………………………………… (78)

　　任务七　插入对象 ……………………………………………………………………… (79)

　　任务八　保存文档 ……………………………………………………………………… (82)

　子项目二　制作工程类表格 ……………………………………………………………… (85)

　　任务一　制作"分部工程质量验收记录" ……………………………………………… (86)

　　任务二　"分部工程质量验收记录"表格的格式化 …………………………………… (88)

　　任务三　保存文件 ……………………………………………………………………… (90)

　　任务四　制作"单位工程概预算表" …………………………………………………… (90)

　　任务五　添加批注 ……………………………………………………………………… (91)

　　任务六　表格的计算 …………………………………………………………………… (91)

　　任务七　保存文件 ……………………………………………………………………… (92)

　子项目三　批量制作邀请函 ……………………………………………………………… (94)

　　任务一　制作主文档 …………………………………………………………………… (94)

　　任务二　制作数据源 …………………………………………………………………… (95)

　　任务三　邮件合并 ……………………………………………………………………… (96)

　子项目四　长文档的综合排版 …………………………………………………………… (98)

　　任务一　全文分节,节内分页 ………………………………………………………… (101)

　　任务二　制作论文封面 ………………………………………………………………… (101)

　　任务三　设置和应用毕业论文样式 …………………………………………………… (102)

　　任务四　使用导航窗格编辑论文 ……………………………………………………… (104)

　　任务五　制作论文目录 ………………………………………………………………… (104)

任务六　创建题注 ……………………………………………（105）

任务七　设置复杂的页眉页脚 …………………………………（106）

任务八　保存文档 ………………………………………………（108）

任务九　打印 ……………………………………………………（108）

项目小结 …………………………………………………………（109）

习　题 ……………………………………………………………（109）

项目四　Excel 2010 电子表格 ……………………………………（112）

子项目一　制作"员工培训信息表" ……………………………（112）

任务一　建立"2015 年员工培训信息表"工作簿文件 ………（113）

任务二　数据输入与编辑 ………………………………………（117）

任务三　使用【自动求和】按钮计算总分和平均分 …………（126）

任务四　格式化工作表 …………………………………………（126）

任务五　为单元格设置条件格式 ………………………………（130）

任务六　重命名工作表和修改工作表标签颜色 ………………（133）

任务七　创建"2015 年员工培训信息图表" …………………（137）

任务八　打印工作表 ……………………………………………（140）

子项目二　制作"商品销售统计账簿" …………………………（145）

任务一　建立工作簿并导入外部数据 …………………………（146）

任务二　进行折前金额的计算 …………………………………（148）

任务三　使用函数计算"销售统计表" …………………………（151）

任务四　使用函数计算"按业务人员统计"和"按商品类型统计"表数据

………………………………………………………（155）

任务五　创建"按业务人员统计实际销售额图表"并添加迷你图 …（158）

子项目三　"第一季度商品销售统计表"数据分析 ……………（161）

任务一　按"业务人员"进行排序 ………………………………（162）

任务二　用自动筛选查看商品销售情况 ………………………（165）

任务三　用高级筛选分析商品销售情况 ………………………（168）

任务四　按销售类型分类汇总商品销售数据 …………………（169）

任务五　创建数据透视表和数据透视图 ………………………（170）

任务六　保护工作表和工作簿 …………………………………（172）

项目小结 …………………………………………………………（175）

习　题 ……………………………………………………………（175）

项目五　PowerPoint 2010 的基本操作 …………………………（178）

子项目一　制作"新进员工培训课"演示文稿 …………………（178）

任务一　认识 PowerPoint 的工作环境 ………………………（178）

任务二　利用设计模板制作幻灯片 ……………………………（180）

任务三　编辑幻灯片 ……………………………………………（181）

任务四　幻灯片的切换及保存 …………………………………（185）

子项目二　充实、美化演示文稿 ·· (186)

　　任务一　修饰幻灯片 ·· (187)

　　任务二　超链接 ·· (192)

　　任务三　动画设置 ·· (193)

　　任务四　幻灯片的放映、打印和打包 ····················· (195)

项目小结 ·· (198)

习　题 ·· (198)

项目六　Access 2010 数据库管理 ································· (201)

子项目一　创建数据库 ·· (201)

　　任务一　认识 Access 的数据库 ·························· (201)

　　任务二　使用模板创建"学生"数据库 ·················· (202)

　　任务三　创建"教务管理"空白数据库 ················· (203)

　　任务四　数据库的基本操作 ······························· (203)

子项目二　创建数据表 ·· (205)

　　任务一　表结构设计 ·· (205)

　　任务二　通过数据表视图在"教务管理"数据库中创建"学生"表 ·· (209)

　　任务三　通过设计视图在"教务管理"数据库中创建"课程"表 ······ (210)

　　任务四　通过数据导入在"教务管理"数据库中建立"成绩"表 ······ (210)

　　任务五　设置表中字段的属性 ····························· (212)

　　任务六　表的基本操作 ······································ (218)

　　任务七　表间关系 ··· (223)

子项目三　查询的创建和使用 ·· (226)

　　任务一　使用简单查询向导 ······························· (226)

　　任务二　使用查询设计视图 ······························· (228)

　　任务三　在查询中进行计算 ······························· (230)

项目小结 ·· (233)

习　题 ·· (233)

项目七　计算机网络应用 ··· (235)

子项目一　计算机网络基本知识 ····································· (235)

　　任务一　了解网络的基本知识 ····························· (235)

　　任务二　认识组建计算机网络 ····························· (238)

　　任务三　认识组建局域网 ··································· (243)

子项目二　Internet 及应用 ··· (247)

　　任务一　了解 Internet ······································ (247)

　　任务二　认识 IP 地址及协议 ····························· (249)

　　任务三　Internet 基本服务功能 ························· (252)

子项目三　信息安全 ··· (254)

　　任务一　计算机病毒与防治 ······························· (255)

　　任务二　网络黑客与网络攻防 ……………………………………（257）

　　任务三　常见信息安全技术 ………………………………………（259）

　项目小结 …………………………………………………………………（262）

　习　题 ……………………………………………………………………（263）

参考文献 ……………………………………………………………………（266）

项目一 认识和使用计算机

计算机是20世纪人类最伟大的发明之一。在现代生活中,计算机无处不在,计算机技术及其应用已经渗透到科学技术、国民经济、社会生活等各个领域,改变了人们传统的工作、生活方式;当今生活的各个方面、各行各业都在利用计算机解决各种问题。

本项目首先介绍计算机的发展、特点、分类及其应用等基础知识,继而论述计算机系统组成及其各部分的功能、特点,计算机的信息表示方法以及多媒体技术等必须要掌握的计算机基本知识。

【学习目标】
1. 了解计算机的发展及应用。
2. 掌握计算机中常用信息的表示方法。
3. 掌握计算机系统的组成及其各部分功能。
4. 掌握计算机的基本操作。
5. 了解多媒体技术的基础知识。

子项目一 认识计算机

【项目描述】
小明刚进入大学,就发现同学们都想购买一台计算机,他也想买一台,于是就和同学约定一起去商场看看。进入商场后,店员很热情地为同学们推荐了好几款不同价位不同类型的计算机,然而一看到计算机商品标签上标注的指标,同学们都懵住了,计算机怎么会有那么多种类呀? 到底哪种是我们需要的呢? 我们通过本任务的学习来帮助小明解决这一问题。

本项目包括以下内容:
1. 计算机的发展与分类。
2. 计算机内的数据形式。

任务一 计算机的发展与分类

计算机的发展已逾百年,而在计算机的发展历史中,出现了哪些种类的计算机,以及计算机内部是通过什么样的形式进行信息的存储和运算的? 通过本项目的认识,了解计算机的过去以及未来的发展趋势。

一、计算机的发展

计算机(Computer)是电子数字计算机的简称,是一种自动地、高速地进行数值运算和信息处理的电子设备,是现代信息技术的核心,它的发展和应用从根本上改变了人类收集、加工、处理和利用信息的方式。

20 世纪初,电子技术得到了迅猛的发展,这为第一台电子计算机的诞生奠定了基础。1943 年,正值第二次世界大战,由于军事上弹道问题计算的需要,美国军械部与宾夕法尼亚大学合作,开始研制电子计算机。

世界上第一台计算机 ENIAC(Electronic Numerical Integrator and Computer)(见图 1-1)于 1946 年 2 月 15 日在美国宾夕法尼亚大学研制成功,是莫克利(John Mauchly)教授和他的学生埃克特(J. P. Eckert)博士研制的。ENIAC 以电子管为主要元件,共使用了 18000 多个电子管,10000 多个电容器,7000 个电阻,1500 多个外继电器,功率 150 千瓦,重量达 30 吨,占地面积约 140 平方米。用十进制计算,它的加法速度为每秒 5000 次,乘法为每秒 300 次,虽然其运算速度远远比不上现代的计算机,但是,它却使科

图 1-1　第一台电子计算机 ENIAC

学家们从繁重的计算中解脱出来,有更多的时间进行理论研究。

从第一代电子计算机诞生至今,计算机的发展经历了四个阶段,见表 1-1,并正在向新一代计算机发展。

表 1-1　计算机发展的四个阶段

阶段	大致年代	物理器件	软件特征	应用领域
第一代	1946~1957 年	电子管	机器语言	军事及科学研究
第二代	1958~1964 年	晶体管	汇编语言	数据处理、自动控制
第三代	1965~1972 年	集成电路	高级语言 操作系统	科学计算、数据处理、工业控制、 文字处理、图形处理
第四代	1972 年以后	超大规模集成电路	数据库、网络等	工业、生活各个方面

二、计算机的基本特点

1. 运算速度快

当今,计算机系统的运算速度已经达到每秒万亿次,微型计算机也可达每秒亿次以上,使大量复杂的科学计算问题得以解决。随着计算机技术的发展,计算机的运算速度还在提高。

2. 存储容量大

计算机的存储性是其区别于其他计算工具的重要特征。

3. 运算精度高

计算机的计算精度在理论上不受限制,一般的计算机均能达到 15 位有效数字,一些大型计算机精度可达小数点后的上亿位。

4. 具有逻辑判断能力

人是有思维能力的,思维能力本质上是一种逻辑判断能力,也可以说是因果关系分析能力。计算机可以借助逻辑运算进行逻辑判断,分析命题是否成立,并可根据命题成立与否做出相应的对策。计算机的这种逻辑判断能力保证了计算机信息处理的高度自动化,这种工作方式称为程序控制方式。

三、计算机的分类

1. 按工作原理分类

➢ 数字计算机:所处理的数据都是以"0"和"1"表示的二进制数字。

➢ 模拟计算机:所处理的数据都是连续的,以电信号的幅值来模拟数值或某物理量的大小。

➢ 数模混合计算机:指模拟技术与数字技术灵活结合在一起的电子计算机,输入和输出既可以是数字数据,也可以是模拟数据。

2. 根据计算机的用途分类

➢ 通用计算机:通用性强,具有很强的综合处理能力,能解决各种类型的问题。

➢ 专用计算机:功能单一,配有特定的软、硬件,高速可靠地解决特定的问题。

3. 根据计算机的综合性能指标(性能、规模和处理能力)分类

➢ 巨型计算机:具有很强的计算和处理数据的能力,主要特点表现为高速度和大容量,配有多种外部和外围设备及丰富的、高功能的软件系统。巨型计算机实际上是一个巨大的计算机系统,主要用来承担重大的科学研究、国防尖端技术和国民经济领域的大型计算课题及数据处理任务。如大范围天气预报,整理卫星照片,原子核物理的探索,研究洲际导弹、宇宙飞船等,制订国民经济的发展计划,项目繁多,时间性强,要综合考虑各种各样的因素,依靠巨型计算机能较顺利地完成。

➢ 大型计算机:通常作为大型商业服务器。它们一般用于大型事务处理系统,特别是过去完成的且不值得重新编写的数据库应用系统方面,其应用软件通常是硬件本身成本的好几倍。现代大型计算机并非主要通过每秒运算次数 MIPS 来衡量性能,而是可靠性、安全性、向后兼容性和极其高效的输入/输出(I/O)性能。主机通常强调大规模的数据输入输出,着重强调数据的吞吐量。大型计算机可以同时运行多个操作系统,因此不像是一台计算机而更像是多台虚拟机,因此一台主机可以替代多台普通的服务器,是虚拟化的先驱。同时主机还拥有强大的容错能力。主机的投资回报率取决于处理数据的规模、减少人力开支、实现不间断服务和其他成本的缩减。由于主机的平台与操作系统并不开放,因而很难被攻破,安全性极强。大型机使用专用的操作系统和应用软件,在主机上编程采用 COBOL,同时采用的数据库为 IBM 自行开发的 DB2。在大型机上工作的 DB2 数据库管理员能够管理比其他平台多 3 ~ 4 倍的数据量。

➢ 小型计算机:小型计算机是相对于大型计算机而言的,小型计算机的软件、硬件系统规模比较小,但价格低、可靠性高,操作灵活方便,便于维护和使用。为了有效发挥计算

机资源的功能和提高性价比而采取的方法有：①根据不同用途采用不同字长，尽可能在满足应用要求的前提下用较短的字长，以压缩计算机规模，从而降低造价。在已有的小型机中，字长为 16 位者较为普遍，如美国的 PDP – 11 系列、NOVA 系列，中国的 DJS100 系列。②采用微程序控制结构，结构规整，便于实现生产标准化。这样又能灵活地实现各种控制功能，可根据不同应用编制相应的微程序，以获得良好的性价比。③按处理能力分档，研制小型机系列。同一系列中各档小型机的字长和指令系统往往相同，只是规模大小、处理能力不同。为各档小型机研制各种可供选择的功能部件和接口，而且使主存储器和外围设备等的配置规模也有一定的变化范围。这样，可以针对不同的应用规模选用系列中的适当型号及其系统配置规模。④研制各种软件，如实时操作系统、多用户分时操作系统、各种高级语言（包括专用语言）和各类应用程序包等，以获得解决各种应用问题的良好效果。

➢ 微型计算机：微型计算机的特点是体积小、灵活性大、价格便宜、使用方便。把微型计算机集成在一个芯片上即构成单片微型计算机（Single Chip Microcomputer）。由微型计算机配以相应的外围设备（如打印机）与其他专用电路、电源、面板、机架及足够的软件构成的系统，叫作微型计算机系统（Microcomputer System），即通常说的电脑。

➢ 工作站：是一种高端的通用微型计算机，主要是为了单用户使用，可提供比个人计算机更强大的性能，尤其是在图形处理、任务并行等方面。通常配有高分辨率的大屏、多屏显示器及容量很大的内存储器和外存储器，并且具有极强的信息处理功能和高性能的图形、图像处理功能。另外，连接到服务器的终端机也可称为工作站。

➢ 服务器：也称伺服器，是提供计算服务的设备。由于服务器需要响应服务请求，并进行处理，因此一般来说服务器应具备承担服务并且保障服务的能力。服务器的构成包括处理器、硬盘、内存、系统总线等，和通用的计算机架构类似，但是由于需要提供可靠的服务，因此在处理能力、稳定性、可靠性、安全性、可扩展性、可管理性等方面要求较高。在网络环境下，根据服务器提供的服务类型不同，分为文件服务器、数据库服务器、应用程序服务器、WEB 服务器等。

四、计算机的应用

1. 科学计算

科学计算是指科学和工程中的数值计算。它与理论研究、科学实验一起成为当代科学研究的三种主要方法。主要应用在航天工程、气象、地震、核能技术、石油勘探和密码解译等涉及复杂数值计算的领域。

2. 信息管理

信息管理是指非数值形式的数据处理，以计算机技术为基础，对大量数据进行加工处理，形成有用的信息。被广泛应用于办公自动化、事务处理、情报检索、企业管理和知识系统等领域。信息管理是计算机应用最广泛的领域。

3. 过程控制

过程控制又称实时控制，指用计算机及时采集检测数据，按最佳值迅速地对控制对象进行自动控制或自动调节。目前已在冶金、石油、化工、纺织、水电、机械和航天等部门得到广泛应用。

4. 计算机辅助系统

计算机辅助系统指通过人机对话，使计算机辅助人们进行设计、加工、计划和学习等工作，如计算机辅助设计 CAD、计算机辅助制造 CAM、计算机辅助教育 CBE、计算机辅助教学 CAI、计算机辅助教学管理 CMI。另外，还有计算机辅助测试 CAT 和计算机集成制造系统 CIMS 等。

5. 人工智能

人工智能（AI，Artificial Intelligence）是研究怎样让计算机做一些通常认为需要智能才能做的事情，又称机器智能。智能机器所执行的通常是人类智能的功能，如判断、推理、证明、识别、感知、理解、设计思考、规划、学习和问题求解等思维活动。

6. 计算机网络与通信

利用通信技术，将不同地理位置的计算机互联，可以实现世界范围内的信息资源共享，并能交互式地交流信息。正所谓"一线联五洲"，Internet 的建立和应用使世界变成了一个"地球村"，同时深刻地改变了我们的生活、学习和工作方式。

五、计算机的发展趋势

1. 巨型化

巨型化指研制速度更快的、存储量更大的和功能更强大的巨型计算机，主要应用于天文、气象、地质和核技术、航天飞机和卫星轨道计算等尖端科学技术领域。研制巨型计算机的技术水平是衡量一个国家科学技术和工业发展水平的重要标志。

2. 微型化

微型化指利用微电子技术和超大规模集成电路技术，把计算机的体积进一步缩小，价格进一步降低。计算机的微型化已成为计算机发展的重要方向，各种笔记本电脑和掌上电脑（PDA）的大量面世和使用，是计算机微型化的一个标志。

3. 网格化

网格（Grid）技术可以更好地管理网上的资源，它把整个互联网虚拟成一台空前强大的一体化信息系统，犹如一台巨型机，在这个动态变化的网络环境中，实现计算资源、存储资源、数据资源、信息资源、知识资源、专家资源的全面共享，从而让用户从中享受可灵活控制的、智能的、协作式的信息服务，并获得前所未有的使用方便性和超强能力。

4. 智能化

计算机智能化是指使计算机具有模拟人的感觉和思维过程的能力。智能化的研究包括模拟识别、物形分析、自然语言的生成和理解、博弈、定理自动证明、自动程序设计、专家系统、学习系统和智能机器人等。目前已研制出多种具有人的部分智能的机器人，可以代替人在一些危险的工作岗位上工作。有人预测，家庭智能化的机器人将是继 PC 机之后下一个家庭普及的信息化产品。

任务二　计算机中的数

一、计算机内常用的数制

1. 基本概念

在计算机数制中，有数码、基数和位权 3 个要素。

➢ 进位计数制：用进位的方法进行计数，简称进制。

➢ 数码：一组用来表示某种数制的符号。如：1、2、3、4、A、B、C、Ⅰ、Ⅱ、Ⅲ等。

➢ 基数：数制所使用的数码个数。常用"R"表示，称 R 进制。如二进制的数码是 0、1，那么基数便为 2。

➢ 位权：一个数值中，某一位上的 1 所表示的数值的大小。在进位计数制中，处于不同数位的数码代表的数值不同。例如十进制数 111，个位数上的 1 权值为 10^0，十位数上的 1 权值为 10^1，百位数上的 1 权值为 10^2。以此推理，第 n 位的权值便是 10^{n-1}，如果是小数点后面第 m 位，则其权值为 10^{-m}。

对于一般数制 R，某一整数位 n 的位权是 R^{n-1}，某一小数位 m 的位权则是 R^{-m}。

2. 常见的几种进位计数制

➢ 十进制（Decimal）：由 0、1、2、…、8、9 十个数码组成，即基数为 10。特点为：逢十进一，借一当十。用字母 D 表示。

➢ 二进制（Binary）：由 0、1 两个数码组成，即基数为 2。二进制的特点为：逢二进一，借一当二。用字母 B 表示。

➢ 八进制（Octal）：由 0、1、2、3、4、5、6、7 八个数码组成，即基数为 8。八进制的特点为：逢八进一，借一当八。用字母 O 或者 Q 表示。

➢ 十六进制（Hexadecimal）：由 0、1、2、…、9、A、B、C、D、E、F 十六个数码组成，即基数为 16。十六进制的特点为：逢十六进一，借一当十六。用字母 H 表示。

3. 书写方法

➢ 用进位制的字母符号来表示：12D（十进制数）、10B（二进制数）、14Q（八进制数）、1AH（十六进制数）。

➢ 把数据用括号括起来，其中的数制数作为下标：$(12)_{10}$（十进制数）、$(10)_2$（二进制数）、$(14)_8$（八进制数）、$(1A)_{16}$（十六进制数）。

4. 二进制数的优越性

➢ 电路简单。计算机是由逻辑电路组成的，逻辑电路只有两种状态，如开关的接通和断开、晶体管的饱和与截止、电压的高电平与低电平等。

➢ 运算简单。二进制运算法则简单。

➢ 工作可靠。二进制运算规则简单、状态少，数字的存储、传输和处理不易出错。

➢ 逻辑性强。二进制的 0 和 1 正好与逻辑代数的"真"与"假"相匹配。

二、不同数制之间的转换

将数由一种数制转换为另一种数制称为数制的转换。

1. 二进制、八进制、十六进制数转化为十进制数

方法：对于任何一个二进制数、八进制数、十六进制数，均可以先写出它的位权展开式，然后再按十进制进行计算即可将其转换为十进制数。

例 1：

$(1111.11)_2 = 1 \times 2^3 + 1 \times 2^2 + 1 \times 2^1 + 1 \times 2^0 + 1 \times 2^{-1} + 1 \times 2^{-2} = 15.75$

$(A10B.8)_{16} = 10 \times 16^3 + 1 \times 16^2 + 0 \times 16^1 + 11 \times 16^0 + 8 \times 16^{-1} = 41227.5$

注意:在不至于产生歧义时,我们默认为可以不注明十进制数的进制,如上例。

2. 十进制数转换为二进制数

➤ 整数的转换(除以 2 取余法)。

将十进制数反复除以 2,直至商为 0,然后把第一次相除得到的余数作为最低位 K_0,最后一次得到的余数作为最高位 K_{n-1},将每次相除所得的余数按次序排列起来,$K_{n-1}K_{n-2}\cdots K_0$ 即为所求的二进制数。

例2:将 $(121)_{10}$ 转换为二进制数。

$$
\begin{array}{r|l}
2 & 121\cdots\cdots 1(K_0) \\ \hline
2 & 60\cdots\cdots 0(K_1) \\ \hline
2 & 30\cdots\cdots 0(K_2) \\ \hline
2 & 15\cdots\cdots 1(K_3) \\ \hline
2 & 7\cdots\cdots 1(K_4) \\ \hline
2 & 3\cdots\cdots 1(K_5) \\ \hline
2 & 1\cdots\cdots 1(K_6) \\ \hline
& 0
\end{array}
$$
低位↑ ... 高位

故:$(121)_{10} = (1111001)_2$

➤ 纯小数的转换。

乘 2 取整法:将十进制的小数乘以 2,取乘积的整数部分,作为相应二进制小数点后最高位 K_{-1},然后反复取小数部分乘以 2 取整数部分,得到 K_{-2}、$K_{-3}\cdots$、K_{-m},直至乘积的小数部分为零或二进制小数点后的位数达到精度为止,所得的序列 $0.K_{-1}K_{-2}K_{-3}\cdots K_{-m}$ 就是转换后得到的二进制小数。

例3:将 $(0.5773)_{10}$ 转换为二进制数,保留到小数点后 6 位。

$0.5773 \times 2 = 1.1546$	整数部分为 $1(K_{-1})$ 高位
$0.1546 \times 2 = 0.3092$	整数部分为 $0(K_{-2})$
$0.3092 \times 2 = 0.6184$	整数部分为 $0(K_{-3})$
$0.6184 \times 2 = 1.2368$	整数部分为 $1(K_{-4})$
$0.2368 \times 2 = 0.4736$	整数部分为 $0(K_{-5})$
$0.4736 \times 2 = 0.9472$	整数部分为 $0(K_{-6})$ 低位

故:$(0.5773)_{10} = 0.K_{-1}K_{-2}K_{-3}K_{-4}K_{-5}K_{-6} = (0.100100)_2$

➤ 对于既有整数又有小数的十进制数,可将其整数部分和小数部分分别转换成二进制数,然后加起来即可。

例4:将 $(25.25)_{10}$ 转换为二进制数。

整数部分:$(25)_{10} = (11001)_2$

小数部分:$(0.25)_{10} = (0.01)_2$

故:$(25.25)_{10} = (11001.01)_2$

3. 八进制数和十进制数之间的转换

➤ 八进制数转换为十进制数:以 8 为基数按权展开并相加。

➢ 十进制数转换为八进制数:整数部分除以 8 取余,小数部分乘以 8 取整。

例 5:将 $(207.321)_{10}$ 转换为八进制数,保留小数点后 4 位。

整数部分:

$$
\begin{array}{r|l}
8 & 207 \cdots\cdots 7 \\
\hline
8 & 25 \cdots\cdots 1 \\
\hline
8 & 3 \cdots\cdots 3 \\
\hline
& 0
\end{array}
$$

小数部分:

$$0.321 \times 8 = 2.568 \qquad 整数部分为 2$$
$$0.568 \times 8 = 4.544 \qquad 整数部分为 4$$
$$0.544 \times 8 = 4.352 \qquad 整数部分为 4$$
$$0.352 \times 8 = 2.816 \qquad 整数部分为 2$$

故:$(207.321)_{10} = (317.2442)_8$

4. 十六进制数和十进制数之间的转换

➢ 十六进制数转换为十进制数:以 16 为基数按权展开并相加。

➢ 十进制数转换为十六进制数:整数部分除以 16 取余,小数部分乘以 16 取整。

例 6:将 $(207.321)_{10}$ 转换为十六进制数,保留小数点后 4 位。

整数部分:

$$
\begin{array}{r|l}
16 & 207 \cdots\cdots 15(F) \\
\hline
16 & 12 \cdots\cdots 12(C) \\
\hline
& 0
\end{array}
$$

小数部分:

$$0.321 \times 16 = 5.136 \qquad 整数部分为 5$$
$$0.136 \times 16 = 2.176 \qquad 整数部分为 2$$
$$0.176 \times 16 = 2.816 \qquad 整数部分为 4$$
$$0.816 \times 16 = 13.056 \qquad 整数部分为 13(D)$$

故:$(207.321)_{10} = (CF.524D)_{16}$

5. 二进制数与八进制数之间的转换

➢ 二进制数转换为八进制数:"三位并一位"。将二进制数以小数点为基准,整数部分从右至左,每三位为一组,最左边的数不足三位,在其左侧补 0 补足三位;小数部分从左至右,每三位为一组,最右边的数不足三位,在其右侧添 0 补足三位;最后按组转换成十进制数,连接起来便是转换得到的八进制数。

➢ 八进制数转换为二进制数:"一位拆三位"。即把每一位八进制数都写成对应的二进制数(三位),连接起来就是转换得到的二进制数。

例 7:将 $(2635.45)_8$ 转换为二进制数。

$$\underset{010}{\frac{2}{}} \quad \underset{110}{\frac{6}{}} \quad \underset{011}{\frac{3}{}} \quad \underset{101}{\frac{5}{}} \cdot \underset{100}{\frac{4}{}} \quad \underset{101}{\frac{5}{}}$$

故:$(2635.45)_8 = (10110011101.100101)_2$

例8:将$(1010111011.0010111)_2$转换为八进制数。

$$\underset{1}{\underline{001}} \quad \underset{2}{\underline{010}} \quad \underset{7}{\underline{111}} \quad \underset{3}{\underline{011}} \cdot \underset{1}{\underline{001}} \quad \underset{3}{\underline{011}} \quad \underset{4}{\underline{100}}$$

故:$(1010111011.0010111)_2 = (1273.134)_8$

6. 二进制数与十六进制数之间的转换

➢ 二进制数转换为十六进制数:"四位并一位"。即以小数点为基准,整数部分从右至左,每四位为一组,最左边不足四位的添0补足四位;小数部分从左至右,每四位为一组,最右边不足四位,后面添0补足四位;然后按组转换成十六进制数,连接起来就是转换得到的十六进制数。

➢ 十六进制数转换为二进制数:"一位拆四位"。把每一位十六进制数都写成相应的四位二进制数,连接起来就是转换得到的二进制数。

例9:将$(10110101011.011101)_2$转换为十六进制数。

$$\underset{5}{\underline{0101}} \quad \underset{10(A)}{\underline{1010}} \quad \underset{11(B)}{\underline{1011}} \cdot \underset{7}{\underline{0111}} \quad \underset{4}{\underline{0100}}$$

故:$(10110101011.011101)_2 = (5AB.74)_{16}$

例10:将$(5A0B.0C)_{16}$转换为二进制数。

$$\underset{0101}{\underline{5}} \quad \underset{1010}{\underline{A}} \quad \underset{0000}{\underline{0}} \quad \underset{1011}{\underline{B}} \cdot \underset{0000}{\underline{0}} \quad \underset{1100}{\underline{C}}$$

故:$(5A0B.0C)_{16} = (101101000001011.000011)_2$

7. 各种常见进制之间的转换

各种常见进制之间的转换见表1-2。

表1-2 二进制、八进制、十进制、十六进制之间的转换表

十进制	二进制	八进制	十六进制	十进制	二进制	八进制	十六进制
0	0	0	0	9	1001	11	9
1	1	1	1	10	1010	12	A
2	10	2	2	11	1011	13	B
3	11	3	3	12	1100	14	C
4	100	4	4	13	1101	15	D
5	101	5	5	14	1110	16	E
6	110	6	6	15	1111	17	F
7	111	7	7	16	10000	20	10
8	1000	10	8	17	10001	21	11

三、计算机中的数据单位

数据是指能够输入计算机并被计算机处理的数字、字母和符号的集合。在计算机内部,数据都是以二进制的形式存储和运算的。在计算机内数据可用以下单位进行表示:

位bit:是binary digit的英文缩写,量度信息的单位,也是表示信息量的最小单位,只有0、1两种二进制状态。一个二进制代码称为一位。

字节 Byte:在对二进制数据进行存储时,以 8 位二进制代码为一个单元存放在一起,称为 Byte(字节),用"B"表示。一个字节能够容纳一个英文字符,不过一个汉字需要两个字节表示。

计算机常用的存储单位:

1 Byte = 8 bit

1 KB(千字节) = 1024 B = 2^{10}B

1 MB(兆字节) = 1024 KB = 2^{10}KB = 2^{20}B

1 GB(吉字节) = 1024 MB = 2^{10}MB = 2^{20}KB = 2^{30}B

1 TB(太字节) = 1024 GB = 2^{10}GB = 2^{20}MB = 2^{30}KB = 2^{40}B

四、字符及汉字编码

由于计算机只能识别二进制数,因此输入的信息,如数字、字母、符号等都要化成特定的二进制码来表示。这就是二进制编码。

前面讨论的二进制数称为纯二进制代码,它与其他类型的二进制代码是有区别的。

1. 二进制编码的十进制(二 - 十进制或 BCD 码)

由于二进制数容易用硬件设备实现,运算规律也十分简单,所以在计算机中采用二进制。由于人们并不熟悉二进制,因此在计算机输入和输出时,通常还是用十进制数表示。不过,这样的十进制数是用二进制编码表示的。一位十进制数用 4 位二进制编码来表示的方法很多,较常用的是 8421 BCD 编码。

8421 BCD 码有十个不同的数字符号,由于它是逢"十"进位的,所以它是十进制;同时,它的每一位是用 4 位二进制编码来表示的,因此称之为二进制编码的十进制,即二 - 十进制码或 BCD(Binary Coded Decimal)码。BCD 码具有二进制和十进制两种数制的某些特征。表1-3 列出了标准的 8421 BCD 编码和对应的十进制数。正像纯二进制编码一样,要将 BCD 数转换成相应的十进制数,只要把二进制数出现 1 的位权相加即可。注意:4 位码仅有十个数有效,表示十进制数 10 ~ 15 的 4 位二进制数在 BCD 数制中是无效的。

表 1-3   8421 BCD 编码表

十进制数	8241 BCD 编码	十进制数	8241 BCD 编码
0	0000	8	1000
1	0001	9	1001
2	0010	10	00010000
3	0011	11	00010001
4	0100	12	00010010
5	0101	13	00010011
6	0110	14	00010100
7	0111	15	00010101

要用 BCD 码表示十进制数,只要把每个十进制数用适当的二进制 4 位码代替即可。例如,十进制整数 256 用 BCD 码表示,则为(001001010110)$_{BCD}$。每位十进制数用 4 位

8421码表示时,为了避免 BCD 格式与纯二进制码混淆,必须在每 4 位之间留一空格。这种表示法也适用于十进制小数。

例 11:十进制小数 0.764 可用 BCD 码表示为:

$$(0.764)_{10} = (0.011101100100)_{BCD}$$

BCD 码的一个优点就是十个 BCD 码组合格式容易记忆,一旦熟悉了 4 位二进制数的表示,对 BCD 码就可以像十进制数一样迅速自如地读出。同样,也可以很快地得出以 BCD 码表示的十进制数。

例 12:将一个 BCD 数转换成相应的十进制数。

$$(011000101000.100101010100)_{BCD} = (628.954)_{10}$$

BCD 编码可以简化人机联系,但它比纯二进制编码效率低,对同一个给定的十进制数,用 BCD 编码表示的位数比纯二进制码表示的位数要多。而每位数都需要某些数字电路与之对应,这就使得与 BCD 码连接的附加电路成本提高,设备的复杂性增加,功耗较大。用 BCD 码进行运算所花的时间比纯二进制码要多,而且复杂。用二进制 4 位可以表示 $2^4 = 16$ 种不同状态的数,即 0 ~ 15 个十进制数;而 BCD 数制,10 ~ 15 这六个状态被浪费掉。另外,十进制与 BCD 码之间的转换是直接的。而二进制与 BCD 码之间的转换却不能直接实现,而必须先转换为十进制。

例 13:将二进制数 1011.01 转换成相应的 BCD 码。

首先,将二进制数转换成十进制数:

$$1011.01B = 1 \times 2^3 + 0 \times 2^2 + 1 \times 2^1 + 1 \times 2^0 + 0 \times 2^{-1} + 1 \times 2^{-2}$$
$$= 8 + 0 + 2 + 1 + 0 + 0.25$$
$$= 11.25D$$

然后,将十进制结果转换成 BCD 码:

$$11.25D = (00010001.00100101)_{BCD}$$

要将 BCD 码转换成二进制数,则完成上述运算的逆运算即可。

2. 字母与字符的编码

如上所述,字母和各种字符在计算机内是按特定的规则用二进制编码表示的,这些编码有各种不同的方式。目前在微机、通读设备和仪器仪表中广泛使用的是 ASCII(American Standard Code for Information Interchange)码——美国标准信息交换码。7 位 ASCII 代码能表示 128(2^7)种不同的字符,其中包括控制字符 34 个,阿拉伯数字 10 个,大小写英文字母 52 个,各种标点符号和运算符号 32 个。

7 位 ASCII 码是由左 3 位一组和右 4 位一组组成的,表示这两组的安排和号码的顺序,位 6 是最高位,而位 0 是最低位,要注意这些组在表 1-4 的行、列中的排列情况。4 位一组表示行,3 位一组表示列。

表 1-4 ASCII 代码格式

6	5	4	3	2	1	0

要确定某数字、字母或控制操作符的 ASCII 码,在表 1-5 中可查到对应的那一项,然

后根据该项的位置从相应的行和列中找出 3 位和 4 位的码,这就是所需的 ASCII 代码。例如,字母 A 的 ASCII 代码是 1000001(即 41H),它在表的第 4 列、第 1 行。其高 3 位组是 100,低 4 位组是 0001。此外,还有一种六位的 ASCII 码,它去掉了 26 个英文小写字母。

表 1-5 美国信息交换标准代码 ASCII(7 位代码)

低 4 位	高 3 位							
	000	001	010	011	100	101	110	111
0000	NUL	DLE	SP	0	@	P	、	p
0001	SOH	DC1	!	1	A	Q	a	q
0010	STX	DC2	"	2	B	R	b	r
0011	ETX	DC3	#	3	C	S	c	s
0100	EOT	DC4	$	4	D	T	d	t
0101	ENQ	NAK	%	5	E	U	e	u
0110	ACK	SYN	&	6	F	V	f	v
0111	BEL	ETB	'	7	G	W	g	w
1000	BS	CAN	(	8	H	X	h	x
1001	HT	EM	)	9	I	Y	i	y
1010	LF	SUB	*	:	J	Z	j	z
1011	VT	ESC	+	;	K	[	k	{
1100	FF	FS	,	<	L	\	l	|
1101	CR	GS	−	=	M	]	m	}
1110	SO	RS	.	>	N	^	n	~
1111	SI	US	/	?	O	−	o	DEL

3. 汉字编码

所谓汉字编码,是采用一种科学可行的办法,为每个汉字编一个唯一的代码,以便计算机辨认、接受和处理。西文的组成单位是字母,基本符号比较少,编码较为容易,而且在计算机系统中,汉字通过输入码输入,然后转换成信息交换码,再转换成内码在计算机中存储和处理,最后还要转换成字形码进行输出显示或打印。汉字处理系统中各种代码之间的管理如图 1-2 所示。

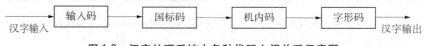

图 1-2 汉字处理系统中各种代码之间关系示意图

1)外码(输入码)

外码也叫输入码,是用来将汉字输入到计算机中的一组键盘符号。常用的输入码有拼音码、五笔字型码、自然码、表形码、认知码、区位码和电报码等。一种好的编码应有编码规则简单、易学好记、操作方便、重码率低、输入速度快等优点,每个人可根据自己的需要进行选择。

2)交换码(国标码)

计算机内部处理的信息,都是用二进制代码表示的,汉字也不例外。而二进制代码使用起来很不方便,于是需要采用信息交换码。中国标准总局 1980 年制定了中华人民共和国国家标准《信息交换用汉字编码字符集——基本集》(GB 2312—80),即国标码。

区位码是国标码的另一种表现形式,把国标 GB 2312—80 中的汉字、图形符号组成一个 94×94 的方阵,分为 94 个"区",每区包含 94 个"位",其中"区"的序号由 01 至 94,"位"的序号也是从 01 至 94。94 个区中位置总数 = 94×94 = 8836 个,其中 7445 个汉字和图形字符中的每一个占一个位置后,还剩下 1391 个空位,这 1391 个位置空下来保留备用。

3)机内码

根据国标码的规定,每一个汉字都有了确定的二进制代码,在微机内部汉字代码都用机内码,在磁盘上记录汉字代码也使用机内码。

$$机内码 = 国标码 + 8080H$$

4)字形码

字形码是汉字的输出码,输出汉字时都采用图形方式,无论汉字的笔画多少,每个汉字都可以写在同样大小的方块中。通常用 16×16 点阵、24×24 点阵、32×32 点阵等来显示汉字。

字模点阵规模越大,字形越美观,信息量所占存储空间越大。以 16×16 点阵为例,每个汉字就要占用 32(16×16÷8 = 32)B。

5)汉字地址码

汉字地址码是指汉字库中存储汉字字形信息的逻辑地址码。它与汉字机内码有着简单的对应关系,以简化机内码到地址码的转换。

子项目二 组装计算机

【项目描述】

小明和同学知道了选择适合自己的计算机种类,那选择什么性能的计算机才是适合自己的呢?下面我们来学习本项目的内容,从而学会如何选购计算机。

本项目包括以下内容:

1. 判断微型计算机的性能好坏;

2. 了解计算机的硬件系统;

3. 了解计算机的软件系统。

任务一 判断微型计算机的性能好坏

判断一台微型计算机的性能好坏,应该从以下性能指标考虑。

一、主频

主频即始终频率,是指计算机 CPU 在单位时间内发出的脉冲数,它在很大程度上决定了计算机的运算速度,主频的单位是赫兹(Hz)。时钟频率越高,表示计算机的性能越好。

二、字长

字长是指计算机的运算部件能同时处理的二进制数据的位数,它与计算机的功能和用途有很大的关系。字长越长,计算机性能越好。

三、内核数

CPU 内核数指 CPU 内执行指令的运算器和控制器的数量,所谓多核心处理器,简单地说就是在一块 CPU 基板上集成两个或两个以上的处理器核心,并通过并行总线将各处理器核心连接起来。多核心处理技术的推出,大大地提高了 CPU 的多任务处理性能,并已成为市场的主流。

四、内存容量

内存容量是指内存储器中能存储信息的总字节数。一般来说,内存容量越大,计算机的处理速度越快。随着更高性能的操作系统的推出,计算机的内存容量会继续增加。内存容量越大,计算机的性能越好。

五、运算速度

运算速度是指单位时间内执行的计算机指令数。单位有 MIPS(Million Instructions Per Second)和 BIPS(Billion Instructions Per Second),MIPS 是指每秒所能执行的指令条数,一般用"百万条指令/秒"来描述。影响机器运算速度的因素很多,一般来说,主频越高,运算速度越快;字长越长,运算速度越快;内存容量越大,运算速度越快;存储周期越小,运算速度越快。

六、其他性能指标

其他性能指标有:机器的兼容性(包括数据和文件的兼容、程序的兼容、系统的兼容和设备的兼容、系统的可靠性(无故障工作时间)、系统的可维护性(平均修复时间)等。另外,性价比也是一项评价计算机性能的综合性指标。

任务二 了解计算机硬件

一、微型计算机工作原理

在研究计算机主要硬件设备之前,我们先了解一下计算机的原理——冯·诺依曼原理,即存储程序控制原理。这是美籍匈牙利科学家冯·诺依曼于 1945 年提出来的,故称冯·诺依曼原理。冯·诺依曼原理概括起来有以下三点:

(1)数据和指令都是用二进制代码表示的。

(2)采用存储程序工作方式。

(3)计算机的硬件系统由运算器、控制器、存储器、输入设备和输出设备五部分组成。

冯·诺依曼原理的提出奠定了现代计算机的基础,使得我们进入了计算机高速发展的时代。

计算机的工作过程实际上是快速执行指令的过程,下面以指令执行过程来认识计算机的基本工作原理。

计算机完成一条指令的四个步骤如下:

(1)取指令:从存储器某个地址取出要执行的指令。

(2)分析指令:把取出的指令送到指令译码器中,译出指令对应的操作。

(3)执行指令:向各个部件发出控制操作,完成指令要求。

(4)为取下一条指令做好准备,读取下一条指令的地址。

计算机在运行时,CPU 从内存读出一条指令到 CPU 内执行,指令执行完,再从内存读出下一条指令到 CPU 内执行。CPU 不断地取指令、分析指令、执行指令就是程序的执行过程,即计算机的工作过程。

二、微型计算机硬件系统

1. CPU

运算器和控制器合在一起,做在一块半导体集成电路中,称为中央处理器(CPU),也即微处理器。它是计算机的核心,用于数据的加工处理并使计算机各部件自动协调地工作,见图1-3。CPU 品质的高低直接决定了一个计算机系统的档次。反映 CPU 品质的最重要的指标是主频与字长。

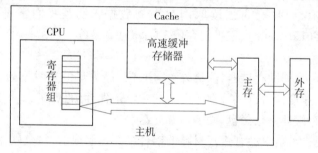

图1-3　CPU 和内存的工作过程

CPU 从存储器或高速缓冲存储器中取出指令,放入指令寄存器,并对指令译码。它把指令分解成一系列的微操作,然后发出各种控制命令,执行微操作系列,从而完成一条指令的执行。

2. 主机板

主机板上有 CPU 插座、内存插座、BIOS ROM、CMOS 及电池、输入/输出接口和输入/输出扩展槽(系统总线)等主要部件。不同档次的 CPU 需用不同档次的主机板。主机板的质量直接影响到 PC 机的性能和价格。

3. 内存储器

内存(Memory)也被称为内存储器,其作用是暂时存放 CPU 中的运算数据,以及与硬盘等外部存储器交换的数据。计算机中所有程序的运行都是在内存中进行的,因此内存的性能对计算机的影响非常大。

内存一般采用半导体存储单元,包括随机存储器(RAM),只读存储器(ROM),以及高速缓冲存储器(Cache)。

内存就是暂时存储程序及数据的地方。比如当我们在使用 Word 处理文稿时,在键盘上敲入字符,它就被存入内存中,当你选择存盘时,内存中的数据才会被存入硬(磁)盘。

1)只读存储器(ROM)

ROM 表示只读存储器(Read Only Memory),在制造 ROM 的时候,信息(数据或程序)就被存入并永久保存。这些信息只能读出,一般不能写入,即使机器停电,这些数据也不会丢失。ROM 一般用于存放计算机的基本程序和数据,如 BIOS ROM。

2)随机存储器(RAM)

随机存储器(Random Access Memory)既可以从中读取数据,也可以写入数据。当机器电源关闭时,存于其中的数据就会丢失。我们通常购买或升级的内存条(SIMM)就是用作电脑的内存,内存条是将 RAM 集成块集中在一起的一小块电路板,它插在计算机中的内存插槽上,以减少 RAM 集成块占用的空间。

3)高速缓冲存储器(Cache)

Cache 位于 CPU 与内存之间,是一个读写速度比内存更快的存储器。当 CPU 向内存中写入或读出数据时,这个数据也被存储进高速缓冲存储器中。当 CPU 再次需要这些数据时,CPU 就从高速缓冲存储器中读取数据,而不是访问较慢的内存。当然,如需要的数据在 Cache 中没有,CPU 会再去读取内存中的数据。就是我们常见的一级缓存(L1 Cache)、二级缓存(L2 Cache)、三级缓存(L3 Cache)等参数。

4. 外存储器

外存储器又称为辅助存储器,简称外存,用来存储大量的暂时不处理的数据和程序。外存储器容量大,速度慢,价格低,在停电时能永久地保存信息。

最常用的外存储器是软磁盘、硬磁盘和光盘。

➢ 硬磁盘:硬磁盘是由涂有磁性材料的铝合金圆盘组成的,每个硬盘都由若干个磁性圆盘组成。其特点是固定密封、容量大、运行速度快,可靠性高。磁盘片和驱动器做在一起,又叫固定盘,简称硬盘。硬盘是 PC 机主要信息(系统软件、应用软件、用户数据等)存放的地方。目前流行的硬盘的容量有 320 GB、400 GB、500 GB、640 GB、1 TB、1.5 TB、2 TB 等,著名品牌有 IBM、Seagate(希捷)、Quantum(昆腾)、Maxtor(钻石)等

➢ 软盘驱动器:软盘容量小、速度低,但价格便宜、可脱机保存、携带方便,主要用于数据后备及软件转存。软盘驱动器由于存储容量小,已被淘汰。

➢ 光盘驱动器:目前 PC 机所装的光盘都是只读光盘(CD – ROM),速度为 24 倍速到 40 倍速。

5. 输入设备

输入设备是向计算机输入数据和信息的设备,是计算机与用户或其他设备通信的桥梁。输入设备是用户和计算机系统之间进行信息交换的主要装置之一。键盘、鼠标、摄像头、扫描仪、光笔、手写输入板、游戏杆、语音输入装置等都属于输入设备。

➢ 键盘:键盘一般使用 101 ~ 104 键,有大小两种插口,某些品牌机使用小插口。

➤ 鼠标:鼠标器有机械式、光电式和无线鼠标,插口有矩形(COM口)和小圆形两种,某些主机板设有小圆形鼠标插座。

6. 输出设备

输出设备是计算机硬件系统的终端设备,用于接收计算机数据的输出显示、打印、声音,控制外围设备操作等,也把各种计算结果数据或信息以数字、字符、图像、声音等形式表现出来。常见的输出设备有显示器、打印机、绘图仪、影像输出系统、语音输出系统等。

➤ 显示器:根据制造材料的不同,显示器可分为:阴极射线管显示器(CRT)、等离子显示器(PDP)、液晶显示器(LCD)等。

➤ 打印机:

针式打印机:价格低,但噪声大,打印质量差。

喷墨打印机:价格低,噪声小,打印质量好,可彩色打印,适合家庭使用,但消耗费用高(墨盒贵)。

激光打印机:速度快,分辨率高,无噪声,价格高,难以实现彩色打印。

7. 机箱与电源

机箱有立式与卧式两种,目前 PC 机的机箱(与相应电源及主板配套)都是 ATX 机箱,具有节能功能,其开关为软开关(按钮),关机时机内还带电。之前的机箱则是 AT 机箱,采用硬开关。

8. 多媒体设备

多媒体技术是指把数字、文字、声音、图形、图像和动画等各种媒体有机组合起来,利用计算机进行加工处理。

多媒体的硬件设备有光驱、声卡、音箱、图像采集卡、电视卡、触摸屏等。目前一般的家用机都有前三项部件,可以播放音乐和电影(VCD)。

9. 总线

总线为连接计算机 CPU、主存储器、外存储器、各种输入/输出设备的一组物理信号线及其相关的控制电路。

按照传递信息的功能来分,可分为地址总线、数据总线和控制总线。

地址总线用于传送单片机输出的地址信号。地址总线是单向的,只能由单片机向外发出。

数据总线用于传送数据信号。

控制总线用于传送控制信号和时序信号。每条控制信号是单向的,但由多条不同控制信号组合成的控制总线则是双向的。

任务三 了解计算机软件

一、软件定义

所谓软件就是在计算机硬件上运行的各种程序系统和文档资料。它和硬件有密切的联系,没有软件的硬件称为"裸机",没有任何用处。同样的硬件,配置不同的软件,其功能也大不一样,如 DOS 与 Windows。

二、计算机软件分类

1. 系统软件

系统软件是指控制和协调计算机及外部设备,支持应用软件开发和运行的系统,是无需用户干预的各种程序的集合,主要功能是调度、监控和维护计算机系统,负责管理计算机系统中各种独立的硬件,使得它们可以协调工作。系统软件使得计算机使用者和其他软件将计算机当作一个整体而不需要顾及每个硬件是如何工作的,主要包括操作系统、语言处理程序、数据库管理系统等。

1)操作系统

在计算机软件中最重要且最基本的就是操作系统(OS)。它是最底层的软件,它控制所有计算机运行的程序并管理整个计算机的资源,是计算机裸机与应用程序及用户之间的桥梁。没有它,用户就无法使用某种软件或程序。

常用的系统有 DOS 操作系统、Windows 操作系统、UNIX 操作系统和 Linux、Netware 等操作系统。

2)语言处理程序

程序设计语言分为机器语言、汇编语言和高级语言。

➤ 机器语言:是由二进制(0、1)代码指令构成的,不同的 CPU 具有不同的指令系统。机器语言程序难编写、难修改、难维护,需要用户直接对存储空间进行分配,编程效率极低。这种语言已经被渐渐淘汰了。

➤ 汇编语言:是机器指令的符号化,与机器指令存在着直接的对应关系,所以汇编语言同样存在着难学难用、容易出错、维护困难等缺点。但是汇编语言也有自己的优点:可直接访问系统接口,汇编程序翻译成机器语言程序的效率高。从软件工程角度来看,只有在高级语言不能满足设计要求,或不具备支持某种特定功能的技术性能(如特殊的输入/输出)时,汇编语言才被使用。

➤ 高级语言:是面向用户的、基本上独立于计算机种类和结构的语言。其最大的优点是:形式上接近于算术语言和自然语言,概念上接近于人们通常使用的概念。高级语言的一个命令可以代替几条、几十条甚至几百条汇编语言的指令。因此,高级语言易学易用,通用性强,应用广泛。高级语言种类繁多,常见的有 C 语言、JAVA 语言等。

计算机只能直接识别和执行机器语言,因此要在计算机上运行高级语言程序就必须配备语言翻译程序,翻译程序本身是一组程序,不同的高级语言都有相应的翻译程序。

翻译程序是将计算机编程语言编写的程序翻译成机器语言构成的等价程序,主要包括编译程序和解释程序(高级语言的翻译程序),汇编程序也被认为是翻译程序(汇编语言的翻译程序)。

编译程序和解释程序的区别如下:

程序的最初形式称为源程序或者源代码,翻译后的形式被称为目标程序或者目标代码。

编译程序也称为编译器,是指把用高级程序设计语言书写的源程序,翻译成等价的机器语言格式目标程序的翻译程序。

解释程序是高级语言翻译程序的一种,它将源程序作为输入,解释一句后就提交计算机执行一句,并不形成目标程序。就像外语翻译中的"口译"一样,说一句翻译一句,不产生全文的翻译文本。

3)数据库管理系统

数据库管理系统(Database Management System)是一种操纵和管理数据库的大型软件,用于建立、使用和维护数据库,简称 DBMS。它对数据库进行统一的管理和控制,以保证数据库的安全性和完整性。用户通过 DBMS 访问数据库中的数据,数据库管理员也通过 DBMS 进行数据库的维护工作。它可使多个应用程序和用户用不同的方法在同时或不同时刻去建立、修改和询问数据库。大部分 DBMS 提供数据定义语言 DDL(Data Definition Language)和数据操作语言 DML(Data Manipulation Language),供用户定义数据库的模式结构与权限约束,实现对数据的追加、删除等操作。

数据库管理系统是数据库系统的核心,是管理数据库的软件。数据库管理系统就是实现把用户意义下抽象的逻辑数据处理、转换成为计算机中具体的物理数据的软件。有了数据库管理系统,用户就可以在抽象意义下处理数据,而不必顾及这些数据在计算机中的布局和物理位置。用户通过数据库管理系统对数据库进行新建、查询、修改等操作,便于对数据的管理。

2. 应用软件

为解决各种实际问题而编制的计算机程序为应用软件,如财务软件、学籍管理系统等。应用软件可以由用户自己编制,也可以由软件公司编制。如 Microsoft Office 就是微软(Microsoft)公司开发的办公自动化软件包,包括字处理软件 Word、表格处理软件Excel、演示文稿软件 PowerPoint 等。

三、微型计算机系统

根据前面讲述的内容,微型计算机系统完整的结构如图1-4 所示。

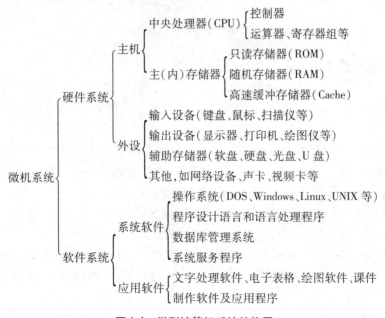

图1-4 微型计算机系统结构图

子项目三　键盘操作

【项目描述】

小明和同学已经买好了计算机,回到宿舍,打开计算机后却发现不会运用键盘。什么是正确的使用键盘的方式呢? 下面我们来学习本项目的内容,从而学会正确使用键盘。

本项目包括以下内容:

1. 认识键盘;
2. 掌握键盘录入的基本要领;
3. 使用输入法。

任务一　认识键盘

一、键盘分区

详见图1-5。

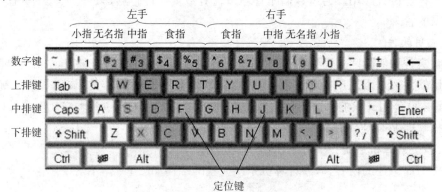

图1-5　键盘录入示意图

二、键盘常用键及其功能

➤【Esc】键:亦称逃逸键。上网要填写一些用户名什么的,假如填错了,按【Esc】键即可清除所有的框内内容。而打字时,如果打错了也可以按【Esc】键来清除错误的选字框。是不是很便捷?

➤【Tab】键:【Tab】键是 Table(表格)的缩写,故亦称制表键。一般可以从这个复选框跳到另一个复选框。在编写文本时,按下制表键,光标会移动到下一行。假如正在登录,填好用户名后,点一下【Tab】键,光标就会弹跳到密码框。

➤【CapsLock】键:字母大小写转换键,每按一次转换一下,键盘右上方有对应的大小写指示灯会亮灭(绿灯亮为大写字母输入模式,反之为小写字母输入模式)。

➤【Shift】键:俗称上档转换键。按住此键,再打字母,出来的就是这个字母的大写体。还可用于中英文转换。按住此键,再打数字键,就会出来数字键上方的符号。比如【Shift】+【2】=@。

➤【Ctrl】键:俗称控制键,一般都是和其他键结合起来使用,比如最常用的是:

【Ctrl】+【C】=复制;【Ctrl】+【V】=粘贴。

➢【Fn】键:俗称功能键。几乎所有的笔记本电脑都有这个【Fn】键,作用就是和其他的按键组成组合键,很有用。

➢【Win】键:亦称其为微软键,源于其为键盘上显示 Windows 标志的按键。点此键出开始菜单,或和其他键组成组合键。

➢【Alt】键:也称更改键或替换键,一般也是和其他键组合使用,比如:【Ctrl】+【Alt】+【Del】可调出任务管理器。

➢空格键:有时候称【Spacebar】键,那是英文的称呼。它的作用是输入空格,即输入不可见字符使光标右移。

➢鼠标右键:一般在空格键右边的【Alt】键右边,第二个键便是。尽量多使用此键,可以减缓鼠标右键的提前损坏。

➢【PrintScreen】键:亦称拷屏键,按一下即可复制屏幕图形。

➢【Del】键:或为【Delete】键,亦称删除键,一按此键,删除的是光标右边的内容信息。

➢【Backspace】键:也是删除键,使光标左移一格,同时删除光标左边位置上的字符,或删除选中的内容。

➢【Enter】键,一般为确认或换行,使用频率最高,为键盘中最易损坏的键,点击时尽量手下留情。

➢【Home】键:此键的作用是将光标移动到编辑窗口或非编辑窗口的第一行的第一个字上。

➢【PgUp】键:向上翻一页,或者向上翻一屏。

➢【PgDn】键:向下翻一页,或者向下翻一屏,和 PgUp 键相反。

➢【End】键:此键的作用是将光标移动到编辑窗口或非编辑窗口的最后一行的第一个字上。和【Home】键相反。

➢方向键:顾名思义,哪里需要点哪里! 不要犯方向性错误。

➢【F1】键:帮助。如果你正在对某个程序进行操作,而想得到 Windows 帮助,则需要按下【Win】+【F1】。

➢【F2】键:改名。如果在资源管理器中选定了一个文件或文件夹,按下【F2】则会对这个文件或文件夹重命名。

➢【F3】键:搜索。在资源管理器或桌面上按下【F3】,则会出现"搜索文件"的窗口。

➢【F4】键:地址。这个键用来打开 IE 中的地址栏列表,要关闭 IE 窗口,可以用【Alt】+【F4】组合键。

➢【F5】键:刷新。用来刷新 IE 或资源管理器中当前所在窗口的内容。

➢【F6】键:切换。可以快速在资源管理器及 IE 中定位到地址栏。

➢【F7】键:在 Windows 中没有任何作用。在 DOS 窗口中,它是有作用的,试试看吧!

➢【F8】键:启动电脑时可以用它来显示启动菜单,进入安全模式调试电脑。在安装时接受微软的安装协议。

➢【F9】键:在 Windows 中同样没有任何作用。但在 Windows Media Player 中可以用来快速降低音量。

> 【F10】键:用来激活 Windows 或程序中的菜单,按下【Shift】+【F10】会出现右键快捷菜单。

> 【F11】键:可以使当前的资源管理器或 IE 变为全屏显示。

> 【F12】键:在 Windows 中同样没有任何作用。但在 Word 中,按下它会快速弹出【另存为】窗口。

任务二 掌握键盘录入的基本要领

使用键盘时,正确的输入姿势要点如下:

(1)上身端正、两脚平放、双肩放松;

(2)身体与桌面距离一拳为佳;

(3)全身重量要放在椅子上,座椅高低应以手臂与键盘桌面平行为度;

(4)身体保持正直,手腕不要压在键盘上;

(5)双手击键,尽量不要单手击键;

(6)熟练掌握键盘的分区,并熟记键盘上所有按键的位置。

任务三 使用输入法

一、输入法简介

输入法是指为将各种符号输入计算机或其他设备(如手机)而采用的编码方法。不同语言的国家或地区,有多种不同的输入法。多数的输入法软件是为汉语、韩语和日语而设计的,因为键盘是在打字机时代为英文字母而设计的,而中文、日文等文字无法直接输入,所以必须设计输入法编码来输入相应的文字。在中国,为了将汉字输入计算机或手机等电子设备,则需要中文输入法。汉字输入的编码方法基本上都是采用将音、形、义与特定的键相联系,再根据不同汉字进行组合来完成汉字的输入的。

中文输入法编码可分为几类:音码、形码、音形码、无理码等。广泛使用的中文输入法有拼音输入法(全拼和双拼)、数字输入法、五笔字型输入法、二笔输入法、郑码输入法、仓颉输入法等。流行的输入法软件有搜狗拼音输入法、百度输入法、讯飞输入法、触宝输入法、QQ 拼音输入法、谷歌拼音输入法、极点中文输入法等。

二、文本录入的常用操作(以搜狗拼音输入法为例)

搜狗拼音输入法是搜狗推出的一款基于搜索引擎技术,特别适合网民使用的新一代输入法产品,以键盘录入为主。

将鼠标移到要输入的地方,点一下,使系统进入到输入状态,然后按【Ctrl】+【Shift】键切换输入法,按到搜狗拼音输入法出来即可。当系统仅有一个输入法或者搜狗输入法为默认的输入法时,按下【Ctrl】键+空格键即可切换出搜狗拼音输入法。

搜狗拼音输入法默认的翻页键是逗号【,】、句号【。】,即输入拼音后,按句号【。】进行向下翻页选字,相当于【PgDn】键,找到所选的字后,按其相对应的数字键即可输入。推荐用这两个键翻页,因为用逗号、句号键时手不用移开键盘主操作区,效率最高,也不容易出错。

输入法默认的翻页键还有减号【-】、等号【=】,左右方括号【[ ]】,可以通过【设置属性】—【按键】—【翻页键】来进行设定。

搜狗输入法现在支持的是声母简拼和声母的首字母简拼。例如:想输入"张靓颖",只要输入"zhly"或者"zly"就可以了。同时,搜狗输入法支持简拼全拼的混合输入,例如:输入"srf""sruf""shrfa"都是可以得到"输入法"的。

输入法默认是按下【Shift】键就切换到英文输入状态,再按一下【Shift】键就会返回中文状态。用鼠标点击状态栏上面的"中"字图标也可以切换。

除【Shift】键切换外,搜狗输入法也支持回车输入英文和 V 模式输入英文。在输入较短的英文时使用能省去切换到英文状态下的麻烦。具体使用方法是:①回车输入英文:输入英文,直接敲回车即可。②V 模式输入英文:先输入"V",然后再输入你要输入的英文,可以包含"@ + */-"等符号,然后敲空格键即可。

子项目四　认识多媒体

【项目描述】

小明在课堂上看见老师用的计算机教学是多媒体,那么我们生活中又有哪些是多媒体呢?下面我们来学习本项目的内容,从而了解当今多媒体计算机的基本常识。

本项目包括以下内容:

1. 了解多媒体的概念;

2. 了解多媒体硬件设备;

3. 了解多媒体格式及类别。

任务一　了解多媒体的概念

多媒体(Multimedia)是多种媒体的综合,一般包括文本、声音和图像等多种媒体形式。

在计算机系统中,多媒体指组合两种或两种以上媒体的一种人机交互式信息交流和传播媒体。使用的媒体包括文字、图片、照片、声音、动画和影片,以及程序所提供的互动功能。

多媒体技术的关键特性:多样性、集成性、交互性、实时性。

多媒体是超媒体(Hypermedia)系统中的一个子集,而超媒体系统是使用超链接(Hyperlink)构成的全球信息系统,全球信息系统是因特网上使用 TCP/IP 协议和 UDP/IP 协议的应用系统。二维的多媒体网页使用 HTML、XML 等语言编写,三维的多媒体网页使用 VRML 等语言编写。许多多媒体作品使用光盘发行,以后将更多地使用网络发行。

任务二　了解多媒体硬件设备

一个多媒体计算机(MPC)系统最基本的硬件是声频卡(Audio Card)、CD - ROM 光盘机(CD - ROM)、视频卡(Video Card)。在个人计算机上加上声频卡、视频卡和 CD - ROM,就构成了目前人们所称谓的多媒体计算机。当然,在实际应用中,还应配置必要的其他硬件设备(如摄像机、扫描仪、触摸屏、打印机、影碟机、音响设备等)及相应的软件,才能构成一个多媒体系统。下面简单介绍一下组成多媒体计算机的声频卡、视频卡和 CD – ROM。

一、声频卡(简称声卡)

声卡的种类很多,目前国内外市场上至少有上百种不同型号、不同性能和不同特点的声卡。声卡用于处理音频信息,它可以把话筒、唱机(包括激光唱机)、录音机、电子乐器等输入的声音信息进行模数转换、压缩处理,也可以把经过计算机处理的数字化的声音信号通过还原(解压缩)、数模转换后用扬声器放出或记录下来。声卡和多媒体计算机中所处理的数字化声音信息通常有多种不同的采样频率和量化精度可以选择,以适应不同应用场合的质量要求。采样频率越高,量化位数越多,质量越高。目前,在相当于激光唱片质量那样的高质量要求的场合,采样频率为 44 kHz,量化精度为 16 位,数据速率为每秒 88.2 KB。MIDI 是声卡功能的另一个重要组成部分。MIDI 是 Musical Instrument Digital Interface 的缩写,它规定了不同的电子乐器和计算机连接方案与设备间数据传输的协议,通过 MIDI 可进行乐曲创作及提供多种乐器声音的效果。

二、视频卡

视频卡处理的是静止或运动的图像信号,技术上难度较大,但发展相当迅速,主要有电视采集卡、JPEG/MPEG/H.261 图像压缩卡、VGA 到 NTSC/PAL 电视信号转换盒等。通过视频卡和由它组成的多媒体计算机,不仅可以对原有的图像进行降噪、制式转换(如放大、缩小、定格、着色、剪贴等);还可以对原有的图像进行降噪、制式转换(NTSC、PAL、SECAM等制式)、帧同步等处理;并能进行三维动画、特技效果等多种功能的使用与创作。

这里需要指出的是,平时大家所说的"解压卡"并不是视频卡。解压卡对编码压缩后的视频或音频信号只有解压缩的功能,也即只是将数字化的图像或声音信号还原为模拟信号,以便能用普通的电视机或音响设备播放出来。而视频卡则具有既可将模拟信号变为编码压缩的数字集中,又能将编码压缩的数字信号还原为模拟信号,并能与计算机一起具有前述多种处理功能。另外,需要说明的是:视频卡与声卡必须要有相应的软件系统,并能与计算机的其他硬件和软件相配合,才能进行各方面的多媒体技术的运用。

三、CD – ROM

CD – ROM 或 DVD – ROM 是组成多媒体计算机系统的基本部件。一张光盘可存储大约 54000 帧视频信息,从它的任何地方读取所需的信息,等待时间不超过 2 秒,这样的能力使得多媒体系统对教学非常有用。通常 CD – ROM 是指包括光盘和可以驱动光盘的驱动器的一整套设备。

四、多媒体输入/输出设备

输入/输出设备和个人计算机很类似,只是较常用的设备分别是扫描仪、数码相机、虚拟现实的交互工具。

任务三 了解多媒体格式及类别

常见的音频文件的类别和格式主要有 MIDI 文件,WAV 文件,MP3 文件,RM、RAM 文件,ASF 和 WMA 文件。

常见的视频文件的类别和格式有 AVI 文件、MOV 文件、MPEG 文件、RM 文件。

常见的多媒体创作工具有 Authorware、ToolBook、Director、Action、方正奥思等。
常用的多媒体压缩方式有无损压缩和有损压缩。

项目小结

本项目介绍了计算机的基本知识,通过对本项目内容的学习,熟悉计算机的发展过程
及趋势、特点等,掌握计算机系统的组成及性能指标,掌握计算机中数据的表示,能够学会
挑选购买一台符合自己需要的计算机。

习　题

一、单选题

1. 第一台电子计算机是(　　)。

   A. ENIAC   B. EDSAC   C. EDVAC   D. IBM - PC

2. 关于 CPU 的组成正确的说法是(　　)。

   A. 内存储器和控制器   B. 控制器和运算器

   C. 内存储器和运算器   D. 内存储器、运算器和控制器

3. 将十进制数 123 转换成二进制数是(　　)。

   A. 1111001   B. 1111011   C. 1111101   D. 1110011

4. 八进制计数制中,各数据位的权是以(　　)为底的幂。

   A. 2   B. 8   C. 10   D. 16

5. 下列各组设备中,按序是属于输入、输出和存储设备的是(　　)。

   A. 键盘,显示器,光盘   B. 打印机,显示器,磁带

   C. 键盘,鼠标,磁盘   D. CPU,显示器,磁带

6. 多媒体技术不具备的基本特征是(　　)。

   A. 信息载体的多样性   B. 信息处理技术的综合性

   C. 多媒体信息编码的一致性   D. 信息的集成化和协同性

7. 进行资料检索工作,是属于计算机应用中的(　　)。

   A. 科学计算   B. 过程控制   C. 数据处理   D. 人工智能

8. 多媒体计算机的英文缩写为(　　)。

   A. CAI   B. CAD   C. ROM   D. MPC

9. 一台完整的计算机系统由(　　)组成。

   A. 主机、键盘、显示器   B. 计算机硬件系统和软件系统

   C. 计算机及其外部设备   D. 系统软件和应用软件

10. 下列叙述不是计算机特点的是(　　)。

   A. 运算速度快   B. 存储容量大

   C. 完全脱离人的控制   D. 具有逻辑判断能力

11. PC 是指(   )。

    A. 计算机型号   B. 小型计算机   C. 兼容机   D. 个人计算机

12. CAD 是计算机重要应用领域,它的含义是(   )。

    A. 计算机辅助教育   B. 计算机辅助测试

    C. 计算机辅助设计   D. 计算机辅助制造

13. 任何要运行的程序(   )。

    A. 在软盘上就可以运行   B. 存放在任何地方都可直接运行

    C. 在硬盘上就可以运行   D. 必须进入内存才能运行

14. 计算机在进行存储、传送等操作时,作为一个整体单位进行操作的一组二进制数,称为(   )。

    A. 位   B. 字节   C. 机器字   D. 数据

15. 在计算机运行中突然断电,下列(   )中的信息将会丢失。

    A. ROM   B. RAM   C. CD – ROM   D. 磁盘

16. 具有多媒体功能的微型计算机系统,常用 CD – ROM 作为外存储器,它是(   )。

    A. 只读存储器   B. 可读写存储器

    C. 只读硬盘   D. 只读大容量软盘

17. 显示分辨率一般用(   )表示。

    A. 能显示多少个字符   B. 能显示的信息量

    C. 横向像素点数×纵向像素点数   D. 能显示的颜色数

18. 冯·诺依曼体系结构思想的核心是(   )。

    A. 存储和运算   B. 控制和运算

    C. 存储和程序控制   D. 控制和程序分析

19. 下列打印机中,打印效果最佳的一种是(   )。

    A. 点阵打印机   B. 激光打印机   C. 热敏打印机   D. 喷墨打印机

20. 下面关于显示器的四条叙述中,有错误的一条是(   )。

    A. 显示器的分辨率与微处理器的型号有关

    B. 显示器的分辨率为 1024 × 768,表示一屏幕水平方向每行有 1024 个点,垂直方向每列为 768 个点

    C. 显示卡是驱动、控制计算机显示器以显示文本、图形、图像信息的硬件装置

    D. 像素是显示屏上能独立赋予颜色和亮度的最小单位

21. 在中文 Windows 7 默认状态下,实现中英文间转换的快捷键是(   )。

    A.【Ctrl】+【Shift】+ 空格   B.【Ctrl】+【Alt】+ 空格

    C.【Ctrl】+ 空格   D.【Alt】+ 空格

22. 关于键盘的操作,以下叙述正确的是(   )。

    A.【End】键的功能是将光标移至屏幕最右端

    B. 按住【Shift】键,再按【A】键必然输入大写字母 A

    C. 键盘上的【Ctrl】键是控制键,它总是与其他键配合使用

D. 功能键【F1】、【F2】等的功能对不同的软件是相同的

23. 如果您的 PC 发出"隆隆"声或"嗡嗡"声,说明(　　　)出现故障。

    A. 主板故障　　　　B. 电源故障　　　　C. 硬盘故障　　　　D. 视频故障

24. 主板上的(　　　)提供端口。

    A. 隔行扫描　　　　B. 延伸 extension　　C. 扩展 expansion　　D. 常时等量

25. 以下(　　　)操作将会物理保护硬盘设备。

    A. 至少两周不使用计算机时,将其关闭

    B. 将计算机机箱放在桌下以保证其安全

    C. 将磁铁远离计算机

    D. 保持机箱后面的扩展槽开口上的盖子盖上

26. 计算机的关机、休眠和睡眠状态的区别是(　　　)。

    A. 关机会删除计算机 RAM 并关闭硬盘;休眠状态会删除硬盘,保存存储在 RAM 的信息;进入睡眠状态会打开屏幕保护程序,但不关闭电源

    B. 关机会保存计算机的当前状态,并关闭电源;休眠状态只对台式计算机起作用;睡眠状态会降低电源功耗但不关闭电源

    C. 关机允许安装更新,休眠状态会使计算机比进入睡眠状态更快启动;睡眠状态允许后台运行程序

    D. 关机不保存计算机的当前状态,并关闭电源;休眠状态会保存当前状态,并极大降低电源功耗;睡眠状态会保存计算机状态,降低电源功耗,但不关闭电源

27. 允许外围设备与计算机通信的程序名称是(　　　)。

    A. 总线　　　　　　B. 固件修改程序　　C. 驱动程序　　　　D. PHP

    E. CPU

28. 计算机进入睡眠模式会出现(　　　)。

    A. 保存并且计算机会关机

    B. 计算机进入低功耗状态以便于用户快速恢复工作状态

    C. 计算机会关机并且所有程序会关闭

    D. 计算机会注销,但所有程序仍在运行

29. 以下(　　　)现象没有暗示计算机已经感染了病毒或恶意软件。

    A. 显示额外的工具栏　　　　　　　　B. 收到可疑的邮件

    C. 程序经常被锁定　　　　　　　　　D. 不常见的图标显示在桌面上

二、判断题

1. 内存储器与外存储器主要的区别在于是否位于机箱内部。　　　　　　　　(　　　)

2. 在计算机系统中所有软件都存放在计算机的内存储器中。　　　　　　　　(　　　)

3. 与十进制数 77 等值的十六进制数是 4C。　　　　　　　　　　　　　　(　　　)

4. 地址总线上除传送地址信息外,还可以传送控制信息和其他信息。　　　　(　　　)

5. 汉字输入时所采用的输入码不同,则该汉字的机内码也不同。　　　　　　(　　　)

6. 微型计算机中使用最普遍的字符编码是 ASCII 码。　　　　　　　　　　(　　　)

7. 数据安全的最好方法是随时备份数据。 （　　）

8. 软盘写保护口的作用是防止数据写入和数据丢失。 （　　）

9. 多媒体计算机可以处理图像和声音信息,但不能处理文字。 （　　）

10. 多媒体计算机是指能够处理文本、图形、图像和声音等信息的计算机。 （　　）

三、填空题

1. 8 位无符号二进制数能表示的最大十进制数是_____。

2. 在计算机中运行程序,必须先将程序装入计算机的_____。

3. 从计算机系统的角度来划分,软件可分为_____、_____两大类。

4. 热启动一台计算机是依次按下三个组合键(按顺序填写)_____。

5. 一个 24×24 点阵的汉字字模需要_____个字节来存储。

6. 要在计算机上外接 U 盘,应插入_____接口。

7. 在市电掉电后,能继续为计算机系统供电的电源被称为_____。

8. 区位码输入是利用_____为汉字编码,没有重码,因此输入速度快。

9. 微机中最核心的部件是_____。

10. 我国的国标码(GB 2312—80)采用_____个字节表示一个汉字。

项目二　Windows 7 操作系统

操作系统(Operating System,简称 OS)是管理和控制计算机硬件与软件资源的计算机程序,是直接运行在"裸机"上的最基本的系统软件,任何其他软件都必须在操作系统的支持下才能运行。

操作系统是用户和计算机的接口,同时也是计算机硬件和其他软件的接口。操作系统的功能包括管理计算机系统的硬件、软件及数据资源,控制程序运行,改善人机界面,为其他应用软件提供支持,让计算机系统所有资源最大限度地发挥作用,提供各种形式的用户界面,使用户有一个好的工作环境,为其他软件的开发提供必要的服务和相应的接口等。实际上,用户是不用接触操作系统的,操作系统管理着计算机硬件资源,同时按照应用程序的资源请求,分配资源,如:划分 CPU 时间,开辟内存空间,调用打印机等。

本项目以 Windows 7 操作系统为例,主要介绍基本操作、个性化环境配置、文件和文件夹的管理以及磁盘管理等 Windows 7 操作系统的常用操作方法。

【学习目标】
1. 了解 Windows 7 系统的相关知识。
2. 掌握 Windows 7 系统的基本操作和环境配置。
3. 掌握文件和文件夹的管理与操作。
4. 掌握磁盘管理工具的使用方法。

子项目一　配置 Windows 7 系统环境

【项目描述】

小明购置了一台新电脑,作为计算机初学者,对如何使用计算机和设置个性化的计算机系统环境他还不是很了解。让我们通过本项目的学习来帮助小明解决这一问题。

本项目包括以下几项任务:

1. 了解 Windows 7 操作系统;
2. 掌握 Windows 7 操作系统的基本操作;
3. 设置个性化的 Windows 7 系统环境。

任务一　认识 Windows 7 操作系统

一、Windows 7 概述

Windows 7 是由微软公司（Microsoft）开发的操作系统，核心版本号为 Windows NT 6.1。Windows 7 可供家庭及商业工作环境、笔记本电脑、平板电脑、多媒体中心等使用。2009 年 10 月 22 日微软于美国正式发布 Windows 7，23 日微软于中国正式发布 Windows 7。2011 年 2 月 23 日，微软发布了 Windows 7 服务补丁包正式版。

二、Windows 7 系统特色

1. 易用

Windows 7 做了许多方便用户的设计，如快速最大化、窗口半屏显示、跳转列表（Jump List）、系统故障快速修复等。

2. 简单

Windows 7 让搜索和使用信息更加简单，包括本地、网络和互联网搜索功能，直观的用户体验更加高级，还整合了自动化应用程序提交和交叉程序数据的透明性。

3. 快速

Windows 7 大幅缩减了 Windows 的启动时间，据实测，在 2008 年的中低端配置下运行，系统加载时间一般不超过 20 秒，这与 Windows Vista 的 40 余秒相比，是一个很大的进步。

4. 安全

Windows 7 包括改进了的安全和功能合法性，还把数据保护和管理扩展到外围设备。Windows 7 改进了基于角色的计算方案和用户账户管理，在数据保护和兼顾协作的固有冲突之间搭建沟通桥梁，同时也开启了企业级的数据保护和权限许可。

5. 高效搜索框

Windows 7 系统资源管理器的搜索框在菜单栏的右侧，可以灵活调节宽窄。它能快速搜索 Windows 中的文档、图片、程序、Windows 帮助甚至网络等信息。Windows 7 系统的搜索是动态的，当我们在搜索框中输入第一个字时，Windows 7 的搜索就已经开始工作，大大提高了搜索效率。

6. 效率

Windows 7 中，系统集成的搜索功能非常强大，只要用户打开【开始】菜单并输入搜索内容，无论要查找应用程序还是文本文档，搜索功能都能自动运行，给用户的操作带来极大方便。

7. 小工具

Windows 7 的小工具更加丰富，没有像 Windows Vista 一样的侧边栏。这样，小工具可以放在桌面的任何位置，而不只是固定在侧边栏。

三、Windows 7 版本

1. Windows 7 Home Basic（家庭普通版）

Windows 7 Home Basic 是简化的家庭版。Windows 7 Home Basic 主要的新特性是无限应用程序、增强视觉体验（没有完整的 Aero 效果）、高级网络支持（Ad－hoc 无线网络和

互联网连接支持 ICS)、移动中心(Mobility Center)。缺少的功能:玻璃特效功能、实时缩略图预览、Internet 连接共享,不支持应用主题。可用范围:仅在新兴市场投放(不包括发达国家)。大部分在笔记本电脑或品牌电脑上预装此版本。

2. Windows 7 Home Premium(家庭高级版)

Windows 7 Home Premium 有 Aero Glass 高级界面、高级窗口导航、改进的媒体格式支持、媒体中心和媒体流增强(包括 Play To)、多点触摸、更好的手写识别等。包含功能:玻璃特效、多点触控、多媒体、组建家庭网络组等。可用范围:世界各地,面向家庭用户,满足家庭娱乐需求。

3. Windows 7 Professional(专业版)

Windows 7 Professional 替代 Vista 下的商业版,支持加入管理网络(Domain Join)、高级网络备份等数据保护功能及位置感知打印技术(可在家庭或办公网络上自动选择合适的打印机)等。包含功能:加强网络(如域加入)、高级备份、位置感知打印、脱机文件夹、移动中心(Mobility Center)、演示模式(Presentation Mode)。可用范围:世界各地,面向电脑爱好者和小企业用户,满足办公开发需求。

4. Windows 7 Enterprise(企业版)

Windows 7 Enterprise(企业版)提供一系列企业级增强功能:BitLocker,内置和外置驱动器数据保护;AppLocker,锁定非授权软件运行;DirectAccess,无缝连接基于 Windows Server 2008 R2 的企业网络;BranchCache,Windows Server 2008 R2 网络缓存等。包含功能:Branch(分支)缓存、DirectAccess、BitLocker、AppLocker、Virtualization Enhancements(增强虚拟化)、Management(管理)、Compatibility and Deployment(兼容性和部署)、VHD 引导支持。可用范围:仅批量许可,为面向企业市场的高级版本,满足企业数据共享、管理、安全等需求。

5. Windows 7 Ultimate(旗舰版)

Windows 7 Ultimate 拥有 Windows 7 家庭高级版和 Windows 7 专业版的所有功能,当然硬件要求也是最高的。可用范围:世界各地,面向高端用户和软件爱好者。

任务二 掌握 Windows 7 的基本操作

Windows 7 的启动和关闭是操作 Windows 7 系统的第一步,使用正确的方法,能够保护系统软件的安全并延长计算机的硬件寿命。

一、启动 Windows 7

用户确认在通电情况下将电脑主机和显示器接通电源,然后按下主机箱上的"Power"按钮,即可自动进入 Windows 7 操作系统。

二、关闭 Windows 7

当用户不再使用电脑工作时,首先应关闭所有应用程序和窗口界面,然后单击桌面左下角的【开始】按钮,如图 2-1 所示,在弹出的【开始】菜单中单击其右下角的【关机】按钮,此时计算机将退出 Windows 7 系统,并自动关闭电脑。当系统自动关闭主机电源后,再关闭显示器电源即可。

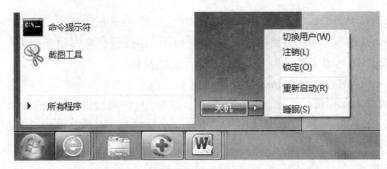

图 2-1　关闭 Windows 7 操作系统

任务三　认识 Windows 7 操作系统的组成

Windows 7 操作系统主要由桌面、窗口、菜单与对话框等元素组成,进入 Windows 7 操作系统后,在显示器上首先显示的整个屏幕就是桌面,如图 2-2 所示。

图 2-2　Windows 7 桌面

一、桌面

在 Windows 操作系统中,桌面是打开计算机并登录到 Windows 之后看到的主屏幕区域。它是 Windows 的工作平台,也是用户进行操作的主要场所,几乎所有的用户操作都可以在桌面上完成。

桌面包括桌面背景、桌面图标、任务栏、【开始】菜单等部分。

1. 桌面背景

桌面背景就是 Windows 桌面的背景(简称壁纸),用来美化桌面的工作环境,用户可以根据自己的喜好来选择不同图案和不同颜色的壁纸作为桌面背景。在 Windows 7 中,桌面背景可以不再是单一的图片,可以以幻灯片方式显示。

2. 桌面图标

图标是代表文件、文件夹、程序和其他项目的小图片,所有的文件、文件夹和应用程序等都由相应的图标表示。首次启动 Windows 时,将会在桌面上至少看到一个图标——回收站,这个就是桌面图标。另外,用户也可以在桌面上添加其他类型的图标,如计算机图标、浏览器图标、网络图标、应用程序图标和文档图标等,并且这些图标在桌面上的布局也可以根据多种方式进行排列。

桌面图标实际上是一些快捷方式,双击桌面图标会启动或打开它所代表的项目。在Windows 7 中,默认桌面上只有"回收站"图标,用户可以根据需要自行创建快捷方式,并将其放置在桌面上。

3. 任务栏

任务栏是位于屏幕底部的水平长条。与桌面不同的是,桌面可以被打开的窗口覆盖,而任务栏几乎始终可见。它有三个主要部分:最左边是【开始】按钮,用于打开【开始】菜单;中间部分显示已打开的程序和文件,并可以在它们之间进行快速切换;最右边是通知区域,包括时钟以及一些告知特定程序和计算机设置状态的图标。

4.【开始】菜单

【开始】菜单是计算机程序、文件夹和设置的主门户。【开始】菜单由三个主要部分组成:左边的大窗格显示计算机上程序的一个短列表,单击【所有程序】可显示程序的完整列表;左边窗格的底部是搜索框,通过键入搜索项可在计算机上查找程序和文件;右边窗格提供对常用文件夹、文件、设置和功能的访问。在这里还可注销 Windows 或关闭计算机。

二、窗口

窗口是 Windows 环境中的一个重要组成部分,很多操作都是通过窗口来完成的。如图 2-3 所示,虽然每个窗口的内容各不相同,但所有窗口始终显示在桌面上,并且大多数窗口都具有相同的基本部分。

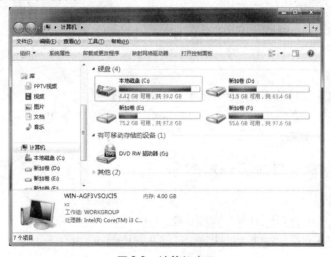

图 2-3 计算机窗口

1. 标题栏

标题栏位于窗口最顶端,在其最右端依次显示【最小化】、【最大化】或者【向下还原】和【关闭】三个按钮。当鼠标移动到这些按钮上时,按钮会表现出水晶般光泽。通常情况下用户可以通过标题栏来移动窗口、最小化窗口到任务栏、放大窗口使其填充整个屏幕(或恢复窗口大小)及关闭窗口。

一般情况下,应用程序窗口的标题栏会显示当前使用的程序的名称和打开的文件名,最左侧还会显示控制菜单图标。

2. 地址栏

标题栏下方的一栏就是地址栏,类似于网页中的地址栏,用于显示和输入当前窗口的地址。单击右侧的下拉按钮,在弹出的下拉列表中选择相应的路径,可以方便用户快速地浏览文件。在联网的多台计算机中,某个用户还可以直接单击地址栏,输入需要访问的计算机用户名,快速切换到那台计算机上。

3. 搜索栏

每个窗口中都有一个搜索栏,位于标题栏的下方、地址栏的右侧,方便用户快速地搜索文件。

4. 工具栏

工具栏位于地址栏的下方,提供了一些基本工具和菜单任务。它相当于 Windows XP 的菜单栏和工具栏的结合。

5. 窗口主体

窗口主体用于显示主要的内容,如多个不同的文件夹、磁盘驱动等。它是窗口最主要的部位。

6. 导航窗格

导航窗格中提供了文件夹列表,它们以树状结构显示给用户,从而方便用户迅速地定位所需的目标。

7. 细节窗格(状态栏)

状态栏位于窗口的最底部,用于显示有关操作的状态及提示信息,或当前用户选定对象的详细信息。

8. 预览窗格

预览窗格位于窗口的右侧,用于显示选中对象的快照。

其中,"导航窗格""细节窗格""预览窗格""库窗格""菜单栏"可以通过【组织】—【布局】命令显示或隐藏。

任务四 掌握窗口的基本操作

一、打开窗口

在 Windows 7 中,打开窗口的方法很多:

(1)在【开始】菜单中选择某个菜单项,打开对应的窗口;

(2)双击对象,打开对应的窗口;

(3)右击对象,从弹出的快捷菜单中选择【打开】命令;

(4)单击选中对象,按【Enter】键。

二、关闭窗口

关闭窗口的方法通常有以下几种:

(1)单击窗口右上角的【关闭】按钮;

（2）按【Alt】+【F4】键；

（3）右击标题栏，在弹出的快捷菜单中选择【关闭】命令；

（4）将鼠标移至任务栏对应窗口处，从弹出的窗口缩略图中单击【关闭】按钮；

（5）对于位于任务栏上的窗口，用户可以右击该窗口按钮，从弹出的应用程序窗口快捷菜单中选择【关闭窗口】命令，即可关闭任务栏上的窗口；

（6）选择窗口中的【文件】—【关闭】命令，对于资源管理器窗口，还可以选择【组织】工具栏中的【关闭】命令；

（7）若窗口有控制菜单图标，可单击打开控制菜单，在控制菜单中选择【关闭】，或者直接双击左上角的控制菜单图标。

三、改变窗口的大小

最大化窗口：直接单击标题栏中的【最大化】按钮或双击该窗口的标题栏。

还原窗口：若要将最大化的窗口还原到之前的大小，则直接单击其【还原】按钮，或者双击窗口的标题栏。

调整窗口的大小：只需将鼠标指针指向窗口的任意边框或角，当鼠标指针变成双向箭头时，拖动鼠标就可以放大或缩小窗口。

最小化窗口：

（1）最小化所有打开的窗口以便查看桌面。

➤ 使用任务栏上的【显示桌面】按钮。单击任务栏的通知区域最右端的【显示桌面】按钮，可以立即最小化所有打开的窗口，切换到桌面。若要还原最小化的窗口，再次单击【显示桌面】按钮。

➤ 使用键盘最小化打开的窗口。按 Windows 徽标键 +【D】（或者 Windows 徽标键 +【M】），可以立即最小化所有打开的窗口；若要还原最小化的窗口，再次按 Windows 徽标键 +【D】（或者 Windows 徽标键 +【Shift】+【M】）即可。

（2）使用 Aero Shake 最小化桌面上的窗口。

可以使用 Aero Shake 快速最小化除当前正在晃动的窗口外的其他打开的窗口。如果想只保留一个窗口，又不希望逐个最小化所有其他打开的窗口，使用此功能比较快捷。然后，再次晃动打开的窗口即可还原所有最小化的窗口。使用 Aero Shake 功能最小化窗口的步骤：

➤ 点击要保持打开状态的窗口的标题栏；

➤ 迅速前后拖动（或晃动）该窗口。

上述操作也可以通过键盘实现。按 Windows 徽标键 +【Home】可以最小化除当前活动窗口外的所有窗口；再次按 Windows 徽标键 +【Home】可以还原所有窗口。

四、移动窗口

将鼠标指向需要移动窗口的标题栏，拖动标题栏至目标位置，释放鼠标即可移动窗口；如果不满意位置的改变，可以在释放鼠标之前，按【Esc】键撤销本次移动窗口的操作。

五、排列窗口

1. 自动排列窗口

通过移动窗口和调整窗口的大小，用户可以在桌面上按自己喜欢的任何方式排列窗口。在 Windows 7 操作系统中,如图2-4 所示,提供了层叠、纵向堆叠或并排显示窗口 3 种窗口排列方法,通过多窗口排列可以使窗口排列更加整齐,便于用户进行各种操作。

 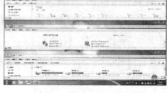 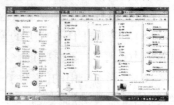

(a)层叠   (b)纵向堆叠   (c)并排显示

图2-4 层叠、纵向堆叠或并排显示模式排列窗口

设置排列窗口的方法:在桌面上打开多个窗口,然后右键单击任务栏的空白区域,如图2-5所示,在弹出的快捷菜单中选择【层叠窗口】、【堆叠显示窗口】或【并排显示窗口】命令即可。

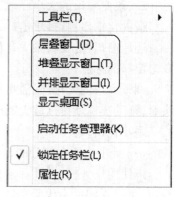

图2-5 排序窗口

2. 使用 Snap 排列窗口

使用 Snap 功能,通过简单地移动鼠标即可排列桌面上的窗口并调整其大小,还可以使窗口与桌面的边缘快速对齐,使窗口垂直扩展至整个屏幕高度或最大化窗口使其全屏显示。在比较两个文档,在两个窗口之间复制或移动文件,最大化当前使用的窗口,或展开较长的文档以便于阅读并减少滚动操作等情况下,使用 Snap 尤为好用。

➢ 最大化窗口:将窗口的标题栏拖动到屏幕的顶部,该窗口的边框即扩展为全屏显示,释放窗口使其扩展为全屏显示。

➢ 并排排列窗口:将窗口的标题栏拖动到屏幕的左侧或右侧,直到出现已展开窗口的轮廓,释放鼠标即可展开窗口。此时窗口将自动扩展为屏幕大小的一半,对其他窗口重复上述步骤可并排排列这些窗口。

➢ 垂直展开窗口:指向打开窗口的上边缘或下边缘,直到指针变为双向箭头,将窗口的边缘拖动到屏幕的顶部或底部,使窗口扩展至整个桌面的高度,窗口的宽度不变。

六、切换窗口

Windows 7 是一个多任务操作系统,可以在使用计算机处理工作的同时,使用浏览器上网,还可以同时 QQ 聊天、听音乐等。这时就需要用户在不同窗口之间进行切换来进行不同的操作。

切换窗口主要有以下几种方法。

1. 使用任务栏

将鼠标指向任务栏按钮,随即与该按钮关联的所有打开窗口的缩略图预览都将出现在任务栏的上方。只需单击该窗口的缩略图,即可切换到正在预览的窗口。

2. 使用【Alt】+【Tab】键

当用户在桌面上打开多个窗口之后,按【Alt】+【Tab】键,可以看到所有打开文件的列表,按住【Alt】并重复按【Tab】循环切换所有打开的窗口和桌面。

3. 使用 Aero 三维窗口切换

Aero 三维窗口切换以三维堆栈排列窗口,可以快速浏览这些窗口。按住 Windows 徽标键的同时按【Tab】可打开三维窗口切换。当按下 Windows 徽标键时,重复按【Tab】或滚动鼠标滚轮可以循环切换打开的窗口。还可以按方向键的"→"或"↓"向前循环切换一个窗口,或者按"←"或"↑"向后循环切换一个窗口。释放 Windows 徽标键可以显示堆栈中最前面的窗口,或单击堆栈中某个窗口的任意部分来显示该窗口。

七、Aero Peek

使用 Aero Peek 功能,可以通过指向任务栏上的某个打开窗口的图标来预览该窗口,也可以在无须最小化所有窗口的情况下快速预览桌面。

1. 在桌面上预览打开的窗口

将鼠标指向任务栏上的程序图标,此时与该程序图标按钮关联的所有打开窗口的缩略图预览都将出现在任务栏的上方;指向某一缩略图,此时所有其他的打开窗口都会临时淡出,以显示所选的窗口,如图 2-6 所示。将鼠标移开缩略图,即可还原桌面视图。若要打开正在预览的窗口,可单击该窗口缩略图。

窗口缩略图

图2-6 使用任务栏上的缩略图快速查看窗口

2. 临时预览桌面

将鼠标指向任务栏最右端的【显示桌面】按钮,此时打开的窗口将会淡出视图,以显示桌面,如图 2-7 所示。若要再次显示这些窗口,只需将鼠标移开【显示桌面】按钮即可。按 Windows 徽标键 + 空格键也可以临时预览桌面,若要还原桌面,释放 Windows 徽标键 + 空格键。

3. 打开和关闭桌面预览

如果不希望桌面在鼠标指向【显示桌面】按钮时淡出,可以关闭此 Aero Peek 功能。具体操作步骤:指向任务栏空白处,点击鼠标右键,在弹出的快捷菜单中选择【属性】命令,打开【任务栏和「开始」菜单属性】对话框,然后选择【任务栏】选项卡,如图 2-8 所示,在【使用 Aero Peek 预览桌面】下,清除【使用 Aero Peek 预览桌面】复选框,单击【确定】。

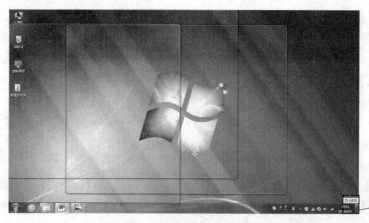

图 2-7　使用 Aero Peek 快速查看桌面

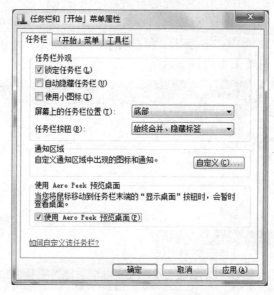

图 2-8　使用 Aero Peek 预览桌面

任务五　认识 Windows 的对话框

对话框的组件类似于窗口,如图 2-9 和图 2-10 所示,一般由标题栏、选项卡、文本框、列表框、单选按钮和复选框等几部分组成。

(1)标题栏:标题栏位于对话框的顶端,不同于窗口的是,对话框标题栏左侧表明了该对话框的名字,右侧只有一个关闭按钮。

(2)选项卡:对话框内一般有多个选项卡,选择不同的选项卡可以切换到相应的设置页面。

(3)列表框:列出许多选项,供用户从中选择,但不能更改。

(4)单选按钮:当用户选中其中一个单选按钮时,其他的单选按钮就不可再选中,被选中的圆圈中将会有个黑点。

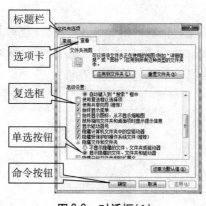

图2-9　对话框(1)

图2-10　对话框(2)

（5）复选框：当一组复选框出现时，用户可以任意选择多个复选框。当用户选中复选框后，在正方形中间会出现一个"√"标记。

（6）文本框：文本框用来让用户以文本的方式输入信息。

任务六　认识 Windows 的【开始】菜单和任务栏

一、【开始】菜单

使用【开始】菜单可帮助用户完成大多数日常事务：启动程序，打开常用的文件夹，搜索文件、文件夹和程序，调整计算机设置，获取有关 Windows 操作系统的帮助信息，关闭计算机，注销 Windows 或切换到其他用户账户。

用户还可以自定义【开始】菜单，例如，可以将常用的程序的图标附到【开始】菜单以便于访问，也可从列表中移除程序，还可以在右边窗格中隐藏或显示某些项目。具体操作如下。

1. 将程序图标锁定到【开始】菜单中

可以将使用频率高的程序图标锁定到【开始】菜单以创建程序的快捷方式：单击【开始】，查找该程序，然后将其拖动到【开始】菜单的左上角；还可以右键单击想要锁定到【开始】菜单中的程序图标，然后单击【附到「开始」菜单】，该程序的图标将出现在【开始】菜单的顶部。

若要解锁程序图标，右键单击，然后单击【从「开始」菜单解锁】。若要更改固定项目的顺序，将程序图标拖动到列表中的新位置即可。

2. 删除【开始】菜单中的程序图标

单击【开始】按钮，右键单击要从【开始】菜单中删除的程序图标，然后单击【从列表中删除】。该操作不会删除或卸载该程序。

3. 设置【开始】菜单属性

右击任务栏空白处，单击【属性】，打开【任务栏和「开始」菜单属性】对话框。单击【「开始」菜单】选项卡，如图2-11所示，在【隐私】下勾选【存储并显示最近在「开始」菜单中打开的程序】和【存储并显示最近在「开始」菜单和任务栏中打开的项目】复选框，可以设置显示最近打开的程序和文件，反之不选，则可以清除【开始】菜单中最近打开的程序和文件。

单击【「开始」菜单】选项卡的【自定义】按钮,可以打开【自定义「开始」菜单】对话框。如图 2-12 所示,在【自定义「开始」菜单】对话框中,从列表中勾选相应的选项,可以添加或删除出现在开始菜单右侧的项目,还可以更改一些项目的显示方式。

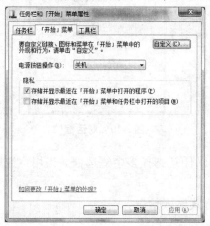
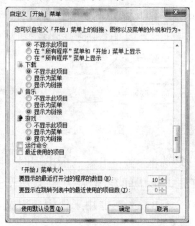

图 2-11　任务栏和「开始」菜单属性　　图 2-12　自定义「开始」菜单

在【自定义「开始」菜单】对话框的【要显示的最近打开过的程序的数目】框中,输入数字可以调整频繁使用的程序的快捷方式的数目。

单击【使用默认设置】按钮,可以将【开始】菜单还原为其最初的默认设置。

二、任务栏

任务栏是位于屏幕底部的水平长条,主要由三个区域组成,分别是:【开始】按钮,用于打开【开始】菜单;中间区域,显示已打开的程序和文件,并可以在它们之间进行快速切换;右侧通知区域,主要有时钟、特定程序和计算机设置状态的图标以及【显示桌面】按钮等。任务栏是桌面的一个区域,通常位于桌面的底部,几乎是始终可见的。用户可以根据自己的偏好来自定义任务栏。

1. 显示或隐藏任务栏

单击打开【任务栏和「开始」菜单属性】,如图 2-13 所示,在【任务栏】选项卡的【任务栏外观】下,选中【自动隐藏任务栏】复选框,然后单击【确定】。则任务栏从视图中隐藏起来。若清除【自动隐藏任务栏】复选框,可关闭自动隐藏任务栏,任务栏始终显示在桌面上。

2. 解锁和改变任务栏的位置与大小

任务栏通常位于桌面的底部,可以将其移动到桌面的两侧或顶部,并对其大小进行调整。移动和改变任务栏大小之前,需要解除任务栏锁定。

1) 解除任务栏锁定

右键单击任务栏上的空白区域。如果【锁定任务栏】旁边有复选标记"√",见图 2-13,则任务栏已锁定。通过单击【锁定任务栏】,删除此复选标记,可以解除任务栏锁定。

2) 移动任务栏

单击任务栏上的空白处,按住鼠标左键,拖动任务栏到桌面的四个边缘之一。当任务

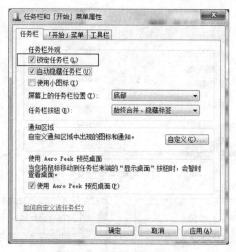

图 2-13 自动隐藏任务栏

栏出现在所需的位置时,释放鼠标。

3)调整任务栏大小

鼠标指向任务栏的边缘,当指针更改为垂直的双箭头时,拖动边框将任务栏调整为所需大小。

若要避免无意中调整任务栏的大小或移动任务栏,可右键单击任务栏,单击【锁定任务栏】,再次锁定任务栏。

3. 更改图标在通知区域的显示方式

可以通过将图标拖动到所需的位置来更改图标在通知区域中的顺序及隐藏图标的顺序。

单击通知区域中的图标,然后将其拖动到桌面,即可隐藏通知区域中的图标。单击通知区域旁边的箭头,如图 2-14 所示,可查看隐藏图标。将隐藏的图标拖动到通知区域,即可将该图标显示到通知区域。如果没有箭头,则表示没有任何隐藏图标。

4. 将工具栏添加至任务栏

右键单击任务栏的空白区域,在弹出的快捷菜单中指向【工具栏】,如图 2-15 所示,然后选择需要添加或删除的工具栏即可。

图 2-14 查看隐藏图标

5. 将程序锁定到任务栏

用户可将最常用的程序锁定到任务栏上,方便地对其进行访问,无须在【开始】菜单中查找该程序。

如果此程序正在运行,则右键单击任务栏上此程序的按钮,然后单击【将此程序锁定到任务栏】,如图 2-16 所示。如果此程序未运行,可在【开始】菜单中找到此程序的图标,右键单击此图标,然后单击【锁定到任务栏】。还可以通过将程序的快捷方式从桌面或【开始】菜单拖到任务栏来锁定程序。

若要从任务栏中删除某个锁定的程序,右击任务栏中的该程序图标,然后单击【将此程序从任务栏解锁】,如图 2-17 所示。

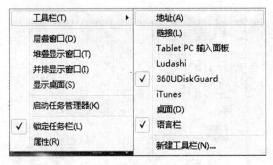

图 2-15 在任务栏中添加工具栏

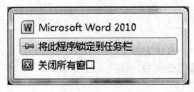

图 2-16 锁定程序

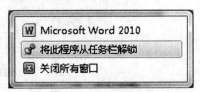

图 2-17 解锁程序

任务七 使用控制面板设置个性化 Windows 7 外观

控制面板是 Windows 为普通用户提供的一个用于对系统进行各种管理和配置系统环境的集中化控制平台。大部分 Windows 7 计算机的管理工具都可以从控制面板中找到，用户可以通过控制面板来修改 Windows 的各种设置，以满足自己的需求。

在 Windows 7 操作系统中，单击任务栏上的【开始】按钮，从弹出的【开始】菜单中单击【控制面板】选项，即可打开【控制面板】窗口，如图 2-18 所示。若桌面上有控制面板图标，直接双击亦可打开。

注：本书的计算机截屏图中，"帐户"均应为"账户"，编者未作修改。

图 2-18 控制面板

在 Windows 7 操作系统中，用户可以根据自己的喜好和需求来更改桌面背景和桌面图标的显示效果，也可以改变 Windows 的颜色和外观、分辨率等。

一、更改 Windows 桌面主题

主题是计算机上的图片、颜色和声音的组合。它包括桌面背景、屏幕保护程序、窗口边框颜色和声音方案。某些主题还包括桌面图标和鼠标指针。

Windows 提供了多个主题，用户可以选择 Aero 主题使计算机个性化，单击要应用于桌面的主题，即可更改桌面主题。另外，用户还可以根据自己的喜好自定义主题。操作步骤如下：

（1）单击打开控制面板中的【个性化】。

（2）单击要更改以应用于桌面的主题，如图 2-19 所示。

图 2-19　桌面主题

（3）若要更改其他部分，可以单击【个性化】对话框下方的各个按钮分别更改桌面背景、窗口颜色、声音和屏幕保护程序。

（4）修改后的主题将作为未保存主题出现在"我的主题"下。

二、更改桌面背景

桌面背景（也称为壁纸）就是 Windows 7 系统桌面的背景图案。为了使桌面的外观更加美观和个性化，用户可以在系统提供的多种方案中选择自己喜欢的背景。还可以从自己储存的图片中选择自己喜欢的图片，将其设置为桌面背景。具体操作步骤如下：

（1）单击【开始】按钮，在弹出的【开始】菜单中选择【控制面板】命令，打开【控制面板】窗口。

（2）在【控制面板】窗口的【外观和个性化】类别中，单击【更改桌面背景】链接，打开【桌面背景】窗口，如图 2-20 所示。

（3）单击要用于桌面背景的图片或颜色；或单击【浏览】搜索计算机上的图片，找到所需的图片后，双击该图片，设置成为桌面背景。

（4）选中背景图片后，还可以通过底端的【图片位置】下拉列表，如图 2-21 所示，选择图片在桌面上以何种方式显示。

（5）单击【保存修改】。

若要选择存储在计算机上的任何图片（或当前查看的图片）作为桌面背景，可直接右

键单击该图片,然后单击【设置为桌面背景】。

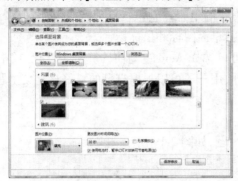

图 2-20　桌面背景图

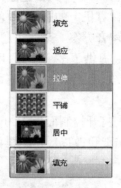

图 2-21　图片位置

　　除可以选择一个图像作为桌面背景外,也可以显示幻灯片图片。只需要在选中同一主题或同一文件夹下的多张图片,并设置好更改图片的时间间隔等,保存修改即可。

三、设置屏幕保护程序

　　当用户长时间不操控计算机时,若一个高亮度的图像长时间停留在屏幕的某一个位置,将会影响显示器的性能,屏幕保护程序可以自动显示较暗或者活动的画面从而起到保护显示器的作用。计算机在设定的时间内没有变化,屏幕保护程序就会自动显示在屏幕上,直到用户移动鼠标或者按下任意键为止。对于屏幕保护程序,用户可以根据自己的喜好来设置。

　　在打开的【个性化】窗口中,单击【屏幕保护程序】链接,打开【屏幕保护程序设置】对话框,如图 2-22 所示。

　　在【屏幕保护程序】选项组中,从【屏幕保护程序】下拉列表框中可以选择屏幕保护样式,并可以在上面的显示窗口中观察具体效果。在【等

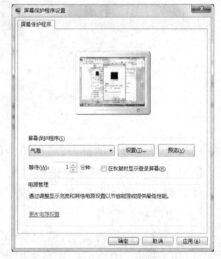

图 2-22　【屏幕保护程序设置】对话框

待】右侧的微调框中可以设置启动屏幕保护程序的时间;单击【设置】按钮,可以对部分屏幕保护程序进行自定义。勾选【在恢复时显示登录屏幕】复选框,这样只有在输入正确的系统登录密码后才能从屏保状态恢复到原有工作界面,从而更好地保护计算机安全。

四、设置 Windows 颜色和外观

　　在 Windows 7 操作系统中,用户可以随意设置窗口、菜单、任务栏的外观和颜色,此外还可以调整颜色浓度和透明效果。

　　在打开的【个性化】窗口中,单击【更改半透明窗口颜色】链接,打开【窗口颜色和外观】窗口,如图 2-23 所示,可以选择颜色;勾选【启用透明效果】可设置半透明效果等,还可以自定义颜色设置;单击高级外观设置,还可以对窗口中的内容逐项选择设置其颜色、字体、大小等效果,如图 2-24 所示。

图 2-23　【窗口颜色和外观】窗口　　　　图 2-24　【窗口颜色和外观】对话框

五、更改屏幕分辨率

屏幕分辨率指的是屏幕上显示的文本和图像的清晰度,分辨率越高(如 1600×1200 像素),图像就越清晰。

如图 2-25 所示,可以利用【控制面板】—【外观和个性化】—【显示】—【屏幕分辨率】更改显示器的分辨率等外观设置。

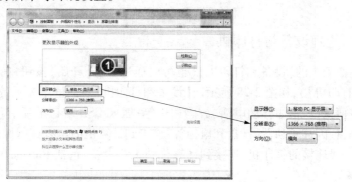

图 2-25　更改屏幕分辨率

任务八　打开或关闭 Windows 功能

Windows 附带的某些程序和功能(如 Internet 信息服务)必须打开才能使用。某些其他功能默认情况下是打开的,但可以在不使用它们时将其关闭。关闭某个功能不会将其卸载,程序仍存储在硬盘上,以便可以在需要时重新打开它们。

具体操作为:依次单击【开始】按钮—【控制面板】—【程序】—【打开或关闭 Windows 功能】,打开【Windows 功能】窗口,如图 2-26 所示。要打开或关闭某个 Windows 功能,勾选或清除该功能旁边的复选框,最后单击【确定】即可。

图 2-26　打开或关闭 Windows 功能

任务九　卸载程序

如果不再使用某个程序,或者希望释放硬盘上的空间,可以从计算机上卸载该程序。可以使用【程序和功能】卸载程序,或通过添加或删除某些选项来更改。控制面板中的操作如图 2-27 所示,在【卸载或更改程序】中选择程序,然后单击【卸载】。

图 2-27　卸载或更改程序

任务十　管理设备与打印机

打开控制面板中的【设备和打印机】(也可以通过单击【开始】按钮,在【开始】菜单中单击【设备和打印机】),如图 2-28 所示。【设备和打印机】对话框中显示的设备通常是外部设备,包括:便携设备,如移动电话、数码相机等;插入 USB 端口的所有设备,包括外部 USB 硬盘驱动器、闪存驱动器、键盘和鼠标等;连接到计算机的所有打印机,包括通过 USB 电缆、网络或无线连接的打印机;连接到计算机的无线设备,包括 Bluetooth(蓝牙)设备和无线 USB 设备等。

图 2-28　【设备和打印机】对话框

打印机是典型的外部硬件设备,安装打印机最常见的方式是将其直接连接到计算机上,称为"本地打印机",具体步骤如下:

（1）在图 2-28 所示的【设备和打印机】界面上，单击【添加打印机】。

（2）在【添加打印机向导】中，单击【添加本地打印机】（或添加网络打印机，选择【添加网络、无线或 Bluetooth 打印机】）。

（3）在【选择打印机端口】页上，确保选择【使用现有端口】按钮和建议的打印机端口，然后单击【下一步】。

（4）在【安装打印机驱动程序】页上，选择打印机制造商和型号，然后单击【下一步】；如果未列出打印机，则单击【Windows Update】，然后等待 Windows 检查其他驱动程序；如果未提供驱动程序，但有安装 CD，则单击【从磁盘安装】，然后浏览打印机驱动程序所在的文件夹。

（5）完成向导中的其余步骤，然后单击【完成】。

右击某一打印机设备，在弹出的快捷菜单中，可进一步查看和设置打印机。如果不再使用打印机，则右击要删除的打印机，单击【删除设备】即可。

任务十一　设置用户账户

Windows 7 允许系统管理员设定多个用户账户，并赋予不同的权限，从而使各用户在使用同一台计算机时完全可以做到互不干扰。

用户账户用于通知 Windows 用户可以访问哪些文件和文件夹，通过用户账户，用户可以在拥有自己的文件和设置的情况下与多个人共享计算机，可以使用用户名和密码访问其用户账户。

Windows 有三种类型的账户：

➢ 标准账户，适用于日常计算；

➢ 管理员账户，可以对计算机进行最高级别的控制；

➢ 来宾账户，主要针对需要临时使用计算机的用户。

设置用户账户具体操作步骤如下：

单击【开始】—【控制面板】—【用户账户和家庭安全】—【用户账户】，如图 2-29 所示，即可进入账户管理状态。

图 2-29　用户账户

单击【管理其他账户】。如果系统提示输入管理员密码或进行确认,则键入该密码或提供确认。单击【创建一个新账户】,如图2-30所示,键入要为用户账户提供的名称,单击账户类型,然后单击【创建账户】,即可完成账户的创建。

图2-30　创建账户

一旦账户创建好,还可以根据需要对其进行重命名、账户类型的更改、密码设置、账户图片更改等操作。

在多用户的 Windows 中,可以单击【开始】按钮,指向【关机】按钮旁边的箭头,在级联菜单中单击【切换用户】,屏幕上都会显示计算机上的所有账户,可以单击用户名轻松切换到其他账户。

【项目拓展】

1. 认真熟悉 Windows 桌面和窗口的各个组成部分。

2. 在控制面板中添加一个新用户,账户为标准用户,自定义用户名、设置密码、更改图片。

3. 在个性化窗口中选择自己喜欢的主题,并观察 Windows 环境的变化。

4. 根据个人喜好修改桌面背景、窗口颜色、屏幕保护程序等。

5. 在桌面添加"时钟"小工具。

6. 将【开始】菜单中的最近打开过的程序数目设置为10。

7. 打开 Windows 功能中的"Windows DVD Maker"。

8. 安装一台虚拟打印机。

子项目二　Windows 7 磁盘空间管理

【项目描述】

通过一段时间的学习,小明掌握了计算机的基本操作和配置系统环境的方法。小明的计算机经过长时间的使用后,桌面杂乱无章,很多文件随意存放,导致很多重要的文件经常找不到;而且目前计算机的系统盘空间严重不足,计算机运行速度十分缓慢,小明急需我们来帮助他解决这些问题。

本项目包括以下几项任务:

1. 文件及文件夹的管理;

2. 磁盘管理工具的使用。

任务一　文件和文件夹的基础知识

一、文件和文件夹

文件是一组逻辑上相互关联的信息的集合。用户在管理信息时通常以文件为单位,如图 2-31 所示,文件可以是一篇文档、一张图片或者一首歌曲,也可以是一些数据或一个程序等。在操作系统中是通过文件名对文件进行存取访问的;文件名由主文件名和扩展名两部分组成,中间用". "隔开:

<主文件名>[. <扩展名>]

图 2-31　文件

主文件名是文件的标志,应遵守"见名知义"的原则;扩展名表示文件的类型,起到"见名知类"的作用。

文件夹也称为目录,是存放文件的场所,是系统组织和管理文件的一种形式。文件夹是为方便用户查找、维护和存储而设置的,用户可以将文件分门别类地存放在不同的文件夹中,也可以将相关的文件存储在同一文件夹中,让整台计算机中的内容井然有序,方便用户管理。文件夹中可以存放任何文件,如文档、程序、数据文件等,也可以存放其他文件夹、磁盘驱动器等。文件夹中的文件夹通常称为"子文件夹"。

与文件相比,文件夹名比较简单,它只有主文件名,没有扩展名,如图 2-32 所示。

图 2-32　文件夹

注意:文件名和文件夹名只能由 1～255 个字符组成,可以包括空格、英文字母(大小写不区分)、数字、特殊符号等,但不能包含下列任何字符:/、\、:、*、?、"、<、>、|。

二、文件路径

在 Windows 中,文件系统的目录结构采用的是树形目录结构,如图 2-33 所示。树根是根文件夹(根目录),根文件夹下允许建立多个子文件夹,子文件夹下还可以建立再下一级的子文件夹。每一个文件夹中允许同时存在若干个子文件夹和若干文件,但同一文件夹中不允许存在相同文件名的文件。

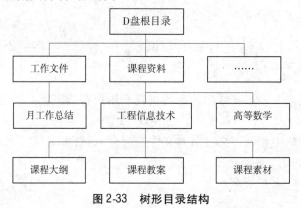

图 2-33　树形目录结构

文件或文件夹在目录结构中的位置称为路径,在 Windows 中描述文件或文件夹的路径有以下两种方法。

1. 绝对路径

绝对路径是指从根目录出发一直到文件所处的位置所要经过的所有目录,目录名之间用反斜杠隔开。绝对路径总是以"盘符:\"作为路径的开始符号,例如,在图 2-33 所示树形目录结构中,访问"课程大纲"的绝对路径是"D:\课程资料\工程信息技术\课程大纲"。

2. 相对路径

相对路径指的是从当前目录出发到文件所在的位置之间的所有目录。一个文件的相对路径是可变的,它会随着当前文件夹的不同而不同。例如,在图 2-33 中,如果当前文件夹是"课程资料",则访问"课程大纲"文件的相对路径是"\课程资料\工程信息技术\课程大纲"。

三、Windows 中的常见文件类型

扩展名表示文件的类型,一般由 3 个字符组成,少数扩展名由 1、2、4 个字符组成。常见的文件扩展名及其文件类型如表 2-1 所示。

表 2-1　常见的文件扩展名及其文件类型

扩展名	文件类型	扩展名	文件类型
. exe、. com	可执行文件	. bmp、. gif、. jpeg	图像文件
. sys	系统文件	. avi、. mp4	视频文件
. bat	批处理文件	. mp3、. wav	音频文件
. tmp	临时文件	. doc、. docx	Word 文档
. fon、. ttf	字体文件	. xls、. xlsx	Excel 工作簿
. rar、. zip	压缩文件	. ppt、. pptx	演示文稿
. rtf	丰富文本格式文件	. htm、. html	网页文件
. dll	动态链接库文件	. txt	文本文件

任务二　认识资源管理器

在 Windows 7 中,资源管理器是用于管理计算机资源的重要工具,使用资源管理器可以方便地实现浏览、查看、移动和复制文件或文件夹等操作,便于用户查看和管理计算机上的所有资源,用户只需在一个窗口中就可以浏览所有的磁盘和文件夹,而不必打开多个窗口。

一、打开资源管理器

打开资源管理器的方法有以下几种:

(1)若桌面上有【计算机】图标,则可用鼠标直接双击打开,也可以右击该图标,选择【打开】命令;

(2)若任务栏中有【Windows 资源管理器】图标,则可用鼠标直接单击打开,也可以右击该图标,选择【Windows 资源管理器】命令;

(3)使用组合键 Windows 徽标键 +【E】;

(4)单击【开始】按钮,选择【所有程序】—【附件】—【Windows 资源管理器】命令;

(5)在【开始】按钮上右击,从弹出的快捷菜单中选择【打开 Windows 资源管理器】命令。

二、资源管理器的组成

在 Windows 7 操作系统中,资源管理器窗口主要由"后退"和"前进"按钮、地址栏、搜索栏、工具栏、导航窗格、文件列表、预览窗格、细节窗格等组成,如图 2-34 所示。

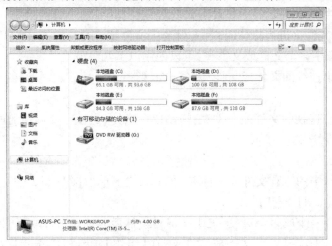

图 2-34　资源管理器窗口

其中,用户可以使用导航窗格来查找文件和文件夹,还可以在导航窗格中将项目直接移动或复制到目标位置。

如果在已打开窗口的左侧没有看到导航窗格,可单击【组织】,指向【布局】,然后单击【导航窗格】,以将其显示出来。

三、设置文件和文件夹查看方式

在打开文件夹或库时,可以更改文件在窗口工作区域中的查看方式。资源管理器中文件与文件夹的显示方式主要有"超大图标""大图标""中等图标""小图标""列表""详细信息""平铺""内容"。

用户可以单击工具栏右侧的【更改您的视图】按钮,在弹出的"视图"选项列表中完成查看方式的切换,如图2-35所示。

用户也可以直接右击窗口工作区域空白处,如图2-36所示,从弹出的快捷菜单中选择【查看】命令,在其级联菜单中选择相应的查看方式。

图2-35　视图选项　　　　　图2-36　查看方式

如果查看方式设置为"详细信息"方式,在资源管理器的窗口工作区中会出现列标题,使用列标题可以更改文件列表中文件的整理方式。单击列标题可以更改显示文件和文件夹的顺序;右击列标题,还可以调节列宽及增减要显示的信息内容。

任务三　文件和文件夹的基本操作

一、选择文件和文件夹

在对文件或文件夹进行操作时,首先得选中文件或文件夹。单击可以选定一个文件或文件夹;若要选中多个文件或文件夹,可以使用以下几种方法:

(1)选择一组连续的文件或文件夹:先单击第一个对象,按住【Shift】键,然后单击最后一个对象。

(2)选择多个连续的文件或文件夹:拖动鼠标指针,通过在要包括的所有对象外围画一个矩形框来进行选择。

(3)选择不连续的文件或文件夹:按住【Ctrl】键,然后单击要选择的每个对象。

(4)选择窗口中的所有文件或文件夹:在工具栏上单击【组织】,然后单击【全选】,或者直接用快捷键【Ctrl】+【A】。

(5)取消选择一个或多个对象:按住【Ctrl】键,然后分别单击待取消的这些项目。

(6)使用复选框选择多个文件或文件夹:在【组织】工具栏中选择【文件夹和搜索选项】,在打开的【文件夹选项】对话框中选择【查看】选项卡,选中【使用复选框以选择项】复选框,然后单击【确定】,如图2-37所示。此时就可以在窗口中勾选要选择的文件或文件夹。若要清除选择,直接单击窗口的空白区域即可。

二、打开文件或文件夹

1. 打开文件夹

在资源管理器窗口中可以采用多种方式打开文件夹:

(1)直接双击文件夹图标;

(2)右键单击文件夹,在快捷菜单中选择【打开】命令;

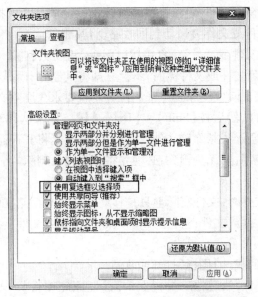

图 2-37　使用复选框以选择项

(3)选中文件夹,直接按【Enter】键;

(4)选中文件夹,选择工具栏中的【打开】命令;

(5)在导航窗格中,单击文件夹图标。

2. 打开文件

用户可以采用上述打开文件夹的前 4 种方式来打开文件,一般情况下,文件都会在其默认的程序中打开。对于某些类型的文件,例如图片文件,通常会打开图片查看器;若要更改文件的默认打开方式,可以右键单击该文件,单击【打开方式】,然后单击要使用的程序名。

三、新建文件和文件夹

新建文件或文件夹的具体步骤如下:

(1)切换到要新建文件或文件夹的位置;

(2)右键单击空白区域,选择【新建】命令,然后在出现的文件类型列表中选择一种类型或文件夹;

(3)键入文件名,然后按【Enter】键或鼠标单击其他位置即可。

新建文件还有一种常见方式就是使用程序新建文件。例如,可以在字处理程序中创建文本文档,然后通过【保存】命令完成文件的创建。

四、删除文件和文件夹

当不再需要某个文件或文件夹时,可将其删除,以利于对文件或文件夹进行管理,释放磁盘空间。

1. 删除文件或文件夹

(1)选中待删除的文件或文件夹,打开【组织】工具栏,选择【删除】命令,在打开的【删除文件】(或【删除文件夹】)对话框中,单击【是】按钮即可将该文件或文件夹删除。

（2）右键单击要删除的文件或文件夹，在弹出的快捷菜单中选择【删除】命令。

（3）可以通过将文件或文件夹拖动到回收站，将其删除。

（4）选中待删除的文件或文件夹，直接按【Delete】键将其删除。

注意：从硬盘中删除文件或文件夹时，不会立即将其删除，而是将其存储在回收站中，用户可以选择将其彻底删除或还原到原来的位置。若要永久删除文件而不是先将其移至回收站，应先选择该文件，然后按【Shift】+【Delete】键。如果从移动存储器（如 U 盘）中删除文件或文件夹，则会永久删除该文件或文件夹，而不是将其存储在回收站。若待删除的文件夹或文件正在使用，则无法删除，必须先将其关闭再删除。

2. 回收站

从计算机上删除文件时，文件实际上只是移动到并暂时存储在回收站中，利用回收站可以恢复意外删除的文件或文件夹，也可以彻底删除文件或文件夹。

1）还原回收站中的文件或文件夹

➤ 双击桌面上的【回收站】图标，打开回收站。

➤ 选中要还原的文件，然后在工具栏上单击【还原此项目】。若要还原所有文件，则在工具栏上单击【还原所有项目】。

2）清空回收站

要将回收站中的文件从计算机上永久删除以释放磁盘空间，可以删除回收站中的单个文件或一次性清空回收站。

➤ 双击桌面上的【回收站】图标，打开回收站。

➤ 选中要删除的某个文件，按【Delete】键，然后单击【是】，可以永久性删除这个文件；在工具栏上，单击【清空回收站】，然后单击【是】，可以一次性删除回收站中的所有文件。

3）设置回收站属性

用户是可以自定义设置回收站的属性的，右击【回收站】图标，选择【属性】，弹出【回收站属性】对话框，如图 2-38 所示。在打开的【回收站属性】对话框中，可以从列表中选择某个硬盘分区，然后在【选定位置的设置】中自定义其大小，还可以设置【不将文件移动到回收站中。移除文件后立即将其删除】。

五、重命名文件和文件夹

（1）选中要重命名的文件或文件夹，打开【组织】工具栏，选择【重命名】，或者右键单击要重命名的文件，然后选择【重命名】。键入新的名称，然后按【Enter】键即可。

（2）两次单击文件或文件夹名，然后键入新的名称，按【Enter】键即可。注意不是双击。

（3）选中要重命名的文件或文件夹，按功能键【F2】，然后键入新的名称，按【Enter】键即可。

Windows 7 中还可以一次重命名几个文件或文件夹，先选中这些文件和文件夹，然后按照上述步骤进行操作。键入新名称后，每个文件和文件夹都将用该新名称来保存，并在结尾处附带不同的顺序编号。

六、移动、复制文件和文件夹

移动文件或文件夹就是将文件或文件夹放到其他地方，执行移动命令后，原位置的文

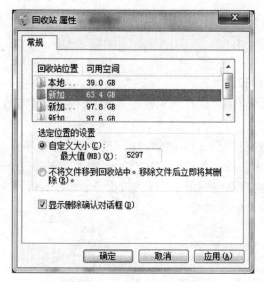

图 2-38　设置回收站属性

件或文件夹消失，出现在目标位置；复制文件或文件夹就是将文件或文件夹复制一份，放到其他地方备份，执行复制命令后，原位置和目标位置均有该文件或文件夹。

1. 鼠标拖曳法

复制和移动文件或文件夹最简单的方法就是直接使用鼠标将选中的对象拖放到目的地。

在同一磁盘中拖放文件或文件夹默认执行的是移动操作，若拖放时按下【Ctrl】键则为复制操作。

在不同磁盘间拖放文件或文件夹默认执行的是复制操作，若拖放时按下【Shift】键则为移动操作。

还可以直接使用鼠标右键拖曳文件或文件夹到目标位置，当释放鼠标右键时会弹出菜单，从中选择【复制】或【移动】即可。

2. 剪贴板

剪贴板是 Windows 系统一段连续的、可随存放信息的大小而变化的内存空间，用来临时存放程序间的交换信息。大多数 Windows 程序中都可以使用剪贴板，通过剪贴板可以方便地在多任务之间进行数据的交换和传递。

先使用【复制】或【剪切】命令将选定的信息送入到剪贴板中，前者将信息复制到剪贴板，后者将信息移动到剪贴板。若要将桌面复制到剪贴板，可以按【PrintScreen】键，若要将当前窗口复制到剪贴板，按【Alt】+【PrintScreen】组合键。然后使用【粘贴】命令，便可将剪贴板中的信息复制到当前窗口中。

文件或文件夹的移动和复制最常规的做法就是使用剪贴板。首先选中要移动或复制的文件或文件夹，然后使用【组织】工具栏中的【剪切】或【复制】命令，打开目标位置，最后使用【组织】工具栏中的【粘贴】命令。其中【复制】、【剪切】和【粘贴】命令可以通过鼠标右击对象，在其快捷菜单中选择，也可以使用组合键【Ctrl】+【C】（复制）、【Ctrl】+【X】

（剪切）、【Ctrl】+【V】（粘贴）。

任务四　文件和文件夹的高级操作

一、排序与分组文件和文件夹

在资源管理器中,用户还可以在任意视图方式下,根据文件属性的不同对文件和文件夹进行排序与分组。

右击窗口工作区域空白处,在弹出的快捷菜单中选择【排序方式】命令,如图 2-39 所示,在弹出的级联菜单中选择一种排序方式对文件和文件夹进行排序。

同样还可以在快捷菜单中选择【分组依据】命令,如图 2-40 所示,在弹出的级联菜单中根据需要选取一种分组依据即可。

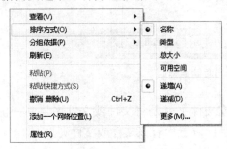
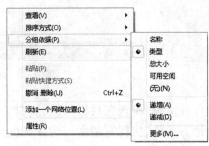

图 2-39　排序　　　　　　　　　　　　　图 2-40　分组

二、设置文件和文件夹属性

Windows 7 系统的文件或文件夹共有 4 种属性:"只读""隐藏""存档""系统"。其中"系统"属性是操作系统定义的,其他可以通过【属性】对话框设置。具体步骤如下:

（1）选中文件或文件夹,打开【组织】工具栏,选择【属性】;或者直接右键单击文件或文件夹图标,然后单击【属性】。

（2）在弹出的文件属性对话框中,勾选【属性】旁边的【只读】或【隐藏】复选框,可以设置其为"只读"或"隐藏";单击【高级】按钮,可以进一步设置存档属性,如图 2-41 所示。

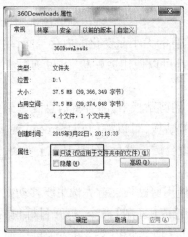
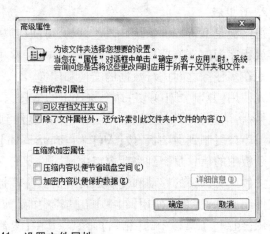

图 2-41　设置文件属性

一旦将文件或文件夹设置为"隐藏"属性,则可能无法看到这些文件或文件夹,可以通过更改文件夹选项来显示。

三、更改文件夹选项

【文件夹选项】对话框是系统提供给用户设置文件和文件夹的常规及显示方面属性等的窗口。

在【文件夹选项】的【常规】选项卡上,如图 2-42 所示,可以通过勾选来设置浏览文件夹打开窗口的方式、鼠标打开项目的方式及导航窗格的显示方式。

在【文件夹选项】的【查看】选项卡上,如图 2-43 所示,使用【应用到文件夹】,可以将当前文件夹视图设置应用到其他文件夹;还可以进行文件和文件夹查看的多种高级设置,例如:"显示隐藏的文件、文件夹和驱动器""隐藏已知文件类型的扩展名""隐藏受保护的操作系统文件",等等。

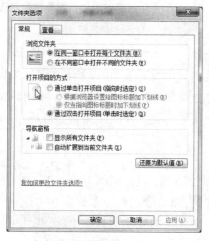

图 2-42　【常规】选项卡

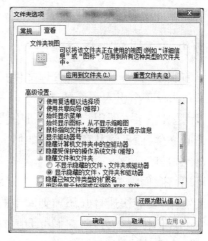

图 2-43　【查看】选项卡

四、搜索文件和文件夹

1. 使用【开始】菜单上的搜索框

单击【开始】按钮,然后在搜索框中键入字词或字词的一部分,如图 2-44 所示。键入后,与所键入文本相匹配的项(存储在计算机上的文件、文件夹、程序和电子邮件)将立即出现在【开始】菜单上。

2. 文件夹或库中使用搜索框

使用 Windows 徽标键 +【F】键打开搜索窗口,或者打开资源管理器,搜索框位于每个窗口的

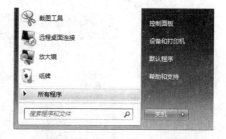

图 2-44　【开始】菜单上的搜索框

顶部。若要查找文件,首先打开搜索位置文件夹或库作为搜索的起点,然后在搜索框中键入文本。若文件某一部分,如文件的名称、标记或其他属性,甚至文本文档内的文本与搜索字词相匹配,则该文件都将作为搜索结果显示出来。

在搜索框中输入时,可以使用通配符——"?"表示一个任意字符;"＊"表示任意多个

字符。例如:? abc∗.txt 表示搜索所有文件名第 2~4 个字符为 abc 的文本文件。

如果是基于一个或多个属性搜索文件,可以在开始键入文本前,使用搜索框正下方提供的搜索筛选器指定属性,缩小搜索范围。

五、文件和文件夹快捷方式

快捷方式是指向计算机上某个项目(例如文件、文件夹、程序、打印机或网络中计算机)的链接。通过创建快捷方式,将其放置在方便的位置,以便快速访问快捷方式链接到的项目。快捷方式图标上左下角的箭头可用来区分快捷方式和原始文件,如图 2-45 所示。

图 2-45　文件图标和相关快捷方式图标

快捷方式并不能改变应用程序、文件、文件夹、打印机或网络中计算机的位置,它只是一个指针,使用它可以更快地打开项目,并且删除、移动或重命名快捷方式也不会影响原有项目。

任务五　掌握库的基本操作

在以前版本的 Windows 中,管理文件只能在不同的文件夹和子文件夹中组织这些文件。在 Windows 7 中引入了新的功能——库,它并非传统意义上的用来存放用户文件的文件夹,而是具备了方便用户在计算机中快速查找到所需文件的作用,它可以更好地分类组织和访问文件,而不管其存储位置如何。

一、什么是库

库可以将我们需要的文件和文件夹统统集中到一起,就如同网页收藏夹一样,只要单击库中的链接,就能快速打开添加到库中的文件夹,而不管它们原来深藏在本地电脑或局域网当中的任何位置。另外,它们都会随着原始文件夹的变化而自动更新,并且可以以同名的形式存于库中。例如,如果在硬盘和外部驱动器上的文件夹中有音乐文件,则可以使用音乐库同时访问所有音乐文件。

打开资源管理器,在左侧导航窗格中选中展开库,可以看到 Windows 7 中有四个默认库:文档库、图片库、音乐库和视频库,如图 2-46 所示。

图 2-46　库

二、创建新库

用户可以根据需要创建新库,收集不同位置的某类文件,并将其显示为一个集合,方便后续管理。具体步骤如下:

(1)打开资源管理器,然后单击左侧窗格中的【库】。

(2)在库中的工具栏上,单击【新建】—【库】,如图 2-47 所示。

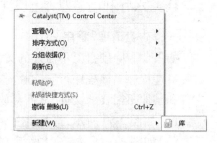

图 2-47　新建库

(3)键入库的名称,然后按【Enter】键。新库建好后,若要将文件复制、移动或保存到库,库中必须首先包含一个文件夹,以便让库知道存储文件的位置。此文件夹将自动成为该库的默认保存位置。

三、将文件夹包含到库中

单击打开某个库,如图 2-48 所示,在库窗格(文件列表上方)中【包括】旁边,单击【位置】,然后在库位置对话框中单击【添加】,如图 2-49 所示;单击文件所在的文件夹或驱动器,单击【包括文件夹】,最后单击【确定】。

图 2-48　将文件夹包含到库中(1)

图 2-49　将文件夹包含到库中(2)

一旦将文件夹包含到库中,则可以直接使用库对其进行访问。若之后从原始位置删除该文件夹,则无法再在库中访问该文件夹。

四、解除文件夹与库的包含关系

不再需要监视库中的文件夹时,就需要解除文件夹与库的包含关系,具体步骤如下:

(1)在任务栏中,单击【Windows 资源管理器】按钮。

(2)在导航窗格中,单击要从中删除文件夹的库。

(3)在库窗格(文件列表上方)中,在【包括】旁边,单击【位置】。

(4)在弹出的对话框中,单击要删除的文件夹,单击【删除】,然后单击【确定】。或者直接在导航窗格中,右击要从库中删除的文件夹,在弹出的快捷菜单中选择【从库中删除位置】。

解除文件夹与库的包含关系,是不会从原始位置删除该文件夹及其内容的。

任务六　利用磁盘维护工具管理磁盘空间

一、"磁盘清理"程序

如果要删除硬盘上不需要的文件,来释放磁盘空间并让计算机运行得更快,可以使用磁盘清理程序。该程序可删除临时文件、Internet 缓存文件,清空回收站并删除各种系统文件和其他不需要的文件,从而释放磁盘空间。

(1)如图 2-50 所示,打开【附件】—【系统工具】—【磁盘清理】。

(2)如图 2-51 所示,在【驱动器】列表中,单击要清理的硬盘驱动器,然后单击【确定】。

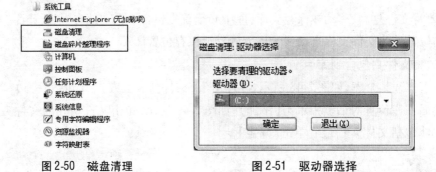

图 2-50　磁盘清理　　　　　　　图 2-51　驱动器选择

(3)如图 2-52 所示,在【磁盘清理】对话框中的【磁盘清理】选项卡上,选中要删除的文件类型的复选框,然后单击【确定】。

图 2-52　【磁盘清理】对话框

(4)在出现的对话框中,单击【删除文件】。

二、"磁盘碎片整理"程序

Windows 系统中保存的对文件的更改通常存储在卷上与原始文件所在位置不同的位置,这不会改变文件在 Windows 中的显示位置,而只会改变组成文件的信息片段在实际卷中的存储位置。随着时间的推移,文件和卷本身都会碎片化,这样计算机打开单个文件时需要查找不同的位置,使得计算机变慢。

碎片整理程序是重新排列卷上的数据并重新合并碎片数据的工具,它可以提高文件的访问速度。对硬盘进行碎片整理的步骤如下:

(1)打开【附件】—【系统工具】—【磁盘碎片整理程序】,如图 2-50 所示。

(2)如图 2-53 所示,在【当前状态】下,选择要进行碎片整理的磁盘。

(3)先单击【分析磁盘】,确定是否需要对磁盘进行碎片整理。在 Windows 完成分析磁盘后,可以在【上一次运行时间】列中检查碎片的百分比。如果数字高于 10%,则应该对磁盘进行碎片整理。

(4)单击【磁盘碎片整理】。

磁盘碎片整理程序可能需要几分钟到几小时才能完成,具体取决于碎片的大小和程度。在碎片整理过程中,仍然可以使用计算机。

除此以外,还可以使用【系统还原】程序恢复系统到选择的还原点,利用【系统信息】程序查看当前使用的系统的版本、资源使用情况等信息,如图 2-54 所示。

图 2-53　磁盘碎片整理程序

图 2-54　查看"系统信息"

【项目拓展】

1. 在 D 盘根目录下建立两个文件夹:"工资管理"和"教师信息",在"教师信息"文件夹下建立"考勤信息""科研业绩""教师基本信息"三个子文件夹。

2. 在"教师信息"文件夹中创建"工管系教师基本信息. xlsx"Excel 文档,并保存;在"工资管理"文件夹中创建"2016 年 3 月工资发放情况. xlsx"Excel 文档,并保存。

3. 将 D 盘中的"教师信息"文件夹更名为"Teacher-Information"。

4. 把"工资管理"和"教师信息"两个文件夹复制到 D 盘,作为文件备份。

5. 为"工资管理"文件夹在桌面上建立名为"工资"的快捷方式。

6. 搜索和清理磁盘中所有扩展名为. tmp 的文件。

7. 将"教师信息"文件夹隐藏。

8. 隐藏或显示 Windows 7 操作系统中所有文件的扩展名。

9. 将"工资管理"文件夹加密。

10. 使用"磁盘碎片整理"程序提高 C 盘的文件访问速度。

项目小结

本项目主要介绍了 Windows 7 操作系统的基本操作、文件和磁盘管理、环境配置的方法等,让学习者能够了解 Windows 7 的特点,利用计算机管理文件和文件夹,使用 Windows 7 提供的各种工具管理和维护计算机。

习　题

一、单选题

1. 计算机应用软件中,对于文件操作进行的"打开"功能,实际上是将数据从辅助存储器中取出,传送到(　　)的过程。

    A. RAM　　　　　　B. ROM　　　　　　C. CD – ROM　　　　　　D. CPU

2. 如果微机不配置(　　),那么它就无法使用。

    A. 操作系统　　　　B. 高级语言　　　　C. 应用软件　　　　D. 工具软件

3. 下列关于操作系统的叙述中,不正确的是(　　)。

    A. 批处理系统应该具有作业控制能力

    B. 分时系统不一定具有人机交互功能

    C. 从响应时间的角度看,实时系统与分时系统差不多

    D. 由于采用了分时技术,用户可以独占计算机资源

4. 批处理操作系统的主要目的是(　　)。

    A. 提高系统资源的利用率　　　　　　B. 提高系统与用户的交互性

    C. 减少用户作业等待时间　　　　　　D. 降低系统吞吐量

5. 操作系统的最基本特征是(　　)。

    A. 并发和共享　　B. 并发和虚拟　　C. 共享和虚拟　　　　D. 共享和异步

6. 在 D 盘上运行磁盘清理,应选择【开始】菜单中的(　　)命令。

    A. 控制面板　　　　B. 附件　　　　　C. 计算机　　　　D. 默认程序

7. 管理计算机电量使用方式的硬件和系统设置集合的名称为(　　)。

    A. 电源计划　　　B. 使用计划　　　C. 电池计划　　　　D. 适当计划

8. 若计算机仍在后台运行一个 explorer. exe 进程,结束这个进程的操作是(　　)。

    A.【Alt】+【F4】　　　　　　　　　　B.【任务管理器】—【应用程序】

    C.【任务管理器】—【进程】　　　　　D.【任务管理器】—【服务】

9. 在 Windows 资源管理器右侧窗格中,同一文件夹下,用鼠标左键单击了第一个文件,按住【Ctrl】键再单击第五个文件,则选中了(　　)个文件。

    A. 0　　　　　　　B. 5　　　　　　　C. 1　　　　　　　D. 2

10. 操作系统的作用(　　)。

A. 把源程序翻译成目标程序　　　　　B. 实现软件硬件的转换

C. 管理计算机的硬件设备　　　　　　D. 控制和管理计算机系统资源的使用

11. Windows 中使用"磁盘碎片整理"程序,主要是为了(　　)。

    A. 修复损坏的磁盘　　　　　　　　　B. 缩小磁盘空间

    C. 提高文件访问速度　　　　　　　　D. 扩大磁盘空间

12. 在 Windows 环境下,要在不同的应用程序及其窗口之间进行切换,应按组合键(　　)。

    A.【Ctrl】+【Shift】　　　　　　　　B.【Alt】+【Tab】

    C.【Ctrl】+【Tab】　　　　　　　　　D.【Alt】+【Shift】

13. 对于在 Windows 7 上运行的应用软件,使用(　　)键可以激活菜单。

    A.【Shift】　　　　　B.【Alt】　　　　　C.【Ctrl】　　　　　D.【Esc】

14. 在 Windows 7 中,在没有鼠标的情况下,可以使用(　　)组合键关闭当前应用软件。

    A.【Ctrl】+【F4】　　B.【Alt】+【F4】　　C.【F4】　　　　　　D. 以上都不行

15. 在 Windows 7 中,应用软件的安装程序名一般是(　　)。

    A. Install. bat　　　B. Load. bat　　　C. Win. bat　　　　D. Setup. exe

16. 在 Windows 中,在默认设置的情况下,当选定文件或文件夹后,不将文件或文件夹放"回收站"中,而直接删除的操作是(　　)。

    A. 按【Del】键

    B. 用鼠标直接将文件或文件夹拖到"回收站"中

    C. 按【Shift】+【Del】组合键

    D. 用"我的电脑"或"资源管理器"窗口中的"文件"菜单中的删除命令

17. 在 Windows 7 中,对文件和文件夹的管理是通过(　　)来实现的。

    A. 对话框　　　　　B. 剪贴板　　　　　C. 资源管理器　　　　D. 控制面板

18. 搜索文件名为"IC3. xlsx"的 Excel 工作簿,并在 Excel 中打开的操作是(　　)。

    A.【开始】按钮—在搜索中输入"IC3. xlsx",点击打开

    B.【开始】按钮—【文档】—在打开的窗口中找到"IC3. xlsx",点击打开

    C. Excel 程序—【文件】—在打开的对话框中输入"IC3. xlsx",点击打开

    D. Excel 程序—【文件】—在最近所用文件中查找"IC3. xlsx",点击打开

19. 显示器的主要技术指标之一是(　　)。

    A. 分辨率　　　　　B. 亮度　　　　　　C. 重量　　　　　　D. 耗电量

20. Windows 中提供设置系统环境参数和硬件配置的工具是(　　)。

    A. 资源管理器　　　B. 控制面板　　　　C. 附件　　　　　　D. 我的文档

21. 如果将 D 盘根目录下的文件拖动到同盘某子目录内,则此时完成的是(　　)。

    A. 文件复制　　　　B. 文件移动　　　　C. 文件粘贴　　　　D. 文件删除

22. 使用鼠标右键单击任何项目将弹出一个(　　),可用于该项目的常规操作。

    A. 图标　　　　　　B. 快捷菜单　　　　C. 按钮　　　　　　D. 菜单

23. 双击某个文件时,如果 Windows 7 系统不知该使用哪个程序打开该文件,会显示

（   ）对话框，需要用户指定要使用的程序。

  A. 运行   B. 打开   C. 打开方式   D. 帮助

24. 打开文件夹后，按（   ）键可以返回到上一级文件夹。

  A.【Esc】   B.【Alt】   C.【Enter】   D.【Backspace】

25. 删除 Windows 桌面上某个应用程序的图标，意味着（   ）。

  A. 该应用程序连同其图标一起被删除

  B. 只删除了该应用程序，对应的图标被隐藏

  C. 只删除了图标，对应的应用程序被保留

  D. 该应用程序连同其图标一起被隐藏

26. 下面（   ）操作不能完成将桌面上名为"音乐"的文件夹名称改为"曲调"。

  A. 右键选择"音乐"文件夹—【重命名】   B. 左键单击两次"音乐"文件夹

  C. 按功能键【F2】   D. 打开该文件夹之后，另存为

27. 将文件从一个位置移除，然后放到另一个位置的操作是（   ）。

  A. 复制   B. 粘贴   C. 移动   D. 删除

28. 若想在 Windows 7 下的 MS－DOS 方式中再返回到 Windows 窗口方式下，需要键入（   ）命令后按回车。

  A.【Esc】   B.【Exit】   C.【Quit】   D.【Windows】

29. 在 Windows 7 中，"粘贴"命令的快捷键是（   ）。

  A.【Ctrl】+【V】   B.【Ctrl】+【A】   C.【Ctrl】+【X】   D.【Ctrl】+【C】

30. 在 Windows 7 中，将某一程序项移动到打开的文件夹中，应（   ）。

  A. 单击鼠标左键   B. 双击鼠标左键

  C. 拖曳   D. 单击或双击鼠标右键

31. 在 Windows 7 中，连续两次快速按下鼠标左键的操作称为（   ）。

  A. 单击   B. 双击   C. 拖曳   D. 启动

32. 以下运行在 Windows 操作系统中的程序从计算机中安全删除时所使用的步骤，顺序排列正确的是（   ）。

  ①选择程序，然后单击【卸载】 ②打开"控制面板" ③遵循对话框或卸载程序中可能显示的任何指示 ④必要时重启计算机 ⑤打开"程序"选项

  A.①③②⑤④   B.②⑤①③④   C.⑤②①③④   D.②①⑤③④

33. 更新计算机的操作系统后，当前安装的软件将不再运行。以下（   ）可以使用户在新的 Microsoft 操作系统中继续使用旧的软件程序。

  A. 任务管理器   B. 重新安装程序   C. 程序兼容性向导   D. 安装修复

34. 以下关于在安全模式中操作的说法，（   ）是正确的。

  A. 操作系统加载基本文本、服务和驱动程序

  B. 网络服务已启动

  C. 启动命令提示符而非操作系统

  D. 鼠标和存储设备将无法正常使用

35. 压缩文件的效果是（   ）。

    A. 创建一个较小的文件　　　　　　B. 分析正在使用的磁盘空间

    C. 将一个文件分成多个　　　　　　D. 检测可能有病毒的计算机文件

36. 以下关于在硬盘驱动器上运行 Windows 磁盘清理的说法,(　　)是正确的。

    A. 此操作将会对磁盘进行碎片整理　　B. 此操作允许用户移除临时文件

    C. 此操作允许用户选择要删除的文件　D. 此操作将计算可保存的磁盘空间

37. 以下的系统工具,(　　)适用于硬盘。

    A. 备份　　　　　　　　　　　　B. 网络扫描

    C. 磁盘清理　　　　　　　　　　D. 磁盘碎片整理

38. 以下(　　)文件包含关于特定时刻的系统配置信息。

    A. 系统事件　　　B. 还原数据　　　C. 系统还原　　　　D. 还原点

39. 在 Windows 7 中,允许同时打开(　　)应用程序窗口。

    A. 一个　　　　　B. 两个　　　　　C. 多个　　　　　　D. 三个

40. 在 Windows 7 资源管理器中,单击第一个文件名后,按住(　　)键,再单击另外一个文件,可选定一组位置连续的文件。

    A.【Ctrl】　　　　B.【Alt】　　　　C.【Shift】　　　　D.【Tab】

41. 在 Windows 7 的对话框中,用户只能选择一项的矩形区域和用户输入文本信息的区域分别称为(　　)。

    A. 单选框、文本框　　　　　　　　B. 复选框、文本框

    C. 列表框、对话框　　　　　　　　D. 对话框、文本框

二、判断题

1. 在任务栏的【开始】按钮上单击鼠标左键,在快捷菜单上选择【资源管理器】可以启动资源管理器。　　　　　　　　　　　　　　　　　　　　　　　　(　　)

2. 在【我的电脑】中,选定位置不连续的文件的方法是按住【Shift】键单击鼠标。
　　　　　　　　　　　　　　　　　　　　　　　　　　　　　　　　　(　　)

3. 剪贴板是 Windows 7 的重要工具之一,它提供了应用程序之间数据交换的功能。
　　　　　　　　　　　　　　　　　　　　　　　　　　　　　　　　　(　　)

4. Windows 7 是一个多任务操作系统。　　　　　　　　　　　　　　　(　　)

5. 在 Windows 7 中,任务栏不能改变位置。　　　　　　　　　　　　　(　　)

6. 在 Windows 7 环境中,只能用鼠标进行操作。　　　　　　　　　　　(　　)

7. 若当前为 C 盘根目录,则 C 盘中的三级子目录下的文件 FILE. bmp 的相对路径和绝对路径的表示方法是完全相同的。　　　　　　　　　　　　　　　　　　(　　)

8. Windows 7 中的图标只能代表某个应用程序或应用程序组。　　　　　(　　)

9. 在 Windows 7 中,鼠标双击操作与两次单击是有区别的。　　　　　　(　　)

10. 将剪贴板中的内容粘贴到文档中后,其内容在剪贴板中仍然存在。　　(　　)

11. 在 Windows 及其应用程序的下拉菜单中,如果某些命令是灰色的,则表示该命令永远不能用。　　　　　　　　　　　　　　　　　　　　　　　　　　　(　　)

12. 桌面上【计算机】和【回收站】两个图标用户不能删除。　　　　　(　　)

13. 被用户删除的所有文件都可以在回收站中找到。 （　　）

14. 每个窗口中都有地址栏。 （　　）

15. 如果光标变成了手掌形状,则表示系统忙。 （　　）

16. 在 Windows 7 中,可以通过磁盘清理删除硬盘上回收站中的文件。 （　　）

17. 在 Windows 7 中,当用鼠标左键在不同的驱动器之间拖动文件时,系统默认的操作是复制。 （　　）

18. 在 Windows 7 中,不能运行 DOS 应用程序。 （　　）

19. 在 Windows 7 中,把选中的文件夹或文件直接删除(不放到回收站)可以按【Shift】+【Del】键。 （　　）

20. DOS 与 Windows 7 都支持长文件名。 （　　）

21. Windows 7 的整个显示屏幕称为窗口。 （　　）

22. 在 Windows 7 中可以一次最小化所有打开的窗口(对话框除外)。 （　　）

23. 在 Windows 中用户不能改变工具栏按钮的大小。 （　　）

24. 在 Windows 中删除文件,一定会出现【确认文件删除】对话框。 （　　）

25. 在 Windows 中,使用磁盘扫描程序可以检查硬盘的逻辑和物理错误。 （　　）

三、填空题

1. 在 Windows 7 中,可以通过组合键_____在应用程序之间进行切换。

2. 在 Windows 7 操作中,要弹出快捷菜单一般单击鼠标_____。

3. 在 Windows 7 中,将应用程序窗口关闭的快捷键是_____。

4. 在 Windows 7 中,按下鼠标左键在不同驱动器的不同文件夹内拖动某一对象,结果是该对象_____;按下鼠标左键在相同驱动器不同文件夹内拖动某一对象,结果是该对象_____。

5. 在 Windows 中,"回收站"是_____中的一块区域。

6. 在 Windows 7 中查找文件时,可以使用通配符"?"和_____代替文件名中的一部分。

7. 在 Windows 中,要想将整个当前窗口硬拷贝到剪贴板中,可以按_____键。

8. Windows 的剪贴板是_____的部分空间。

9. 操作系统的存储管理主要是对计算机的_____管理。

10. 在 Windows 中,文件夹的目录结构是树形结构,逻辑盘下的顶级目录称为_____。

项目三 Word 2010电子文档

Microsoft Office 2010,简称 Office 2010(开发代号 Office 14),是运用于 Microsoft Windows视窗系统的一套办公室套装软件。该软件共有 6 个版本,分别是初级版、家庭及学生版、家庭及商业版、标准版、专业版和专业高级版。Office 2010 采用新界面主题,由于程序功能日益增多,微软专门为 Office 2010 开发了一套界面。Office 2010 主要的组件包括 Microsoft Word 2010、Microsoft Excel 2010、Microsoft Outlook 2010、Microsoft PowerPoint 2010、Microsoft OneNote 2010、Microsoft Access 2010 等。其中 Microsoft Word 2010 是目前最流行的图文编辑工具之一,可以制作各种类型的文档,在文档中插入图片进行美化,也可以将数据以表格和图表的形式呈现在文档中,还可以使用 Word 中的自动化功能来快速、高效地为文档添加样式、页眉页脚,对章节进行自动编号,设置交叉引用,创建目录和制作索引等内容。

本项目以 Word 2010 为例,介绍文字处理的各种方法和技巧。

【学习目标】
1. 掌握文字输入与编辑方法。
2. 掌握单独的格式设置和批量设置的方法。
3. 掌握图形、表格等对象插入文档的方法。
4. 了解 Word 自动化处理文档的方法。
5. 掌握 Word 基本操作和打印文档。

子项目一 某建设工程公司宣传文稿

【项目描述】

小明即将毕业,在毕业前夕,他来到了某建设工程公司实习。公司安排他到各个部门进行轮岗实习,首先他来到了公司的 ×× 部。李科长安排了一个任务给小明,让他帮忙给公司制作一份宣传文稿。小明欣然答应。很快,小明使用在大学里学习的 Word 2010 软件,制作了一份初稿,如图3-1 所示。

本项目主要包括以下几项任务:

1. 认识 Word 2010 的界面。

2. 页面格式的设置:包括纸张大小、页面背景等。

3. 文档的编排格式:包括文档的字符、段落、首字下沉、分栏、项目符号和编号、边框

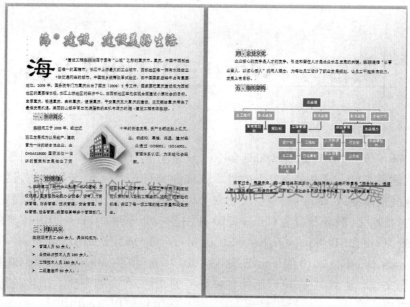

图 3-1　项目效果图

和底纹等设置。

4. 插入对象：图片、艺术字等的插入和设置。

任务一　创建 Word 文档

一、相关知识

1. 工作界面

Word 2010 的工作界面主要由标题栏、快速访问工具栏、【文件】按钮、功能区、窗口控制按钮、编辑区、滚动条及状态栏等几部分组成，如图 3-2 所示。

（1）标题栏：显示 Office 应用程序名称和文档名称。

（2）快速访问工具栏：提供默认的按钮或用户添加的按钮，可以加速命令的执行。相当于早期 Office 应用程序中的工具栏。

（3）【文件】按钮：相当于早期 Office 版本中的【文件】菜单，执行与文档有关的基本操作（打开、保存、关闭等），打印任务也被整合到其中。

（4）功能区：提供常用命令的直观访问方式，相当于早期 Office 应用程序中的菜单栏和命令。功能区由选项卡、组和命令三部分组成。选项卡有【开始】、【插入】、【页面布局】、【引用】、【邮件】、【审阅】、【视图】。用户可以根据需要选择不同的功能选项卡。

①【开始】功能区。【开始】功能区中包括剪贴板、字体、段落、样式和编辑五个组，对应 Word 2003 的【编辑】和【段落】菜单部分命令。该功能区主要用于帮助用户对 Word 2010 文档进行文字编辑和格式设置，是用户最常用的功能区。

②【插入】功能区。【插入】功能区包括页、表格、插图、链接、页眉和页脚、文本、符号和特殊符号等几个组，对应 Word 2003 中【插入】菜单的部分命令，主要用于在 Word 2010 文档中插入各种元素。

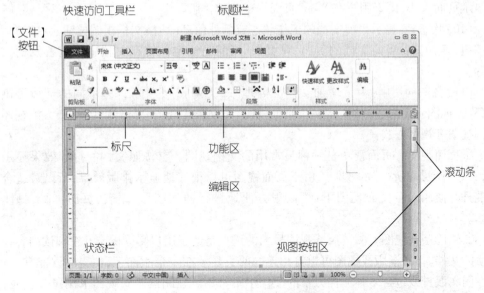

图 3-2 Word 2010 工作界面

③【页面布局】功能区。【页面布局】功能区包括主题、页面设置、稿纸、页面背景、段落、排列等几个组,对应 Word 2003 的【页面设置】菜单和【段落】菜单中的部分命令,用于帮助用户设置 Word 2010 文档页面样式。

④【引用】功能区。【引用】功能区包括目录、脚注、引文与书目、题注、索引和引文目录等几个组,用于实现在 Word 2010 文档中插入目录等比较高级的功能。

⑤【邮件】功能区。【邮件】功能区包括创建、开始邮件合并、编写和插入域、预览结果和完成等几个组,该功能区的作用比较专一,专门用于在 Word 2010 文档中进行邮件合并方面的操作。

⑥【审阅】功能区。【审阅】功能区包括校对、语言、中文简繁转换、批注、修订、更改、比较和保护等几个组,主要用于对 Word 2010 文档进行校对和修订等操作,适用于多人协作处理 Word 2010 长文档。

⑦【视图】功能区。【视图】功能区包括文档视图、显示、显示比例、窗口和宏等几个组,主要用于帮助用户设置 Word 2010 操作窗口的视图类型,以方便操作。

(5)上下文工具:除默认设置的主要选项卡外,根据选中的文档部分的内容还会出现其他的上下文选项卡,即上下文工具。

(6)窗口控制按钮:调整窗口的不同状态,包括最大化/还原、最小化、关闭。

(7)编辑区:编辑数据的主要区域。不同的 Office 组件,其编辑区的外观和使用方法也不相同,例如 Excel 的编辑区由纵横交错的单元格组成,而 Word 则由一个空白页面组成。用户对文档所进行的各种编辑操作都是通过编辑区来显示的。

(8)滚动条:调整文档窗口中当前显示的内容。

(9)标尺:标尺由垂直标尺和水平标尺两部分组成,分别位于文档窗口的左边和上边。其功能主要是确定写作文档的段落、文字距离、调整页边距、改变栏宽、设置制表位以及显示页面大小,便于用户在 Word 页面中精确地排版。

(10)状态栏:显示当前文档的工作状态或额外信息(切换文档视图按钮、调整窗口比例按钮)。如查看当前文档的页码、总页数,当前光标定位符在文档中的位置及输入状态等。

(11)视图的使用:为了增加文档的处理方式,Word 提供了许多不同的环境可供使用,称为视图。Word 2010 中提供了页面视图、阅读版式视图、Web 版式视图、大纲视图和草稿视图等视图方式。

①页面视图。页面视图是一种最常用的文档视图。它按照文档的打印效果显示文档,具有"所见即所得"的效果。由于页面视图可以很好地显示排版效果,所以最适合图文混排时使用。在页面视图下,可以很方便地进行插入图形、图表、页眉页脚、脚注等操作。

②阅读版式视图。阅读版式视图最大的优点是便于用户阅读操作。在阅读内容连接紧凑的文档时,阅读版式视图可以将相连的两页显示在一个版面上,使得阅读非常方便,而在图文混排或包含多种文档元素的文档中不常用。在阅读版式视图下浏览文档时,它会根据窗口大小自动在页面上缩放文档内容,从而得到最佳的屏幕显示。

③Web 版式视图。Web 版式视图主要用于编辑 Web 页。该视图最大的优点是在屏幕上阅读和显示文档效果最佳,使用户联网阅读显得非常容易。如果选择显示 Web 版式视图,编辑窗口将显示文档的 Web 布局视图,此时显示的画面与使用浏览器打开文档的画面一样。

④大纲视图。大纲视图是显示文档结构的视图。它用于显示、修改或者创建文档的大纲,能够突出文档的主干结构。大纲视图将所有的标题分级显示出来,层次分明。

⑤草稿视图。草稿视图主要用于文档的文本输入和编辑。草稿视图可以显示文本格式,简化了页面的布局,所以显示刷新较快,便于大量的文本输入和编辑。在草稿视图中,不显示页边距、页眉页脚、背景及图形对象。

2. 创建空白文档

Word 是 Office 中的文字处理应用软件,具有文字编辑、图片及图形编辑、图片和文字混合排版、表格制作等功能。在进行以上操作之前,要创建空白文档。每次启动 Word 都会自动创建一个空白文档。Word 2010 文档的扩展名为". docx",默认的文档文件名为"文档 1. docx"。

创建的方法主要有:

(1)【开始】菜单—【所有程序】—【Microsoft Office】—【Microsoft Word 2010】,操作步骤如图 3-3 所示。

(2)双击桌面快捷方式。

(3)将快捷方式放在快速启动栏,单击启动。

(4)双击与 Word 相关联的文档。

3. 文本输入

文本输入前,先在文档窗口页面单击鼠标,定位文本的输入点。

文本录入时常用的技巧有:

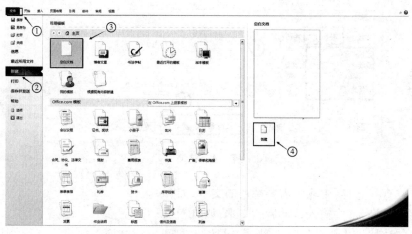

图 3-3　创建文档

（1）输入法的选择：可以使用【Ctrl】＋空格组合键来切换中英文输入法，用【Ctrl】＋【Shift】组合键来切换各种中文输入法。

（2）自动换行，不需要回车，分段时按回车键（【Enter】键）。

（3）用缩进的方式对齐，不使用空格对齐。

（4）【Delete】：此键可删除光标后一个字符；【Backspace】：此键删除光标前一个字符。

（5）【Insert】：插入与改写的切换。

4. 文本的编辑修改

在输入文本时会出现一些错误，可以对输入错误的文本进行修改。

1）选取文本

➢ 选择连续的文本：一是可以按住鼠标左键，对选取对象进行拖曳；二是在行首或段首，当鼠标变成♦时，单击鼠标可选中整行文字，如双击鼠标可选中整段文字。三是如果在文档左边的空白处，当鼠标变成♦时，三击鼠标可选中整个文档或可用快捷键【Ctrl】＋【A】，选择整个文档。

➢ 选择不连续的文本：按住【Ctrl】键，然后拖动鼠标来任意选择文档中不连续的文本。

2）查找和替换

在录入文本时，如出现错误的用词或字，或是需要修改该词或字的格式，而且该词或字在文档中的出现频率又较高，人工查找和修改都不方便，可用 Word 2010 提供的查找和替换功能来完成。

查找功能常用于文本的定位，而对文本不做任何修改。替换功能用于对文档中某一错误的文本用新的内容加以取代，或是修改文本的格式。替换功能和查找功能非常相似，不同的是在找到指定的文本后，替换功能可以用新的文本内容取代原来的内容。

替换的操作步骤如下：

（1）先打开文档，再打开菜单栏上的【编辑】中的【替换】命令，同样，也可以直接按快捷键【Ctrl】＋【H】，来打开【替换】功能窗口，如图 3-4 所示。

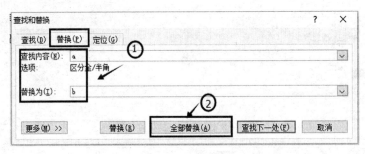

图 3-4　替换

（2）在"查找内容"中输入需要替换的文本，如"a"。

（3）在"替换为"中输入替换后的文本，如"b"。

（4）最后按下的【替换】或【全部替换】按钮，即可完成替换。如只需查找，则按下【查找下一处】。

如果需要替换的不仅是文字，还包括文本格式的变化，则需要在【更多】按钮处进行设置。本项目将应用到此操作。

3）移动、复制、删除文本

（1）移动文本：当编辑文本时，有时需要将部分文本从一个位置移动至另一个位置，这就是移动操作。移动文本常用的方法有：

①选中需要移动的文本，使用鼠标左键拖动。

②选中需要移动的文本，然后将鼠标指针移到目标位置。按住【Shift】键，并右键单击鼠标。

③选中需要移动的文本，选择【开始】—【剪切】—【粘贴】。

④选中需要移动的文本，按下鼠标右键，并拖动至新位置后释放鼠标，在弹出的快捷菜单中选择【移动到此位置】命令。

（2）复制文本：当需要相同的文档内容时，可以使用复制操作完成输入，而不需要再录入文本。常用的操作方法有：

①选中需要复制的文本，配合【Ctrl】键并使用鼠标左键拖动。

②选中需要复制的文本，然后将鼠标指针移到目标位置。按住【Ctrl】+【Shift】键，并右键单击鼠标。

③选中需要复制的文本，选择【开始】—【复制】—【粘贴】。

④选中需要复制的文本，按下鼠标右键，并拖动至新位置后释放鼠标，在弹出的快捷菜单中选择【复制到此位置】命令。

（3）删除文本：将需要删除的文本选中后，按下【Delete】键或【Backspace】键来删除。

5. 撤销和恢复

如图 3-5 所示，当操作失误时，可以用"撤销"恢复原来的状态；"恢复"则相反，用于"撤销"操作之后，需要保留"撤销"操作时，可使用该操作。

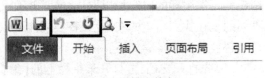

图 3-5　撤销和恢复

6. 保存文档

新建文档之后,都应该保存文档,以给文档命名并指定文档的保存位置,方便以后的查找及修改操作。可选择菜单栏中的【文件】—【保存】(或【另存为】,或快捷键【Ctrl】+【S】)命令完成。

7. 退出 Word 2010

常用的方法有:

(1) 单击【文件】—【退出】。

(2) 单击标题栏右边的关闭按钮。

(3) 按【Alt】+【F4】组合键。

二、操作步骤

(1) 新建 Word 文档:【开始】—【所有程序】—【Microsoft Office】—【Microsoft Word 2010】,启动 Word 2010 后,单击【文件】—【新建】,选择【空白文档】,单击【创建】,便创建了一个空白的 Word 文档。或在桌面或硬盘上,单击右键【新建】—【Microsoft Word 2010】。

(2) 录入文本。选择好输入法,开始录入文本,如图3-6所示。

> 海·建设,建设美好生活
> 一、公司简介
> 海·建设工程公司坐落于素有"山城"之称的重庆市。重庆,中国中西部地区唯一的直辖市,长江中上游最大的工业城市,西部地区唯一拥有水陆空立体交通网络的城市,中国城乡统筹改革试验区,在中国国家战略中占有重要地位,2009 年,国务院专门为重庆出台了国发〔2009〕3 号文件,国家要把重庆建设成为西部地区的重要增长极,长江上游地区的经济中心,在西部地区率先实现全面建设小康社会的目标。宜居重庆、畅通重庆、森林重庆、健康重庆、平安重庆五大重庆的建设,这无疑给重庆带来了最佳发展机遇。美丽的山城孕育出充满蓬勃的生机与活力的海·建设工程有限公司。
> 集团成立于 2006 年,经过近十年的快速发展,资产总额达到上亿元,现已发展成为以房地产、建筑业、钢结构、幕墙、保温、建材经营为一体的综合性企业,企业通过 ISO9001、ISO14001、OHSAS18000 国际三位一体管理体系认证,为本地社会经济的繁荣和发展做出了贡献。
> 二、管理团队
> 集团建立了现代企业制度,机构健全、责权明晰。配有现代化的办公设备,设有人力资源管理、财务管理、技术管理、安全管理、材料管理、设备管理、经营核算等多个管理部门,规范科学、运转高效。各项工序形成了制度规范从原材料入场到工程竣工,设定了内部验收标准,保证了每一项工程的施工质量和现场安全。
> 三、团队风采
> 集团现有员工 600 余人,各类经济技术人员 260 余人,其中工程技术人员 180 余人,二级建造师 50 余人。
> 四、企业文化
> 企业核心的竞争是人才的竞争,引进和留住人才是企业长足发展的关键。公司遵循"以事业留人,以诚心感人"的用人理念,为每位员工设计了职业发展规划,让员工干起来有动力,发展上有目标。
> 五、组织架构
> 回首过去,展望未来,海·建设将不忘本分,继往开来,坚定不移秉承"服务社会,造福人类;追求卓越,和谐共生"的宗旨,与社会各界朋友携手共赢,谱写华丽新篇章!

图3-6　文字资料

任务二　页面布局的设置

一、相关知识

（1）页面设置：选择【页面布局】选项卡—【页面设置】功能区。可以通过该功能区完成文字方向、页边距、纸张方向、纸张大小、分栏、分隔符等设置。

（2）页面背景：页面背景包括水印、页面颜色、页面边框。可以通过【页面布局】选项卡—【页面背景】进行设置。

二、操作步骤

（1）页面设置：单击【页面设置】右边的启动器 ，按要求设置纸张为 A4，页边距分别是，上为 3 厘米，下为 2 厘米，左为 2 厘米，右为 1.5 厘米，如图 3-7 所示。

图 3-7　设置纸张大小和页边距

（2）页面颜色：选择【页面布局】选项卡—【页面背景】功能区—【页面颜色】—【填充效果】，选择【渐变】，【颜色】中的"双色"，【颜色 1】选择"橄榄色，强调文字颜色 3，淡色 60%"，【颜色 2】选择"白色"。【底纹样式】选择"斜上"，如图 3-8 所示。

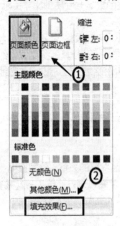
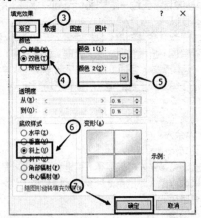

图 3-8　设置页面背景

（3）水印：选择【页面布局】选项卡—【页面背景】功能区—【水印】—【自定义水印】，如图 3-9 所示。在【水印】对话框中，单击【文字水印】进行设置，在【文字】中输入"诚信、务实、创新、发展",设置为楷体,字号48磅,颜色为黑色、半透明,版式为水平。

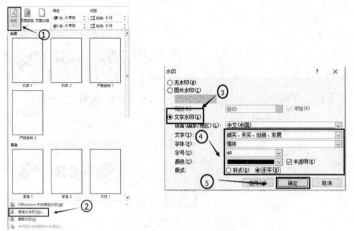

图 3-9　水印的设置

（4）边框和底纹。选中对象"一、集团简介",选择【页面布局】选项卡—【页面边框】,在【边框和底纹】对话框中,选择【边框】进行如图 3-10 所示的设置。

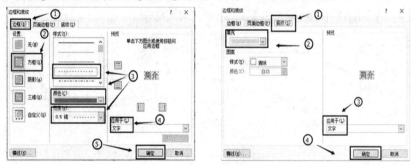

图 3-10　设置边框和底纹

（5）分栏。选中第三自然段,选择【页面布局】选项卡—【页面设置】—【分栏】—【更多分栏】,进行设置,如图 3-11 所示。

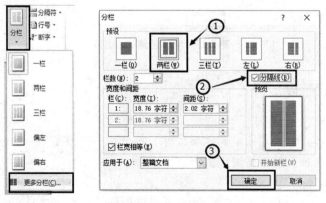

图 3-11　分栏操作

任务三　设置字符格式

一、相关知识

选择【开始】选项卡—【字体】功能区,可以通过该功能区完成对英文、中文、数字和各种符号的字体、字号、文本效果、字符底纹、字符加粗、下划线、字符缩放、字符间距等设置。也可以单击【字体】右边的启动器▣,如图3-12所示,来完成相关设置。

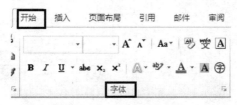

图3-12　字体的格式设置1

二、操作步骤

选中正文,点击【开始】选项卡,单击【字体】右边的启动器▣,将【中文字体】设置为"宋体,小四号"。将最后一段文字中"服务社会,造福人类;追求卓越,和谐共生"这句话选中,在【字体】功能区中,添加双下划线,如图3-13所示。

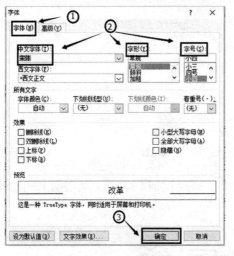 

图3-13　字体的格式设置2

任务四　设置段落格式

一、相关知识

段落是指文本、图形、对象或其他项目等的集合。一个段落以一个段落标记为结束。设置段落的格式可使文档显得美观大方,符合规范。

1. 段落格式

在【开始】选项卡—【段落】功能区中,可以进行段落的对齐方式、缩进、段间距、行间距、项目符号和编号等格式设置,如图3-14所示。

图 3-14　段落的设置 1

2. 项目符号和编号

在 Word 中可以快速地给列表添加项目符号和编号,使文档更有层次感,易于阅读和理解。项目符号除了符号,还可以使用图片。可以通过【开始】选项卡—【段落】功能区的 ☷▾,来完成设置。

二、操作步骤

(1)段落格式。选择【开始】选项卡—【段落】功能区,通过该功能区完成对段落的外观,包括段落的对齐、缩进、间距等设置。也可以单击【段落】右边的启动器 ☜,来完成相关设置。

正文设置为两端对齐、首行缩进 2 字符,行距为 1.5 倍行距,如图 3-15 所示。

(2)项目符号与编号。光标移至文中"团队风采"前,选择【开始】选项卡—【段落】功能区的 ☷▾。可以通过该功能区的【项目符号库】插入项目符号,如图 3-16 所示,来完成相关设置。

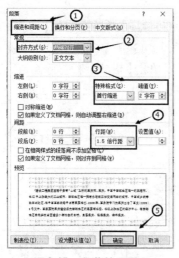

图 3-15　段落的设置 2

图 3-16　项目符号与编号

任务五　格式刷的应用

一、相关知识

格式刷在【开始】选项卡—【剪贴板】中,可以使用它将已经设置好的格式应用到其他位置的字符或段落上,如图 3-17 所示。

二、操作步骤

利用格式刷可以快速地将需要相同设置的节标题格式等进行复制。

（1）选定已设置好的格式"一、集团简介"。

（2）选择【开始】选项卡—【剪贴板】—【格式刷】按钮，【格式刷】按钮呈选中状态。移动鼠标至需要复制格式"二、管理团队"等处，鼠标指针变成格式刷，按住鼠标左键，拖动到文本末尾，放开鼠标，完成复制格式的操作。

图 3-17　格式刷

任务六　查找和替换

一、相关知识

具体操作是【开始】—【编辑】—【查找】/【替换】。

（1）单击【开始】—【编辑】—【查找】按钮（或【Ctrl】+【F】键），在文档窗口左侧出现【导航】窗格；

（2）在窗格的搜索框中输入待查找的文字，Word 将自动在文档中查找与输入文字相匹配的内容，并以黄色标记；

（3）点击【导航】窗格下部的上下按钮依次定位查找文字；

（4）点开搜索框右侧下拉菜单中的【替换】，在【替换为】框中输入替换后的文字，可实现单次或者全部替换。

二、操作步骤

（1）单击【开始】—【编辑】—【查找】，在【查找和替换】对话框中的【查找内容】框中，输入"公司"，在【替换为】框中，输入"集团"。

（2）由于还需要同时替换该字体的格式，所以单击【格式】来进行修改，在【替换字体】对话框中设置字体格式为"黑体，加粗，红色，带着重号"，如图 3-18 所示。

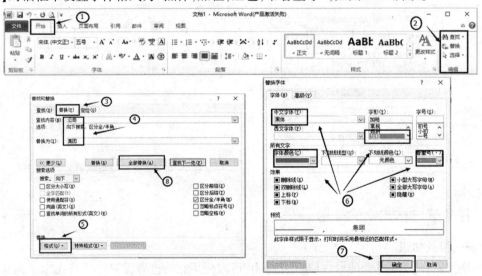

图 3-18　查找和替换

任务七 插入对象

一、相关知识

在【插入】选项卡中，可以插入图片、艺术字、文本框、页眉页脚、公式、特殊符号等。

1. 插图

单击【插入】—【插图】，可以根据需要插入"图片"
"剪贴画""形状""SmartArt""图表""屏幕截图"等类型
的图片。

如果需要修改其格式，还可以选中对象，在功能区中
将出现相应的工具栏，可以在工具栏中设置对象的格式。

1）设置文字环绕效果

选中图片，打开【图片工具】—【格式】—【排列】，单
击【位置】按钮，在展开的列表中选择一种文字环绕的类
型，如图 3-19 所示。

2）设置图片大小

选中图片，在【格式】选项卡中的【大小】组中，设置
图片的高度和宽度。也可以使用鼠标拖动的方式来手动
缩放图片，控制图片的大小。如图 3-20 所示。

图 3-19 设置文字环绕效果

3）裁剪图片

选中图片，在【格式】选项卡中的【大小】组中，单击"🖼️" 按钮，如图 3-21 所示，在弹
出的列表中选择【裁剪】。这时，所选图片周边将出现 8 条黑色粗线，即"裁剪标记线"，选
中其中一条标记线，使用拖动的方式可以裁剪图片。

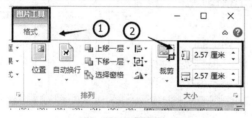

图 3-20 图片大小的设置

图 3-21 裁剪图片

4）设置图片的样式和效果

选中图片，在【格式】选项卡的【图片样式】组的【图片样式】列表中选择一种系统预
设的图片样式，也可以分别单击【图片边框】、【图片效果】和【图片版式】按钮，打开其下
拉列表选择相应的命令，详细设置图片的边框、效果以及与文字搭配的版式。如图 3-22
所示。

5）图形的组合

如果需要将多个图形放在一起组成一个复杂的图形，可以先选定需要组合的多个图
形，选择【排列】中的【组合】，即可将多个图形组成一个整体的图形对象，可以进行整体移
动等操作，如图 3-23 所示。

图 3-22　图片的样式

图 3-23　多图形的组合

2. 首字下沉

首字下沉是指将段落中第一个字符设置成一个大的字符,占据多行。选择【插入】—【文本】—【首字下沉】—【首字下沉选项】。

3. 页眉和页脚

页眉和页脚通常显示文档的附加信息,常用来插入时间、日期、页码、单位名称、徽标等。其中,页眉在页面的顶部,页脚在页面的底部。一般操作如下:

（1）打开 Word 2010 文档窗口,切换到【插入】功能区,在【页眉和页脚】分组中单击【页眉】或【页脚】按钮。

（2）在打开的面板中单击【编辑页眉】按钮。

（3）用户可以在【页眉】或【页脚】区域输入文本内容,还可以在打开的【设计】功能区选择插入页码、日期和时间等对象。完成编辑后单击【关闭页眉和页脚】按钮即可。

4. 文本框

文本框是一种可移动、可调大小的文字或图形容器。使用文本框,可以在一页上放置数个文字块,或使文字按与文档中其他文字不同的方向排列。插入的方法是【插入】—【文本】—【文本框】,可以根据需要选择"内置""绘制文本框"或"绘制竖排文本框",如图 3-24 所示。

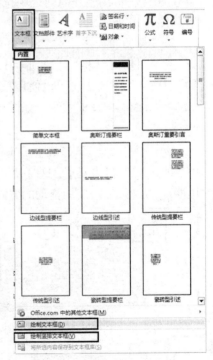

图 3-24　文本框的插入

二、操作步骤

1. 插入剪贴画

选择【插入】—【插图】,右侧出现【剪贴画】工作区,在【搜索文字】框中输入"建筑",点【搜索】选择合适的图片插入到文中,如图 3-25 所示。选中图片,选择【图片工具】—【自动换行】,设置为"穿越型环绕",将图片样式设置为"矩形投影",移动图片,放置于文章中部。

2. 插入艺术字。

选择【插入】—【文本】—【艺术字】,插入艺术字"海＊建设,建设美好生活"作为文章的标题,样式为样式集第三行第二种,并设置字体格式为"华文行楷,46 磅,加粗","字符间距紧缩,4 磅",自动换行方式为"浮于文字上方",如图 3-26 所示。

图 3-25　插入剪贴画

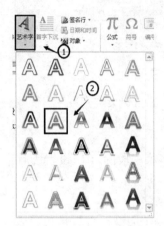

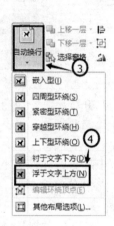

图 3-26　插入艺术字

3. 插入 SmartArt 图形

Word 2010 中的 SmartArt 图形不仅有多种布局可供选择,而且每种布局还有丰富的样式。通过设置样式,可以使 SmartArt 图形更具视觉冲击力。插入 SmartArt 图形的操作为:选择【插入】—【插图】—【SmartArt】,弹出【选择 SmartArt 图形】对话框,如图 3-27所示。

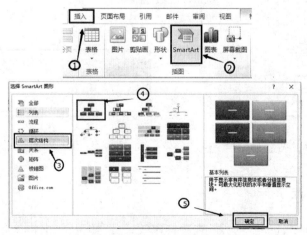

图 3-27　插入 SmartArt 图形

利用 SmartArt 工具,制作出如图 3-28 所示的效果。

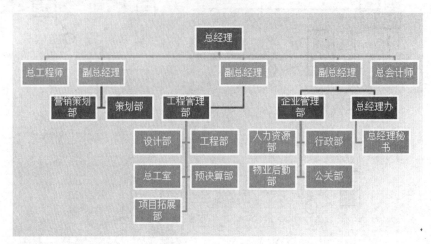

图 3-28　SmartArt 效果图

4. 首字下沉

选择【插入】—【文本】—【首字下沉】,将第一段的"海"设置为首字下沉,下沉行数 3 行,字体为"隶书",距正文 0.2 厘米,如图 3-29 所示。

5. 页眉和页脚

选择【插入】—【页眉和页脚】—【页脚】—【编辑页脚】,可以设置比较复杂的页眉和页脚。如本项目中只需插入简单的页码,便可选择【插入】—【页眉和页脚】—【页码】,插入页码,如图 3-30 所示。

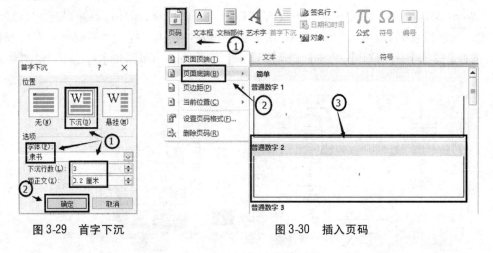

图 3-29　首字下沉　　　　　　　　图 3-30　插入页码

任务八　保存文档

打开快速启动工具栏中的 🔍,查看打印效果,调整后,单击快速启动工具栏中的 💾 将文件保存为"某建筑工程公司宣传文稿",如图 3-31 所示。

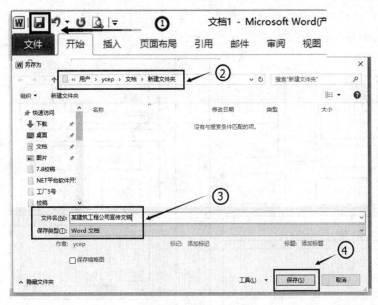

图 3-31　保存文档

【项目拓展】

拓展一　制作企业内部简报

依照图 3-32 所示的简报效果,制作企业内部简报,并按以下要求进行设置。

图 3-32　简报效果图

1. 新建 3 页的一个 Word 文档,并进行页面设置,第 1、2 页设置纸张大小为 A4,第 3 页纸张大小为 A3。

2. 利用文本框对简报进行版面控制。在第 1 页中设置简报的 A 版,在第 2 页中设置简报的 B 版,如图 3-33 所示。

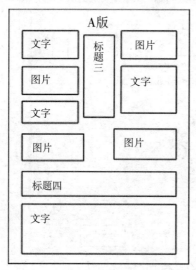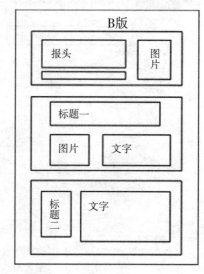

图 3-33　简报排版设计

3. 将素材内容插入到相应的文本框中,进行格式设置,将 A 版中的各文本框进行组合,让它们成为一个整体,选中组合后的大文本框并将文本框的线条设置为无,如图 3-34 所示。B 版设置相同。

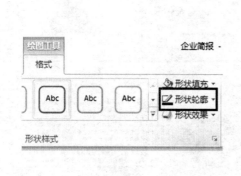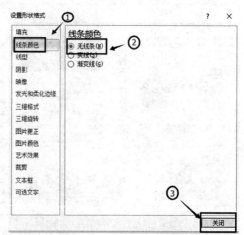

图 3-34　文本框框线的设置

4. 在第 3 页,即纸张为 A3 中,插入左右两个文本框,分别把简报的 A 版和 B 版,通过复制的方式"拼"在同一页,并在两文本框中插入一个文本框为简报的中页,如图 3-35 所示。

拓展二　建设单位工程项目管理流程图

新建一个 Word 文档,应用 Word 中的【插图】中的【形状】绘制如图 3-36 所示的流程图。

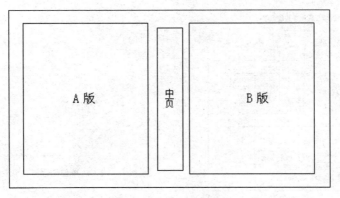

图 3-35　简报的拼版

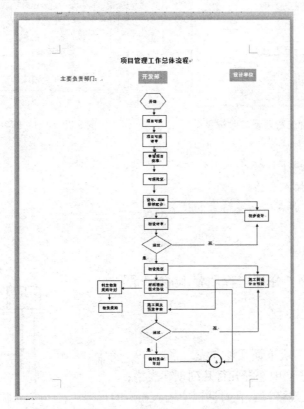

图 3-36　工程项目管理流程图

子项目二　制作工程类表格

【项目描述】

　　进入公司半个月后,小明来到了工程部门实习。在这里,小明发现,在平时准备各种工程资料的过程中,会经常需要在 Word 文档中插入表格。比如这次需要制作"分部工程质量验收记录"和"单位工程概预算表",效果分别如图 3-37 和图 3-38 所示。

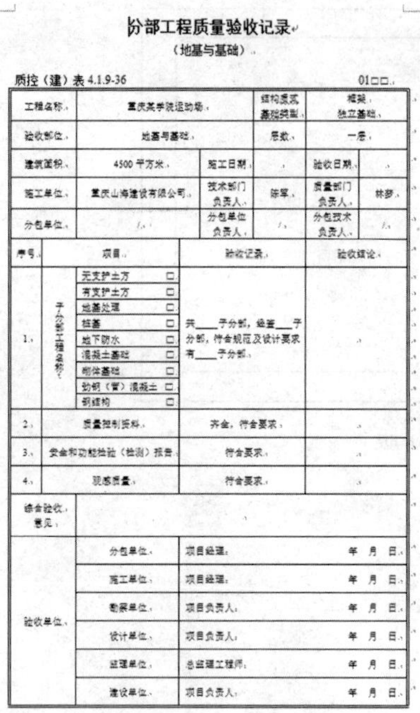

分部工程质量验收记录

（地基与基础）

质控（建）表 4.1.9-36　　　　01□□

工程名称	重庆某学院运动场		结构类型 基础类型	框架 独立基础	
验收部位	地基与基础		层数	一层	
建筑面积	4500 平方米	施工日期		验收日期	
施工单位	重庆山海建设有限公司	技术部门负责人	陈军	质量部门负责人	林梦
分包单位	/	分包单位负责人	/	分包技术负责人	/

序号	项目		验收记录	验收结论
1	子分部工程名称	无支护土方 □ 有支护土方 □ 地基处理 □ 桩基 □ 地下防水 □ 混凝土基础 □ 砌体基础 □ 劲钢（管）混凝土 □ 钢结构 □	共____子分部，检查____子分部，符合规范及设计要求有____子分部。	
2	质量控制资料		齐全，符合要求	
3	安全和功能检验（检测）报告		符合要求	
4	观感质量		符合要求	
综合验收意见				
验收单位	分包单位		项目经理：	年 月 日
	施工单位		项目经理：	年 月 日
	勘察单位		项目负责人：	年 月 日
	设计单位		项目负责人：	年 月 日
	监理单位		总监理工程师：	年 月 日
	建设单位		项目负责人：	年 月 日

图 3-37　分部工程质量验收记录

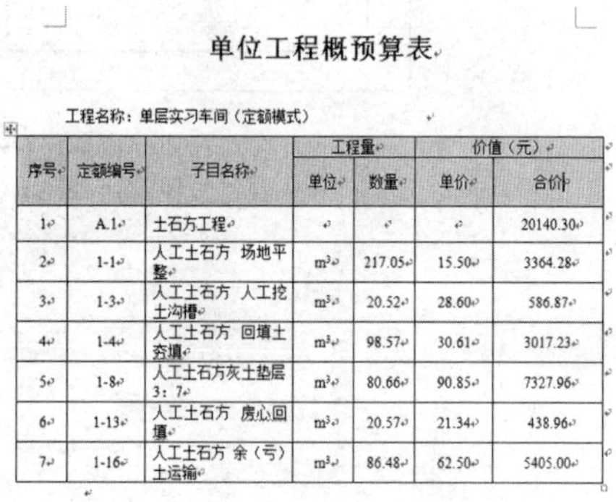

单位工程概预算表

工程名称：单层实习车间（定额模式）

序号	定额编号	子目名称	工程量		价值（元）	
			单位	数量	单价	合价
1	A.1	土石方工程				20140.30
2	1-1	人工土石方　场地平整	m^3	217.05	15.50	3364.28
3	1-3	人工土石方　人工挖土沟槽	m^3	20.52	28.60	586.87
4	1-4	人工土石方　回填土夯填	m^3	98.57	30.61	3017.23
5	1-8	人工土石方灰土垫层 3：7	m^3	80.66	90.85	7327.96
6	1-13	人工土石方　房心回填	m^3	20.57	21.34	438.96
7	1-16	人工土石方 余（亏）土运输	m^3	86.48	62.50	5405.00

图 3-38　单位工程概预算表

本项目主要完成下列任务：

1. 在 Word 中插入表格；
2. 根据需要完成表格相关格式的设置；
3. 添加批注；
4. 应用公式和函数。

任务一　制作“分部工程质量验收记录”

一、相关知识

1. 表格的绘制

制作表格常用的有下面几种方法，如图 3-39 所示。

(1) 直接在格子区中选择几行几列创建表格；

(2) 点击【插入表格】后，在对话框中输入相应的行列数；

(3) 点击【绘制表格】，使用画笔，制作表格；

(4) 点击【文本转换成表格】，将文本转换成表格，注意文本应该做好分隔标记，如空格等；

(5) 点击【Excel 电子表格】，将其转换成 Word 中的表格；

(6) 点击【快速表格】，直接使用软件内置的样式。

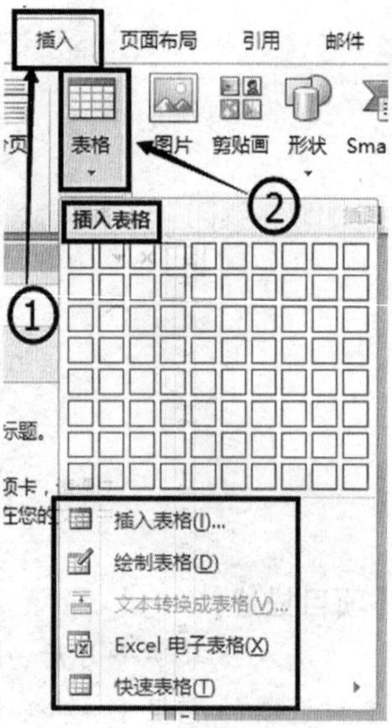

图 3-39　插入表格

2. 选择表格

1) 选择整个表格

(1) 将光标定位在表格内，单击【表格工具】—【布局】—

【表】—【选择】—【选择表格】,如图3-40所示;

（2）将光标移至表格左上角,选中 ⊕ ,即可选中整个表格。

2）选择行

（1）将光标定位在表格内,单击【表格工具】—【布局】—【表】—【选择】—【选择行】。

（2）将光标移至行首,当鼠标变成 ⬈ 的时候,单击鼠标左键,即可选中整行。

3）选择列

（1）将光标定位在表格内,单击【表格工具】—【布局】—【表】—【选择】—【选择列】。

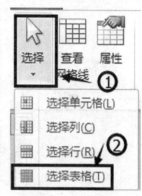

图3-40 选择表格

（2）将光标移至列头,当鼠标变成 ⬇ 的时候,单击鼠标左键,即可选中整列。

4）选择单元格

（1）将光标定位在表格内,单击【表格工具】—【布局】—【表】—【选择】—【选择单元格】。

（2）将光标定位至需要选定单元格的左下角内,当鼠标变成 ⬈ 的时候,单击鼠标左键,即可选中该单元格。

3. 插入和删除行或列

1）插入行或列

首先选中行或列(也可将光标置入某行或列),然后单击【表格工具】—【布局】—【行和列】,可选择单击【在上方插入】或【在下方插入】按钮插入行,单击【在左侧插入】或【在右侧插入】按钮插入列,如图3-41所示。

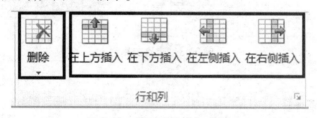

图3-41 行和列的插入/删除

2）删除行或列

首先选中行或列(也可将光标置入某行或列),然后选择【表格工具】—【布局】—【行和列】,单击【删除】按钮,在展开的列表中根据需要选择【删除单元格】、【删除行】、【删除列】或【删除表格】其中一项。

二、操作步骤

（1）新建一个Word文档,选择【页面布局】选项卡—【页面设置】功能区。单击【页面设置】右边的启动器 ,设置纸张为A4,上下页边距为3厘米,左右为2.5厘米。

（2）输入表格的标题"分部工程质量验收记录"等文字,在文中插入表格,选择【插入】—【表格】—【插入表格】,如图3-42所示,插入一个17行6列的表格。

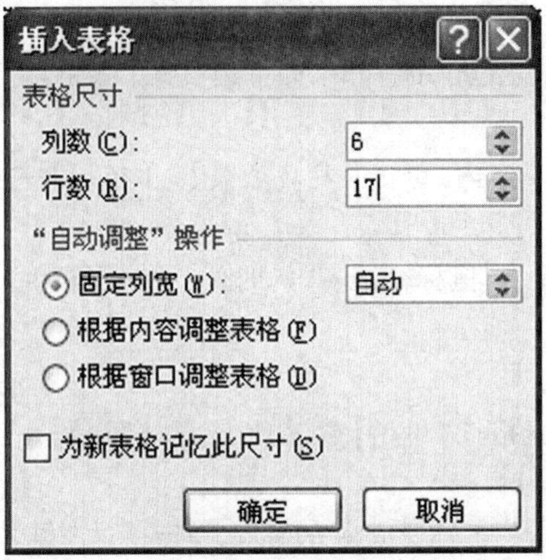

图 3-42　插入表格

任务二　"分部工程质量验收记录"表格的格式化

一、相关知识

选中表格,在选项卡上将出现【表格工具】功能区,如图 3-43 所示,可以通过其中的【设计】和【布局】完成对表格的常规设置,比如表格或单元格的选定、表格边框和底纹的设置、表格行和列的增加和删除、单元格的合并和拆分、行高列宽的大小设置、表格文字的设置、数据公式的插入等操作。

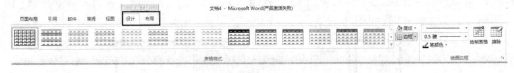

图 3-43　表格工具栏

二、操作步骤

1. 表格的合并与拆分

选中表格,在选项卡上将出现【表格工具】—【布局】—【合并】,完成对表格中各行(列)的合并或拆分,如图 3-44 所示。表格拆分和合并后的效果如图 3-45 所示。

2. 输入数据

将数据输入到相应的单元格中,如图 3-46 所示。

3. 调整行高和列宽

常用的方法有:

(1)鼠标拖动调整行高和列宽。

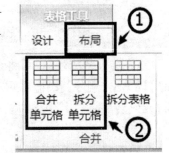

图 3-44　表格的合并与拆分

(2)单击【表格工具】—【布局】—【单元格大小】,设置表格的行高、列宽。在本项目中,将第 1 行的行高设置为 2 厘米,其余行的行高设置为 1 厘米,如图 3-47 所示。

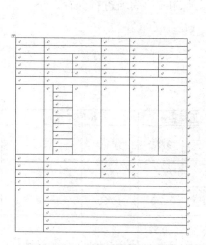

图 3-45　表格拆分和合并后的效果图

图 3-46　录入数据

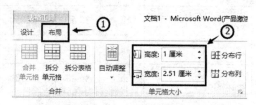

图 3-47　设置单元格大小

4. 单元格对齐方式

选择表中所有的内容,选择【表格工具】—【布局】—【对齐方式】—【水平居中】,将文字设置为"宋体,小四号",两端对齐,段后 0.5 行。

5. 文字方向

将表格中"子分部工程名称"所在单元格选中,选择【表格工具】—【布局】—【对齐方式】—【文字方向】,将文字设为竖排样式,如图 3-48 所示。

6. 边框和底纹

选择【表格工具】—【设计】—【绘图边框】,内框的设置可以分别选择笔样式为实线、笔画粗细为 0.5 磅和笔颜色,再应用于【表格工具】—【表格样式】—【边框】—【绘图边框】—【内部框线】,如图 3-49 所示。外框的设置可以按上述方法制作,改为 0.75 磅黑色双框线。

图 3-48　调整文字方向

图 3-49　边框和底纹

任务三 保存文件

将编辑好的表格,以"分部工程质量验收记录.docx"为名进行保存。

任务四 制作"单位工程概预算表"

一、制作表格

表格如图 3-50 所示,步骤如下:

序号	定额编号	子目名称	工程量		价值(元)	
			单位	数量	单价	合价
1	A.1	土石方工程				
2	1-1	人工土石方 场地平整	m³	217.05	15.50	
3	1-3	人工土石方 人工挖土沟槽	m³	20.52	28.60	
4	1-4	人工土石方 回填土夯填	m³	98.57	30.61	
5	1-8	人工土石方灰土垫层3：7	m³	80.66	90.85	
6	1-13	人工土石方 房心回填	m³	20.57	21.34	
7	1-16	人工土石方 余(亏)土运输	m³	86.48	62.50	

图 3-50 制作表格"单位工程概预算表"

(1)输入标题"单位工程概预算表",将其设置为"宋体,二号,加粗,居中,段后 2 行"。

(2)将光标定位在下一行,选择【插入】—【表格】—【插入表格】,插入一个 9 行 7 列的表格。

(3)录入数据。字体格式为"宋体,小四号"。

(4)调整行高和列宽。

二、底纹的设置

选中表头,选择【表格工具】—【设计】—【表格样式】,设置表格的样式和底纹,如图 3-51 所示。

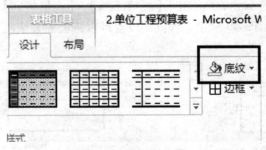

图 3-51 底纹的设置

任务五　添加批注

一、相关知识

批注是在文档进行阅读以及审阅时发现一些问题后,审阅者可以把自己的意见注解在文档中,而不直接对其进行修改,可以将文中需要修改以及批注的内容进行详细的描述,使其达到一目了然的效果。

二、操作步骤

在计算表中的"合价"时,可以使用公式与函数,让 Word 程序自动计算得出结果。为了提醒使用者,需要在"合价"文本处插入批注"请使用公式或函数计算"。

选择"合价"单元格,单击【审阅】—【批注】—【新建批注】,如图 3-52 所示,出现红色的批注编辑框,输入"请使用公式或函数计算"。效果如图 3-53 所示。

图 3-52　新建批注

单位工程概预算表

工程名称:单层实习车间(定额模式)

序号	定额编号	子目名称	工程量		价值(元)	
			单位	数量	单价	合价
1	A.1	土石方工程				
2	1-1	人工土石方 场地平整	m³	217.05	15.50	
3	1-3	人工土石方 人工挖土沟槽	m³	20.52	28.60	
4	1-4	人工土石方 回填土夯填	m³	98.57	30.61	
5	1-8	人工土石方灰土垫层 3:7	m³	80.66	90.85	
6	1-13	人工土石方 房心回填	m³	20.57	21.34	
7	1-16	人工土石方 余(亏)土运输	m³	86.48	62.50	

批注 [微软用户1]:请使用公式或函数计算

图 3-53　添加批注效果图

任务六　表格的计算

一、相关知识

应用 Word 2010 中提供的表格计算功能,可以对表格中的数据进行一些简单的运算,并根据不同的需要选择不同的计算方法,从而可以快速提高我们的学习和工作效率。常用的有公式法和函数法。

函数一般由函数名和参数组成,形式为:函数名(参数),常用函数有以下几种:求和函数 SUM、求平均值函数 AVERAGE 及计数函数 COUNT 等。参数一般是由单元格地址组成的计算范围。

公式的表达形式为"=表达式",输入公式时,注意一定先输入"="。表达式由数值和算术运算符组成,如 3 * 6 等,算术运算符有:+(加)、-(减)、*(乘)、/(除)、^(乘方)、()(圆括号,改变运算次序)。数值的表达方法有:常量和单元格地址。

二、操作步骤

（1）选中结果存放的单元格，如本例中选中 G4 单元格。

（2）选择【表格工具】—【布局】—【数据】—【fx 公式】，如图 3-54 所示，出现【公式】对话框。

图 3-54　插入公式

在公式栏中有"＝SUM（LEFT）"函数。清除原函数，输入公式"e4＊f4"，单击【确定】按钮，完成分项"人工土石方　场地平整"的合计计算，如图 3-55 所示。使用同样方法可以将其余分项工程计算出来。

（3）选中 G3，按上述方法，在公式对话框中，输入函数"＝SUM（g4：g9）"，如图 3-56 所示，得到"人工土石方"工程的合计结果。

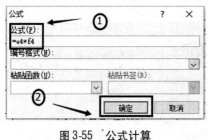

图 3-55　公式计算

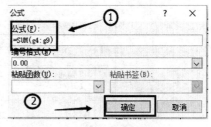

图 3-56　函数计算

任务七　保存文件

将编辑好的表格，以"单位工程概预算表 . docx"为名进行保存。

【项目拓展】

拓展一　＊＊工程标志碑（治理牌）单元工程质量评定表

新建一个 Word 文档，插入表格，效果如图 3-57 所示。

拓展二　海＊公司十周年庆典晚会评分表

建立如图 3-58 所示的表格，要求如下：

1. 套用表格的样式"浅色网格，强调文字颜色 1"。

2. 添加批注，并对表中的"小计"等数据用公式进行计算。

（1）"小计"：为各评委对本节目打分的总分（SUM 函数）。

（2）"节目总分"：为本节目所有评委的打分总和（SUM 函数）。

（3）"最高分"：为本节目的最高分（MAX 函数）。

（4）"最低分"：为本节目的最低分（MIN 函数）。

（5）"最终得分"：为除去"最高分"和"最低分"后，"节目总分"的平均值。

＊＊工程

标志碑（治理牌）单元工程质量评定表

单位工程名称			单元工程量		
分部工程名称			施工单位		
单元工程名称或编码			检验日期	年 月 日	
项次	检查项目	质量标准	检 验 记 录		
1	砖的品种、标号符合设计要求	符合设计要求			
2	砂浆品种、强度符合设计要求	符合设计要求			
3	基层清理	符合设计要求			
项次	保证项目	允许偏差（mm）	实测值	合格数（点）	合格率 %
1	圆层平均厚度	2~5			
2	基础和墙砌体顶面标高	±15			
3	垂直高度	10			
4	表面平整度	8			
6	标志碑、治理牌、几何尺寸	宽度设计 ±10			
		高度设计 ±10			
		厚度设计 ±5			
检测结果		共检测　　点，其中合格　　点，合格率　　%。			
评定意见				工序质量等级	
主要检测项目全部符合质量标准，一般检查项目 检测项目实测　　点，合格率　　%。					
承包人	年 月 日	建设单位	年 月 日	监理机构	年 月 日

图 3-57　评定表效果图

海＊公司十周年庆典晚会评分表

节目名称	工人节奏（舞蹈）							
评分项	评委1	评委2	评委3	评委4	评委5	评委6	评委7	评委8
演出服装、化妆道具（10分）	9	10	9	8	8	8	8	9
现场表现（20分）	16	17	15	16	15	13	19	16
现场气氛调动（15分）	12	14	12	15	10	14	14	13
节目创意（15分）	14	12	13	12	12	14	14	13
精神风貌（20分）	20	19	19	17	19	19	20	18
才艺方面（10分）	8	8	8	7	8	7	8	9
团体印象（10分）	9	8	10	9	8	9	9	9
小计								填此【y1】用公式或函数计算
节目总分	最高分		最低分		最终得分			填此【y1】用公式或函数计算

图 3-58　晚会评分表

子项目三 批量制作邀请函

【项目描述】

下个月将迎来公司成立十周年的庆典,小明负责制作邀请函。邀请函中的内容除来宾的姓名外,其他内容都是相同的。邀请的来宾有几十名,如何快速地制作好邀请函呢?小明想起了学过的 Word 的邮件合并功能,于是他行动起来,很快就制作好了所有的邀请函,得到了大家的好评。效果如图 3-59 所示。

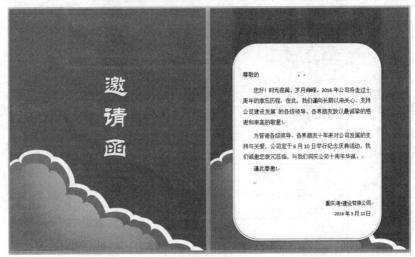

图 3-59 邀请函效果图

本项目主要任务有:

1. 文本框的使用;

2. 邮件合并。

任务一 制作主文档

一、相关知识

(1)邮件合并:在邮件文档(主文档)的固定内容中,合并与发送信息相关的通信资料(数据源),从而批量生成需要的邮件文档,提高工作效率。

(2)主文档:主文档就是文档中固定不变的主体内容。比如本例提到的邀请函中的内容。

在进行邮件合并时,最好事先准备好主文档和数据源,这样可以加快操作速度。

二、操作步骤

(1)新建一个 2 页的 Word 文档,保存为“邀请函(主文档).docx”,设置纸张大小为“自定义大小”,宽度为 21 厘米,高度为 25 厘米,并设置页面背景,选择【页面布局】—【页面背景】,在【填充效果】对话框中进行设置,点击【图片】,插入事先准备好的图片,如图 3-60 所示。

（2）在第 1 页中插入一个文本框,输入文本"邀请函",设置成"华文隶书,80 磅,浮于文字上方"。在第 2 页插入一个圆角矩形的形状图形,设置【形状效果】—【棱台】—【艺术装饰】,并在其中输入如图 3-61 所示的文本。

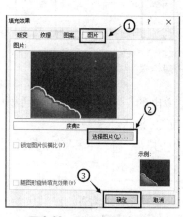

图 3-60　页面背景的设置

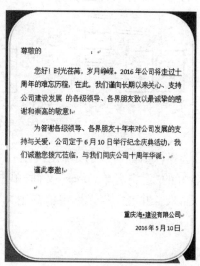

图 3-61　在文本框中输入文本

任务二　制作数据源

一、相关知识

数据源指的是需要插入到主文档中的变化的数据,一般是表格数据（Word 的表格、Excel 数据、Access 数据均可）,比如本例中提到的邀请来宾的姓名。

二、操作步骤

另建一个 Word 文档,保存为"邀请名单.docx",并制作如图 3-62 所示的表格。

邀请嘉宾名单

序号	单位	姓名	职位	备注
1	重庆*龙建筑总公司	张中	董事长	
2	重庆*龙建筑总公司	李小珍	经理	
3	成都*安装饰工程公司	王明	副经理	
4	重庆*业房屋设备配套工程公司	陈国庆	工程师	
5	重庆*川城乡建设委员会	吴高	主任	
6	成都*区设计院	胡丽	经理	
7	重庆*川城乡建设委员会	刘小军	主任	
8	重庆*区设计院	赵正勇	副经理	

图 3-62　邀请名单

任务三　邮件合并

（1）打开"邀请函（主文档）.docx"，选择【邮件】—【开始邮件合并】—【信函】，如图3-63所示。

图3-63　邮件合并的一般步骤

（2）选择【选择收件人】—【使用现有列表】，在弹出的【选取数据源】对话框中，选取事先准备好的"邀请名单.docx"文件，单击【打开】按钮，导入相关数据。

（3）插入合并域。将光标定位在主文档中"尊敬的"后，将"姓名"和"职位"插入，如图3-64所示。

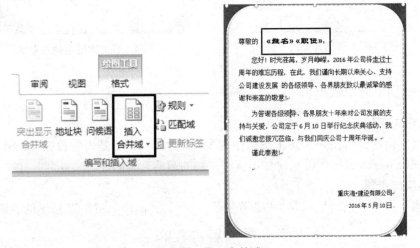

图3-64　插入合并域

（4）单击【预览结果】按钮，可以查看每个收件人的信函效果。

（5）完成邮件合并。单击【完成并合并】—【编辑单个文档】，出现【合并到新文档】对话框，在【合并记录】中选择【全部】，单击【确定】，生成一个名为"信函1.docx"的文档。这时需要重复设置一下页面的背景，效果如图3-65所示。

（6）以"邀请函（汇总）.docx"为名保存。

【项目拓展】

拓展一　批量制作培训考试准考证

方法一：

创建一个新文档，纸张为A4，上页边距为2.5厘米，下页边距为3厘米，左右页边距为2厘米。插入一个文本框，将文本框的"文字环绕"设置为"上下型环绕"，并在其中添加文字，其中"准考证"为"宋体，二号，加粗，段前段后1行"，其余字体为"宋体，五号"。

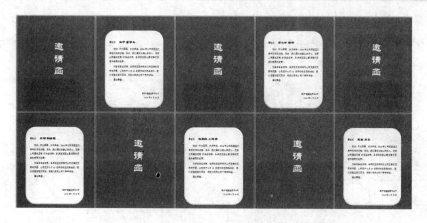

图 3-65 邮件合并后效果图

以"培训考试准考证.docx"保存,如图 3-66 所示。

图 3-66 培训考试准考证

2. 用 Word 或 Excel 新建一个文件,创建以下表格,如图 3-67 所示,以"考生名单.docx"或"考生名单.xlsx"保存。

考生名单

序号	准考证号	姓名	考试工种	考场	座号
1	2016009901	王勇	施工员	01	05
2	2016009902	张强	施工员	01	06
3	2016009903	陈正列	施工员	01	07
4	2016009904	何远周	施工员	01	10
5	2016009905	刘刚	施工员	01	11
6	2016009906	李玉梅	质检员	02	04
7	2016009907	张法安	质检员	02	05
8	2016009908	徐远方	质检员	02	09
9	2016009909	胡国正	监理员	03	01
10	2016009910	钱丽	监理员	03	03

图 3-67 考生名单

3. 打开"培训考试准考证"主文档,进行分栏操作,分成 2 栏,然后进行邮件合并。

4. 使用【开始】里的【替换】功能,如图 3-68 所示,实现在一张 A4 纸中打印多个准考证。最终效果如图 3-69 所示。

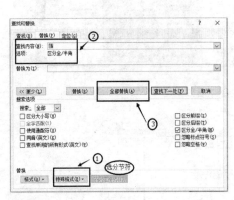

图 3-68 用替换功能实现多张准考证的制作

图 3-69 多张准考证制作的效果图

方法二:

1. 新建一空白文档,单击【邮件】—【开始邮件合并】—【标签】,在弹出的【标签选项】中,找到"产品编号"选项,并设置为"东亚尺寸(长度 9.1 厘米,宽度 5.5 厘米)"(可以根据实际情况,选择"新建标签",设置合适的尺寸),单击【确定】。

2. 将准考证信息,输入到定位好的标签位置上。

3. 制作数据源,在主文档中,单击【邮件】—【编写与插入域】,在准考证信息适合的地方,进行"插入合并域"(与方法一相同)。

4. 在【编写与插入域】中单击【更新标签】,完成邮件合并。

拓展二 批量制作荣誉证书

1. 创建一个新文档,纸张自定义大小,宽度为 27.1 厘米,高度为 18.4 厘米。插入图片作为页面背景;插入一个文本框,并在其中添加文字,设置为"宋体,一号,行距 1.5倍";制作公司印章。使用【插入】—【形状】中的圆形和五角星制作公司印章轮廓,用艺术字制作印章中的公司名称,以"荣誉证书.docx"保存,如图 3-70 所示。

2. 用 Word 或 Excel 新建一个文件,创建以下表格,以"获奖名单.docx"或"获奖名单.xlsx"保存,如图 3-71 所示。

3. 打开"荣誉证书"主文档,进行邮件合并,最终效果如图 3-72 所示。

子项目四 长文档的综合排版

【项目描述】

经过几个月的实习,小明对自己的毕业研究课题有了很大的收获,在学院老师和企业

图 3-70 荣誉证书主文档

序号	姓名	荣誉称号	备注
1	陈文成	劳动模范	
2	周游	劳动模范	
3	张思路	技术能手	
4	范东	技术能手	
5	王新艺	优秀员工	
6	张梅	优秀员工	

图 3-71 获奖名单

图 3-72 邮件合并后效果图

师傅的帮助下,他结合资料和实习工作中得到的经验完成了自己的毕业论文的写作。最后,根据学校的要求,他需要对毕业论文进行相关的排版,以完成论文的最后编制,论文排版主要要求如表 3-1 所示。

表 3-1   论文排版的主要要求

项目	操作要求
页面要求	1. 纸张大小为：A4； 2. 页边距：上 3 厘米，下 2 厘米，左和右都为 2.5 厘米； 3. 双面打印
论文封面	1. "重庆＊＊大学毕业论文"：宋体、二号、加粗、居中，段前段后间距 6 行； 2. 封面各项目文字：宋体、小四号、加粗，段后间距 1.5 行，居中对齐； 3. "建设工程项目造价管理"等项：楷体，小三，加下划线； 4. "论文日期"项：宋体、小四号、加粗，段前间距 8 行，右对齐； 5. 无页眉页脚
正文	1. 章标题：三号黑体、居中，段前段后间距各 1 行；节标题：小三号黑体、左对齐，1.5 倍行距；小节标题：四号黑体、左对齐。 2. 除标题外其他正文：宋体，小四号，行间距设置为固定值 20 磅。 3. 页眉奇数页为"重庆＊＊大学毕业论文"，偶数页为"某建设工程项目管理"，宋体、五号，页眉顶端距离 1.5 厘米。 4. 用阿拉伯数字连续编页，从"－1－"开始计数，页码位于每页页脚的中部，页脚顶端距离 1.5 厘米
目录和摘要	1. 无页眉； 2. 页脚页码格式使用罗马数字，从"Ⅰ"开始计数； 3. 目次页由论文的章、节、条、附录、题录等的序号、名称和页码组成
题注	在论文每个插图下方的图题位置插入题注

论文效果图如图 3-73 所示。

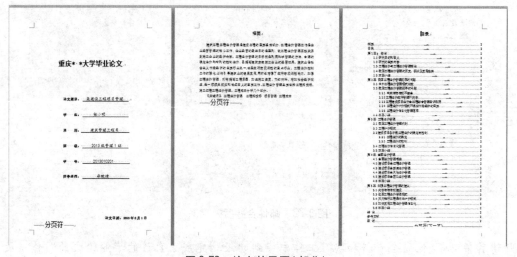

图 3-73   论文效果图（部分）

本项目主要的任务有：

1. 分节和分页；

2. 样式的制作和应用；

3. 自动创建目录；

4. 复杂的页眉页脚的设置。

任务一　全文分节，节内分页

一、相关知识

对于一篇复杂的毕业论文排版而言，先明确全文的结构和框架，可以方便操作。通过对上述排版要求的分析可知，在设置不同的页眉页脚时需要进行分节，全文需要分成 2 节。同时，由于摘要、目录、正文中的各章节、参考文献与致谢等位于相同的节中的不同页中，所以也需要进行分页。

1. 分节

首先介绍一个概念：节。这里的"节"不同于论文里的章节，但概念上是相似的。节是一段连续的文档块，同节的页面拥有同样的边距、纸型或方向、打印机纸张来源、页面边框、垂直对齐方式、页眉和页脚、分栏、页码编排、行号及脚注和尾注。如果没有插入分节符，Word 默认一个文档只有一个节，所有页面都属于这个节。若想对页面设置不同的页眉页脚，必须将文档分为多个节。

2. 分页

插入分页符，主要作用是分页，即分页符后的文字将另起一页。论文中各章的标题要求新起一页，放在新页的第一行，这时就可以使用分页符。在前一章的最后放置一个分页符，这样不管前一章的版面有什么变化，后一章的标题总是出现在新的一页上。

二、操作步骤

1. 分节

光标置于"摘要"之前，单击【页面布局】—【页面设置】中的 📇▾，再选择【分节符】—【下一页】。提示，分节符默认不显示，必须单击【开始】—【段落】—显示/隐藏编辑标记 ↲，在插入分节符的位置可显示出一条双点线，在中央位置有"分节符（下一页）"字样，如图 3-74 所示。

2. 分页

根据题目要求，将摘要、目录、正文中的各章节、参考文献与致谢等位于相同节中的内容设置在不同页中。单击【插入】—【页】—【分页】，或用快捷键【Ctrl】+【Enter】。

此时，经过上述操作，全文的框架大体明了。

任务二　制作论文封面

按照表 3-1 的要求，对字符进行相应的设置，相同的设置可以使用格式刷进行快速设置。

封面如图 3-75 所示。

图3-74 分节符

图3-75 论文封面

任务三 设置和应用毕业论文样式

一、相关知识

样式:样式是格式的集合,可以包含各种格式,设置时只需选择某个样式,就能把其中包含的格式一次性地设置到文字和段落上。

Word 2010 有两种样式库。第一种被称为快速样式库,位于【开始】选项卡中的【样式】组,快速样式库中默认列出了多种常用的样式作为推荐样式,如表 3-2 所示。另一类是【样式】任务窗格中的样式列表,可单击【样式】组右下角的对话框启动器 打开。

　　在本项目中,需要的样式有 4 种,具体如表 3-2 所示。

表 3-2　样式要求

序号	样式名称	应用范围	格式要求
1	论文正文	正文	1. 宋体,小四号,字间距设置为标准字间距; 2. 对齐方式为两端对齐,首行缩进 2 个字符,行间距设置为固定值 20 磅
2	标题一	摘要、目录和各章标题	1. 黑体,三号; 2. 居中对齐,大纲级别为 1 级,段前和段后间距 1 行
3	标题二	各章中的节标题	1. 黑体,小三号; 2. 左对齐,大纲级别为 2 级,行距为 1.5 倍行距
4	标题三	各章中的小节标题	1. 黑体,四号; 2. 左对齐,大纲级别为 3 级,行距为 1.5 倍行距

二、操作步骤

1. 新建样式

　　单击【开始】选项卡中的【样式】组右下角的对话框启动器 ,根据表 3-2 新建 4 个样式:"论文正文""标题一""标题二""标题三",如图 3-76 所示。

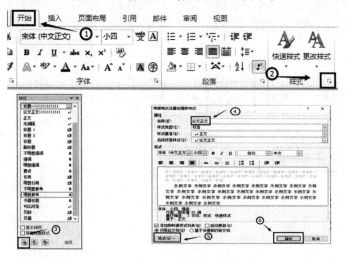

图 3-76　新建样式

2. 应用样式

　　(1)将文档中所有的正文(除标题外)应用"论文正文"样式。

　　(2)将章标题如"摘要""目录""第一章　绪论"至"第五章　加强工程造价管理的建议""结论""参考文献""致谢",应用"标题一"样式。

（3）将类似节标题如"1.1　研究目的和意义"，应用"标题二"样式。

（4）将类似小节标题"2.2.1　有关法律法规不健全"，应用"标题三"样式。

3. 修改样式

可以根据实际需要修改样式。选中需要修改的样式右击，如图 3-77 所示。修改样式后，应用该样式的相关段落也会自动随之发生改变。

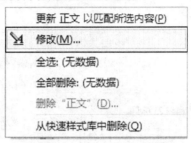

图 3-77　修改新建样式

任务四　使用导航窗格编辑论文

一、相关知识

用导航窗格来编辑和管理毕业论文，可使文档具有像文件菜单一样能逐层展开的清晰结构，可快速查找及定位到特定的位置。

二、操作步骤

选择【视图】—【显示】—【导航窗格】，在文档窗口左侧弹出【导航】窗格，如图 3-78 所示。左侧区域显示各级标题，级别越小，缩进越大，右侧区域显示论文正文。

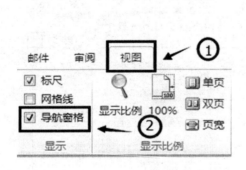

图 3-78　导航窗格

任务五　制作论文目录

一、相关知识

创建目录最简单的方法是使用内置的标题样式，还可以创建基于已应用的自定义样式的目录,或者可以将目录级别指定给各文本项。

　　如果修改了标题和文档增删内容,页码或标题内容发生了变化,此时只需在目录单击右键,在弹出的快捷菜单中单击【更新域】命令,即可自动更新目录。

　　由于目录的创建主要是基于大纲级别,因此本项目中的章节标题使用的大纲级别分别为"1 级大纲""2 级大纲""3 级大纲"。

二、操作步骤

　　将光标定位在需要插入目录的页面中,通常是正文的前一页,选择【引用】—【目录】—【插入目录】,出现【目录】对话框,如图 3-79 所示,按【确定】按钮即可。效果如图 3-80所示。

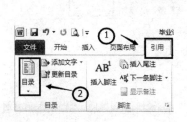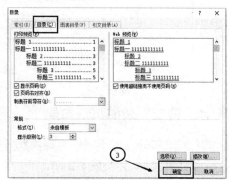

图 3-79　自动生成目录

目录

摘要 2

目录 3

第 1 章　绪论 5

1.1 研究目的和意义 5

1.2 研究的主要内容 5

1.3 工程造价与工程造价管理概论 5

1.4 我国工程造价管理的历史、现状及发展趋势 6

1.5 本章小结 7

第 2 章　我国工程造价管理现存的问题 8

2.1 中外工程造价管理模式比较 8

2.2 我国工程造价管理现存的问题 9

　2.2.1 有关法律法规不健全 9

　2.2.2 工程造价政府管理不完善 10

　2.2.3 工程建设项目造价全过程综合管理意识薄弱 10

　2.2.4 工程造价计价模式不适应市场经济的需要 11

　2.2.5 工程造价信息化管理落后 11

2.3 本章小结 12

第 3 章　工程造价管理 13

图 3-80　目录效果图

任务六　创建题注

一、相关知识

如果 Word 2010 文档中含有大量图片,为了能更好地管理这些图片,可以为图片添加题注。添加了题注的图片会获得一个编号,并且在删除或添加图片时,所有的图片编号会自动改变,以保持编号的连续性。

二、操作步骤

右键单击需要添加题注的图片,并在打开的快捷菜单中选择【插入题注】命令。或者单击选中图片,在【引用】功能区的【题注】分组中单击【插入题注】按钮,如图 3-81 所示。

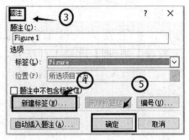

图 3-81　插入题注

任务七　设置复杂的页眉页脚

对论文不同的部分设置不同的页眉页脚等格式,本项目任务一已事先进行了分节,将全文分成了 2 节。

一、第 1 节的页眉和页脚设置

具体要求是:封面、摘要和目录为第 1 节,封面没有页眉和页脚,而摘要和目录设置页脚,格式为罗马数字。

(1)光标定位在"摘要"页,选择【插入】—【页脚】—【编辑页脚】,在【页眉和页脚工具】工具栏中先在选项中勾选【首页不同】,以便将本节中的"封面"不设置页脚,如图 3-82 所示。

图 3-82　首页不同

(2)选择【页码】—【设置页码格式】,在弹出的【页码格式】对话框中设置编号格式,如图 3-83 所示。

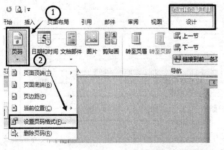

图 3-83　设置页码格式

(3)插入页码。选择【页码】—【页面底端】—【普通数字 2】,如图 3-84 所示。这时,在"摘要"页,出现了"Ⅱ"的页脚。

二、第 2 节的页眉和页脚设置

具体要求是:正文为第 2 节,页眉单页为"重庆＊＊大学毕业论文",双页为各章章

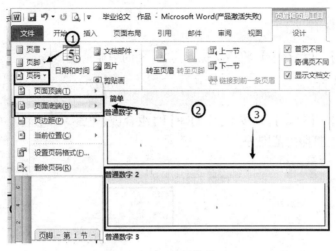

图 3-84　插入摘要页的页码

名,宋体、5 号;用阿拉伯数字连续编页,从"－1－"开始计数,页码位于每页页脚的中部,页眉页脚顶(底)端距离各为 1.5 厘米。

　　(1)设置页脚。双击正文中"第一章　绪论"页的页脚,进入页眉和页脚工具编辑状态,选择【页码】—【设置页码格式】,在弹出的【页码格式】对话框中进行设置,如图 3-85 所示。

　　(2)设置页眉。双击正文中"第一章　绪论"页的页眉,进入页眉和页脚工具编辑状态,首先断开与第一节的链接,如图 3-86 所示,将光标定位到奇数页页眉处,输入文本"重庆＊＊大学毕业论文",再将光标定位到偶数页页眉处,输入文本"某建设工程项目管理",设置居中对齐。效果如图 3-87 所示。

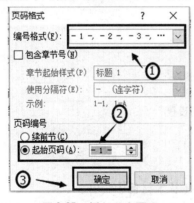

图 3-85　插入正文页码

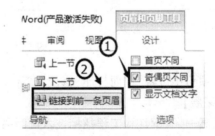

图 3-86　断开与前一节的链接

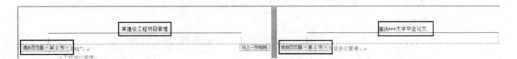

图 3-87　奇偶页不同的效果图

任务八　保存文档

单击【文件】—【另存为】,将论文保存为"＊＊的毕业论文.docx"。

任务九　打印

选择【文件】—【打印】,或按下【Ctrl】+【P】组合键,如图 3-88 所示,可以在此界面中设置打印的份数、打印的范围等。

图 3-88　打印的设置

此项目中可将"单面打印"修改成"手动双面打印"。

【项目拓展】

拓展一　《钢结构工程招标技术说明书》排版(从素材包中打开)

1. 页面设置:用 A4 纸单面打印,页面设置为上下各 2.5 厘米,左边为 2.5 厘米,右边为 2 厘米,页眉页脚顶(底)端距离各为 1.5 厘米。

2. 输入封面及相应的内容。

"某项目钢结构工程招标技术说明书",字体为华文隶书,小初,居中,段前 10 行、段后 7 行。

"某集团工程设计研究院",字体为黑体,四号,居中,段前 15 行。

3. 定义各标题样式,并应用样式到相应的标题。

一级标题:用"第一部分"等形式,华文仿宋,小二号,加粗,居中,段前段后各 1 行。

二级标题:用"一、"等形式,黑体,三号,左对齐,1.5 倍行距。

三级标题:用"(一)"等形式,宋体,四号,左对齐,1.5 倍行距。

正文:宋体,小四,两端对齐,首行缩进 2 个字体,1.5 倍行距。

4. 分节与分页(每一部分另起一页)。

5. 自动生成目录。

6. 设置复杂的页眉页脚(每章的页眉各不相同)。

拓展二 《公司规章制度》排版(从素材包中打开)

打开《公司规章制度》素材,按下面的要求排版。

1. 页面设置:A4,页边距上下为 2 厘米,左右为 3 厘米。

2. 定义各级标题样式,并应用到相应的标题中。

(1)正文:采用宋体,小四号,两端对齐,首行缩进 2 个字符,1.5 倍行距。

(2)一级标题:类似"一、施工质量管理制度",二号宋体,加粗,居中对齐,段前段后各一行。

(3)二级标题:类似"1. 目的",四号宋体,加粗,左对齐。

(4)三级标题:类似"3.1 文件控制程序",小四号宋体,加粗,左对齐。

3. 自动生成目录。

4. 保存文档。

项目小结

本项目通过实例介绍了 Word 2010 的基本操作、文档的格式设置、页眉页脚的设置、图文混排的方法、表格的制作、邮件的合并功能和长文档的综合排版等内容。

习 题

一、单选题

1. 在 Word 的编辑状态,分别按顺序先后打开了 d1. docx、d2. docx、d3. docx、d4. docx 四个文档,当前的活动窗口是( )。

    A. d1. docx 的窗口   B. d2. docx 的窗口

    C. d3. docx 的窗口   D. d4. docx 的窗口

2. 当 Word 文档中含有页眉、页脚、图形等复杂格式内容时,应采用( )方式进行显示。

    A. Web 版式   B. 大纲视图   C. 草稿视图   D. 页面视图

3. 在 Word 表格中,排序时最多可以同时设置( )个关键字。

    A. 三   B. 一   C. 二   D. 四

4. 在 Word 编辑状态下,如要调整段落的左右边界,用(　　)方法最直观、快捷。

　　A.【开始】—【格式】　　　　　　　　B.【视图】—【显示比例】

　　C.【页面布局】—【页边距】　　　　　D. 拖动标尺上的缩进滑块

5. 文本框放大后,其内的文字将(　　)。

　　A. 放大　　　　　　B. 缩小　　　　　　C. 不变　　　　　　D. 不定

6. 在 Word 文档中,如果文字下方出现了(　　)波浪线,有可能是语法错误。

　　A. 红色　　　　　　B. 黄色　　　　　　C. 绿色　　　　　　D. 蓝色

7. 在 Word 中,如果只想使用图片的一小部分,应在图片工具中使用(　　)操作。

　　A. 剪裁图片　　　B. 调整图片尺寸　　C. 旋转图片　　　D. 叠放图片

8. 在 Word 中,若要查找"老师""医师""导师"等词,应当在查找时输入(　　)。

　　A. % 师　　　　　　B. ? 师　　　　　　C. * 师　　　　　　D. Ctrl 师

9. 在 Word 的编辑状态下,选择了文档全文,若在【段落】对话框中设置行距为 20 磅的格式,应当选择【行距】列表中的(　　)。

　　A. 单倍行距　　　B. 1. 5 倍行距　　　C. 固定值　　　　　D. 多倍行距

10. 关于 Word 修订,下列(　　)是错误的。

　　A. 在 Word 中可以突出显示修订

　　B. 不同修订者的修订会用不同颜色显示

　　C. 所有修订都用同一种比较鲜明的颜色显示

　　D. 在 Word 中可以针对某一修订进行接受或拒绝修订

11. 在 Word 文档中,需要插入分节符的情况是(　　)。

　　A. 由不同章节组成的文档　　　　　　B. 由不同段落格式组成的文档

　　C. 由不同页面格式组成的文档　　　　D. 由文本、图形和表格组成的文档

12. 在 Word 的编辑状态中,对已经输入的文档进行分栏操作,需要使用的选项卡是(　　)。

　　A. 开始　　　　　　B. 页面布局　　　　C. 插入　　　　　　D. 视图

13. Word 窗口中打开了两个文件,要将它们同时显示在屏幕上,可使用(　　)命令。

　　A. 新建窗口　　　B. 全部重排　　　　C. 拆分　　　　　　D. 三个都可以

14. 在 Word 中可以在文档的每页或一页上打印一图形作为页面背景,这种特殊的文本效果被称为(　　)。

　　A. 图形　　　　　　B. 艺术字　　　　　C. 插入艺术字　　D. 水印

15. Word 允许打开多个文档,在(　　)选项卡中可实现各文档窗口间的切换。

　　A. 编辑　　　　　　B. 视图　　　　　　C. 窗口　　　　　　D. 工具

16. 在制表位对话框中(　　)。

　　A. 只能设置特殊制表符　　　　　　　B. 既可设置又可以清除特殊制表符

　　C. 只能清除特殊制表符　　　　　　　D. 不能清除特殊制表符

17. 要删除分节符,可将插入点置于双点线上,然后按(　　)。

　　A.【Esc】键　　　B.【Tab】键　　　　C. 回车键　　　　　D.【Del】键

18. 当前插入点在表格中某行的最后一个单元格内,按回车键后,(　　)。

A. 插入点所在行加宽   B. 插入点所在列加宽

  C. 在插入点下一行增加一行   D. 插入点移到下一行单元格内

19. 当一个 Word 窗口被关闭后,被编辑的文件将(　　)。

  A. 被从磁盘中清除   B. 被从内存中清除

  C. 被从内存或磁盘中清除   D. 不会从内存和磁盘中清除

20. 在 Word 2010 中删除一个段落标记后,前后两段文字合并为一段,此时(　　)。

  A. 原段落格式不变   B. 采用后一段格式

  C. 采用前一段格式   D. 变为默认格式

二、判断题

1. 利用格式刷可以快速将字符或段落格式复制到另一文本上。   (　　)

2. 在文档中创建目录,可以选择【开始】—【引用】—【目录】来完成。 (　　)

3. 在同一个文档中,只能使用同一种页眉和页脚。   (　　)

4. 设置某段落"首字下沉"时,该段落的第一个字符不能为空。   (　　)

5. Word 可以将表格里的内容转换成文本,但不能将文本里的内容转换成表格。

                          (　　)

6. Word 在进行打印预览时,必须先开启打印机。   (　　)

7. 在 Word 中,只有执行过【撤销】命令,【恢复】命令才能生效。   (　　)

8. 在进行文本的复制时,需要先选中该文本。   (　　)

9. 给 Word 文档设置的密码生效后,就无法对其进行修改了。   (　　)

10. 删除表格的方法是将整个表格选定,按【Delete】键。   (　　)

三、填空题

1. 在 Word 的编辑状态,将插入点快速移到行尾的快捷键是_____。

2. Word 中可以通过_____键切换"改写"和"插入"状态。

3. 打印文件时,如果只需要打印第 2 页和第 5 页至第 9 页,则应在【打印】对话框中的【页面范围】文本框内输入_____。

4. 在文档中插入数学公式,从_____选项卡的_____功能区中选择公式选项,就可以进入公式编辑状态。

5. 在执行 Word 2010 的"查找"命令查找"Win"时,要使"Windows"不被查到,应选中_____复选框。

项目四 Excel 2010电子表格

在 Word 2010 文字处理软件中可以进行一些简单表格的制作,但如果表格中的数据量大,且需要进行计算和统计工作,使用 Word 就比较吃力了。Excel 2010 是 Microsoft 公司推出的一款优秀的电子表格处理软件,具有强大的电子表格处理功能,可以制作表格、计算大量数据以及进行统计和财务分析。

本项目以 Excel 2010 为例,介绍快速输入表格数据、根据需要设置数据格式、控制数据输入的有效性、为符合特定条件的数据设置格式、使用各种函数计算数据、用图表和数据透视表分析数据等数据处理的方法。

【学习目标】

1. 掌握数据输入与编辑的方法和技巧及美化工作表。
2. 掌握使用公式和函数进行数据计算的方法。
3. 掌握数据分析的各种方法。
4. 了解数据表的打印输出和自动化处理的方法。

子项目一 制作"员工培训信息表"

【项目描述】

作为公司人事部员工,小明需要制作 2015 年度公司员工的培训信息表,要求为:创建公司员工培训信息表格,设置数据有效性并输入各项信息;进行简单的计算,对特殊数据进行突出显示;创建图表以及保护工作表。

本项目的基本数据及效果图,如图 4-1 所示。

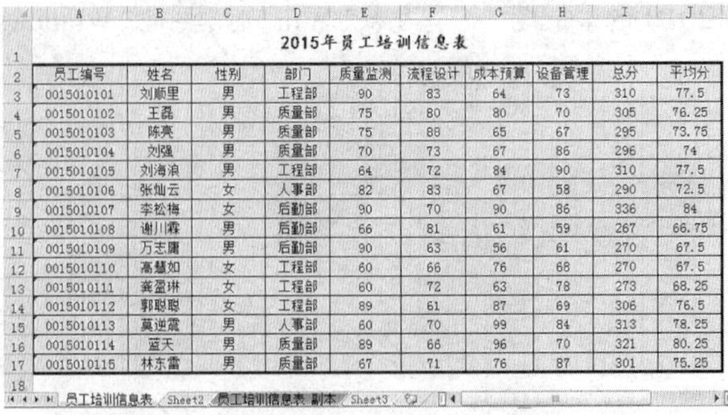

2015年员工培训信息表

员工编号	姓名	性别	部门	质量监测	流程设计	成本预算	设备管理	总分	平均分
0015010101	刘顺里	男	工程部	90	83	64	73	310	77.5
0015010102	王磊	男	质量部	75	80	80	70	305	76.25
0015010103	陈亮	男	质量部	75	88	65	67	295	73.75
0015010104	刘强	男	质量部	70	73	67	86	296	74
0015010105	刘海浪	男	工程部	64	72	84	90	310	77.5
0015010106	张灿云	女	人事部	82	83	67	58	290	72.5
0015010107	李松梅	女	后勤部	90	70	90	86	336	84
0015010108	谢川霖	男	后勤部	66	81	61	59	267	66.75
0015010109	万志庸	男	后勤部	90	63	56	61	270	67.5
0015010110	高慧如	女	工程部	60	66	76	68	270	67.5
0015010111	龚盈琳	女	工程部	60	72	63	78	273	68.25
0015010112	郭聪聪	女	工程部	89	61	87	69	306	76.5
0015010113	莫逆震	男	人事部	60	70	99	84	313	78.25
0015010114	蓝天	男	质量部	89	66	96	70	321	80.25
0015010115	林东雷	男	质量部	67	71	76	87	301	75.25

员工培训信息表 Sheet2 员工培训信息表 副本 Sheet3

图 4-1 2015 年员工培训信息表

本项目包括以下几项任务：

1. 认识 Excel 2010 的界面，掌握工作簿、工作表、单元格的概念和它们之间的关系。

2. 掌握数据输入的各种技巧，设置字体格式、数据有效性、边框和底纹、条件格式，进行页面设置以及打印设置。

3. 单元格、行、列的插入、删除、移动、复制，单元格合并，行高和列宽的设置，以及单元格名称的定义，工作表的重命名。

4. 简单数据的计算。

任务一　建立"2015 年员工培训信息表"工作簿文件

要在 Excel 2010 中进行数据输入和管理，第一步就是要创建一个 Excel 工作簿。

一、相关知识

1. 认识 Excel 2010

Excel 2010 是 Microsoft 公司出品的 Office 2010 系列办公软件中的一个组件，用于制作电子表格，完成复杂的数据运算，进行数据分析和预测，并且具有强大的图表制作及打印设置等功能；它还拥有强大的分析功能，采用多种方式进行信息的管理和共享，跟踪并突出显示重要数据的变化趋势，Excel 2010 都能轻松实现，高效灵活地帮助用户实现目标。因此，熟练掌握 Excel 2010 对日后的工作会有很大的帮助。

2. Excel 2010 的启动和退出

1）启动 Excel 2010

在 Windows 操作系统中，启动 Excel 2010 可以采用以下几种方法：

(1)使用【开始】菜单。单击 Windows 桌面【开始】按钮，选择【程序】—【Microsoft Office】—【Microsoft Excel 2010】命令，即可启动 Excel 2010。

(2)使用桌面快捷图标。如果桌面上已创建 Excel 的桌面快捷方式，直接双击该快捷方式图标即可启动 Excel。

(3)双击 Excel 格式文件。对于已经创建好的 Excel 文件，双击该文件图标即可启动 Excel 2010 并打开该文件。

2）退出 Excel 2010

退出 Excel 2010 主要有以下几种方法：

(1)单击 Excel 2010 窗口右上方的关闭按钮；

(2)可单击【文件】，在打开的文件视图中单击【退出】按钮；

(3)双击窗口标题栏左端的控制菜单图标(或者按组合键【Alt】+【F4】)。

3. Excel 2010 窗口界面

启动 Excel 2010 后即可出现如图 4-2 所示的窗口界面。Excel 2010 窗口界面主要由快速访问工具栏、标题栏、功能区、编辑栏、工作表区、状态栏等元素组成。

1）快速访问工具栏

Excel 2010 的快速访问工具栏中包含常用操作的快捷按钮，方便用户使用。单击快速访问工具栏中的按钮，即可展开并执行相应功能。若需要将常用按钮添加到快速访问工具栏中，具体操作步骤为：【文件】—【选项】，打开【Excel 选项】对话框，选择【快速访问

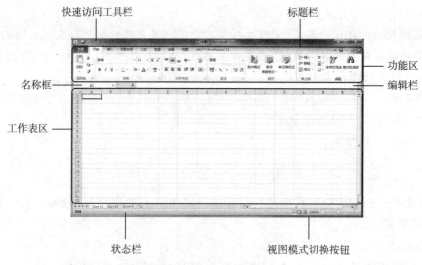

快速访问工具栏　　　　　　　标题栏

功能区

名称框　　　　　　　　　　　编辑栏

工作表区

状态栏　　　　　视图模式切换按钮

图 4-2　Excel 2010 窗口

工具栏】,在右边窗格中选择需要添加到快速访问工具栏的按钮,然后单击【添加】—【确定】即可,如图 4-3 所示。

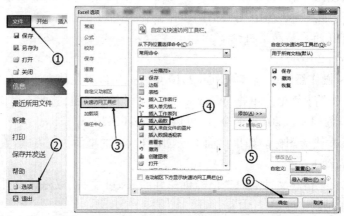

图 4-3　添加常用按钮到快速访问工具栏

2)标题栏

标题栏位于窗口的顶部(快速访问工具栏右侧),用于显示当前正在运行的 Excel 文件名和应用程序"Microsoft Excel"。标题栏最右端有 3 个按钮,分别用来控制窗口的最小化、最大化/还原和关闭应用程序。

3)功能区

功能区是 Excel 2010 窗口界面中新添加的元素,它将旧版本的菜单与工具栏结合在一起,以选项卡的形式列出 Excel 2010 中的操作命令。

一般情况下,Excel 2010 功能区中的选项卡包括【文件】【开始】【插入】【页面布局】【公式】【数据】【审阅】【视图】等。选项卡包含若干个选项组,如【开始】选项卡里面包含【字体】【对齐方式】【数字】等选项组,各选项组里面又集成了某一类功能的一些按钮,如

图 4-4 所示。

图 4-4　【开始】选项卡

Backstage 视图是 Microsoft Office 2010 程序中的新增功能,它是 Microsoft Office Fluent 用户界面的最新创新技术,并且提供功能区的配套功能。单击【文件】选项卡即可访问 Backstage 视图,可在此打开、保存、打印、共享和管理文件及设置程序选项等。

4)名称框

名称框用于显示当前活动单元格地址或者选中的单元格的名称、范围或对象。在编辑公式时,显示的是公式名称。名称框还可用于给单元格区域命名,若在名称栏输入单元格名称或区域名称,按【Enter】键确定后,光标将快速定位至该单元格或区域。

5)编辑栏

编辑栏用于输入或编辑当前活动单元格的内容,包括数据或公式;单击编辑栏即可进行编辑输入。

6)工作表区

工作表区是 Excel 工作表的工作窗口区域,所有的数据信息都在工作表区域进行输入和编辑。

7)视图模式切换按钮

Excel 2010 支持 3 种显示模式,分别是普通视图、页面布局模式与分页预览模式,单击窗口右下角的按钮,即可实现模式的切换。

4. 工作簿、工作表、单元格的基本概念

1)工作簿

Excel 2010 文件称为工作簿,文件扩展名为". xlsx";每个工作簿像活页夹,由若干个工作表构成,可以将不同种类的信息分别组织在同一工作簿的不同工作表中。当启动 Excel 2010 时,系统会自动新建一个工作簿,默认由 3 个工作表组成。

2)工作表

一个工作簿由多张工作表构成,工作表就像一个表格,是 Excel 界面的主体,由若干行(行号 1,2,…,共 1048576 行)、若干列(列标 A,B,…,Y,Z,AA,AB,…,共 16384 列)组成。新建的工作簿默认有 3 张工作表(Sheet1、Sheet2、Sheet3),默认当前工作表是 Sheet1。在工作表窗口的底端有工作表标签,单击某一工作表标签,相应的工作表就会变成当前工作表,可以对其进行编辑。若工作表较多,在工作表标签行显示不下,可利用工作表窗口左下角的标签滚动按钮滚动显示各个工作表名称。注意:在 Excel 2010 中,一个工作簿最多包含的工作表个数仅受内存的限制,用户可根据需要增加或删除工作表。

3)单元格

行和列的交会处为单元格,是 Excel 工作簿中最小的组成单位。每个单元格名称由行号和列标组成,列标在前,行号在后,如"D4"表示第 D 列、第 4 行的单元格。

5. 新建、保存、打开和关闭工作簿

1）新建工作簿

新建工作簿的方法与 Word 类似，利用 Excel 既可以新建一个空白工作簿，也可以使用 Excel 提供的各种样式"模板"或"根据现有内容新建"创建工作簿。方法有以下几种：

（1）单击【文件】选项卡的【新建】命令，在"可用模板"下，单击【空白工作簿】；若要使用模板创建工作簿，则单击要使用的工作簿模板，然后单击【创建】即可，如图 4-5 所示。

（2）单击"自定义快速访问工具栏"右侧下拉按钮的【新建】按钮，如图 4-6 所示。

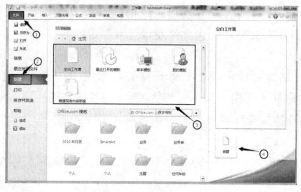

图 4-5　新建工作簿

图 4-6　快速访问工具栏

2）保存工作簿

对于新建或正在编辑的 Excel 工作簿，为防止出现计算机突然死机、停电等因素引起的文档信息丢失情况，应及时保存工作簿，常见的保存工作簿的方法有以下几种：

（1）使用组合键【Ctrl】+【S】；

（2）在快速访问工具栏单击【保存】按钮；

（3）在【文件】视图中选择【保存】命令。

若希望将修改后的工作簿以副本的形式保存，就需要用到"另存为"操作。方法：选择【文件】—【另存为】命令，在【另存为】对话框中，重新设置保存位置、文件名和保存格式即可。

注意：保存的工作簿默认类型为"Excel 工作簿"，扩展名为".xlsx"（Excel 2010 格式文件），另外还可以选择"兼容低版本""Excel 模板"等。

3）打开工作簿

打开工作簿的常用方法有 3 种：

（1）直接双击该文件；

（2）选择【文件】选项卡中的【打开】命令；

（3）使用【Ctrl】+【O】组合键。

4）关闭工作簿

关闭工作簿的方法：选择【文件】选项卡中的【关闭】命令或单击窗口关闭按钮关闭当前工作簿，但并不退出 Excel 2010。若要完全退出 Excel 2010，则可以单击标题栏右部的 Excel 程序关闭按钮。

二、操作步骤

(1)使用【开始】菜单。单击 Windows 桌面【开始】按钮,选择【程序】—【Microsoft Office】—【Microsoft Excel 2010】命令,启动 Excel 2010 程序。

(2)单击【文件】—【保存】,弹出【另存为】对话框。

(3)在【文件名】文本框中输入"2015 年员工培训信息表",在【保存类型】列表中选择 "Excel 工作簿",在【保存位置】列表中选择保存文件的文件夹位置,单击【保存】按钮,如 图 4-7 所示。

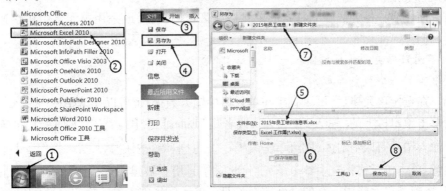

图 4-7　创建并保存"2015 年员工培训信息表"

任务二　数据输入与编辑

在创建好工作簿之后,就可以输入工作表中数据了。

一、相关知识

输入数据是进行数据处理最基本的工作,不同类型的数据的输入也有其不同的方法和技巧。在输入数据之前,应先选取单元格或单元格区域。

1. 数据区域的选取

1)单个单元格的选取

将鼠标指针移至需选定的单元格上,单击鼠标左键,即可选定该单元格,此时单元格被黑色边框包围,成为当前活动单元格。

2)连续单元格区域的选取

方法一:用鼠标单击要选定单元格区域左上角的单元格,按住鼠标左键,鼠标指针为空心十字状态 ✚,拖动鼠标到区域的右下角单元格,然后放开鼠标左键即可选中单元格区域。单元格区域是用该区域左上角单元格地址和右下角单元格地址表示的,中间以":"分隔,如 A2: E4。

方法二:用鼠标左键单击要选定单元格区域左上角的单元格,然后拖动滚动条,将鼠标指向右下角的单元格,在按【Shift】键的同时单击鼠标左键即可选中单元格区域。

若要取消单元格区域的选择,则在工作表中单击任意单元格即可。

3)不连续单元格区域的选取

用鼠标先选择第一个单元格或单元格区域,按下【Ctrl】键不放,再分别选择其他不连续单元格或单元格区域。

4）整行或整列单元格的选取

单击工作表的行号或列标，即可选取一行或一列。

5）整个工作表单元格的选择

单击行号1与列标A前面的行列交叉处的全选按钮 ▨ ，即可选中全部单元格。或者使用【Ctrl】+【A】组合键，全选该工作表的全部单元格。

6）选择特定的单元格或区域

可以使用名称框通过输入特定的单元格或区域的名称，或采用单元格引用快速定位和选择它们。

2. 不同数据类型的数据输入

1）数据输入的确认与取消

用户在选定单元格后，可以直接在单元格中输入数据，也可以在编辑栏中输入。数据输入后单击编辑栏上的"输入"按钮 ✔ ，或者按【Enter】键、【Tab】键、方向键均可确认输入。若输入错误需取消输入，则可单击编辑栏上的"取消"按钮 ✘ ，或者按【Esc】键。

注意：单击单元格将选中整个单元格，此时单元格会被黑粗框包围，这种状态下输入的数据，将覆盖单元格中已有的全部数据。双击单元格将进入单元格的编辑状态，单元格的四周就会出现一个边界较细的黑边框，此时可以对单元格中的数据进行部分编辑和修改。

2）文本数据的输入

在 Excel 中，文本为字符或字符与数字的组合，如"姓名""123abc"等。默认情况下，文本在单元格中的对齐方式为左对齐；有些情况下，数据是由数字组成的，但它并不表示数值，而是作为文本使用，称为数字型文本，如邮政编码、电话号码、身份证号等，这些数字都有一个相同的特点，即它们只代表某对象的编号，一般情况下不参与计算。

（1）一般文本的输入。输入一般文本是直接输入到选定单元格中即可。

（2）数字型文本的输入。

对于数字型文本（如邮政编码、电话号码、身份证号、门牌号等），为避免其被 Excel 误认为是数值型数据，需要在输入数字前加上英文状态下的单引号，再输入数字。例如，在"员工住宿安排表"工作表的 A3 单元格中输入员工编号"00001"，应输入"'00001"，确认后单元格中显示"00001"，同时在该单元格左上方出现绿色三角标记，编辑栏中显示"'00001"，如图 4-8 所示。

图 4-8　数字型文本的输入

数字型文本除输入时在数字前面加上英文的单引号外，还可以通过在【设置单元格格式】对话框的【数字】选项卡中将数据设置为【文本】实现,具体的操作步骤如图4-9所示。

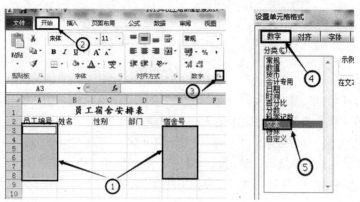

图4-9 将数字设置为文本型

(3)长文本的输入。

当字符宽度超过单元格宽度时,Excel允许该文本覆盖右边相邻单元格,从而完整显示;如果右边相邻单元格内有内容,就只能在自身单元格宽度内显示部分内容,其他内容就被隐藏了,只能在编辑栏中看到。若要使全部内容在原宽度的单元格内显示,可以设置单元格格式的自动换行(【开始】—【对齐方式】—📄自动换行),或使用硬回车(【Alt】+【Enter】组合键)强制换行。

3)数值型数据的输入

数值型数据包括数字、运算符、标点符号、小数点及一些特殊符号,如¥、$、%、E、e等。输入的数值型数据默认是右对齐。对于数值的书写格式,Excel有以下规定:

(1)单元格中默认的通用数字格式可显示的最大数字为99999999999,如果超出此范围,则自动在单元格中改为以科学计数法显示。例如,输入123456789987654,则显示为1.23457E+14。

(2)正数前面的"+"号可以省略,负数前面的"-"号必须保留,用圆括号括起来的数也代表负数。例如,输入"-123"和"(123)",在单元格中都显示为-123。

(3)输入分数时,应先输入该分数的整数部分,然后紧跟着输入一个空格引导。如:输入分数$\frac{1}{2}$,应该在单元格中输入"0 1/2",此时在单元格中显示1/2,在编辑栏中显示0.5;输入假分数$5\frac{1}{2}$,应该在单元格中输入"5 1/2",此时在单元格中显示5 1/2,在编辑栏中显示5.5,如图4-10所示。

注意:当单元格中显示一串"#"号时,表示该单元格的列宽不足够显示该数字,通过调整列宽即可。

4)日期和时间的输入

在单元格中输入Excel可识别的日期或时间数据时,单元格的格式自动转换为相应的"日期"或"时间"格式,而不需要特意设定该单元格为"日期"或"时间"格式。

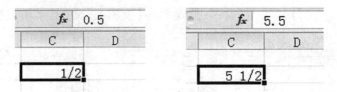

图 4-10　分数的输入

一般输入日期,年、月、日之间以"/"或"-"隔开,在单元格中以"年-月-日"显示。提示:按【Ctrl】+【;】组合键,可快速输入当前日期。

输入时间时,时、分、秒间以冒号隔开,如 8:30:50。若以 12 小时制输入时间,要在时间后留一个空格再输入 AM 和 PM,如 6:00 AM 表示上午 6 点。若要同时输入日期和时间,应在两者之间用空格分隔。提示:按【Ctrl】+【Shift】+【;】组合键,可快速输入当前时间。

注意:如果不能识别输入的日期或时间格式,输入的内容将被视为文本,并在单元格中左对齐;如果单元格首次输入的是日期,则该单元格自动转化为日期格式,之后若修改输入数值,则依旧换算为日期。如首次输入 4/7,之后再修改输入为 100,将显示 4 月 9 日(输入的数字 100 会被系统默认为是从 1900 年 1 月 1 日开始计算的第 100 天的日期)。

3. 自动填充数据

在 Excel 中,利用数据的填充功能可以输入有规律的数据,如等差序列、等比序列、自定义序列等。

1)相同数据的填充

Excel 提供了数据填充工具,以便快捷地输入相同的数据,可以在同一行内或同一列内填充。操作方法有以下两种:

(1)使用填充柄填充数据。单击被填充区域的起始单元格,输入起始内容;鼠标移至单元格右下角,鼠标指针由空心十字变成一个黑色实心十字(填充柄**➕**),按住鼠标左键沿填充方向拖曳到结束位置,此时结束位置右下角出现一个"自动填充选项"图标,单击该图标下拉按钮,在打开的【填充单元格方式】下拉列表框中选中【复制单元格】单选按钮,即可完成相同数据的填充,如图 4-11 所示。

(2)使用【填充】菜单填充数据。单击被填充区域的起始单元格,输入填充内容的起始值,选择要填充的整个区域,然后选择【开始】选项卡,单击【编辑】选项组中的【填充】下拉按钮,在打开的下拉菜单中选择需要的填充方向,即可完成数据的填充操作,如图 4-12 所示。

2)一般序列的填充

一般序列的填充是指具有某种规律或特征的数据序列,如等差序列、等比序列、日期序列等。

(1)使用填充柄填充。操作方法同相同数据的填充,但在单击"自动填充选项"图标时,选择【填充序列】,步长默认为 1。若想要设置一定的步长,可以先输入两个单元格的内容,如需要从 1 开始按照公差为 2 填充序列,则在 B1、B2 单元格中分别输入"1""3",Excel 可以通过这两个数据获得填充数据的规律,直接拖动即可完成序列填充,如图 4-13

所示。

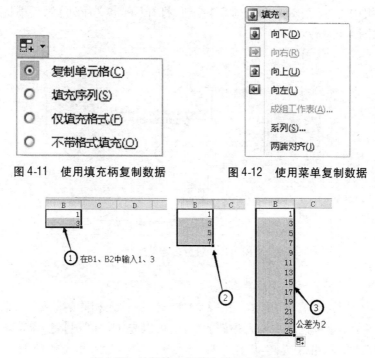

图 4-11　使用填充柄复制数据　　　　图 4-12　使用菜单复制数据

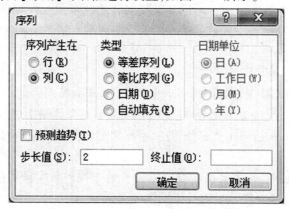

图 4-13　使用填充柄填充等差序列数据

（2）使用【系列】命令填充。操作方法类似相同数据的填充，但在【填充】下拉菜单中选择【系列】命令，打开【序列】对话框进行设置，如图 4-14 所示。

图 4-14　使用【系列】填充等差序列

3）自定义序列

Excel 有时候可以按照规律填充某些文本，如一月、二月、三月……，但如果你想让 Excel 按照"一季度、二季度、三季度、四季度"来填充就不能实现了，这是因为 Excel 系统中已经定义好一些文本的序列。若当需要生成的序列在 Excel 中没有时，用户可以自定义序列来实现某些规律文本的快速填充。具体操作方法如下：

依次单击【文件】—【选项】，在打开的【Excel 选项】对话框中选择【高级】选项卡，在【常规】选项组中单击【编辑自定义列表】按钮，打开【自定义序列】对话框进行自定义序列的编辑，如图 4-15 所示。

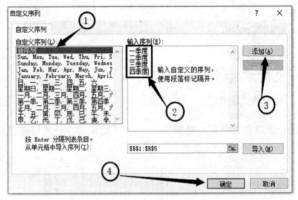

图 4-15　设置自定义序列

4）在不连续区域输入相同的数据

除了可以使用自动填充功能在工作表的连续区域输入相同的数据，如果要同时在一张工作表中多个不连续区域中输入相同的数据，可以先按住【Ctrl】键，单击选中所需输入数据的单元格或单元格区域，然后在当前活动单元格中输入相应的数据，再按【Ctrl】+【Enter】组合键即可。此方法同样适用于连续区域。

4. 设置数据有效性

数据的有效性是指对某一单元格输入的数据类型、范围的有效性验证，以减少数据输入时产生的错误。Excel 允许用户通过设置数据有效性来预先设置某一单元格输入的数据类型和有效范围，还可以设置数据输入提示信息和输入错误提示信息等。

5. 数据编辑

1）修改单元格内容

（1）单击单元格，输入数据后按【Enter】键即完成单元格内容的修改。

（2）双击单元格，或选中单元格再按【F2】键，然后在单元格中进行修改或编辑操作。

（3）单击单元格，然后单击数据编辑栏，在编辑栏内修改或编辑内容。

2）查找和替换

使用 Excel 提供的查找和替换功能可以方便地查找和替换需要的内容，查找与某种格式匹配的单元格。查找和替换的具体操作步骤如下：

（1）选择【开始】选项卡，在【编辑】选项组中单击【查找和选择】下拉按钮，在打开的下拉列表框中选择【查找】命令，打开【查找和替换】对话框，如图 4-16 所示。

（2）在【查找和替换】对话框的【查找】选项卡中输入需要查找的内容。

（3）单击【选项】，可以进一步定义搜索：设置搜索范围、搜索模式（行或列）、搜索带有特定详细信息的数据、是否区分大小写和全半角设置、模糊搜索等。

（4）单击【格式】可以设置查找和替换的格式、范围等。

图 4-16 打开【查找和替换】对话框

（5）单击【查找全部】按钮即可完成查找。

如果需要将查找的数据替换为指定的内容,则在【查找和替换】对话框中选择【替换】选项卡,在【替换为】文本框中输入替换内容,设置替换格式等信息,单击【替换】或【全部替换】按钮即可。

3）清除单元格中的数据

要清除单元格或单元格区域中的数据,可以先选中单元格或单元格区域,然后按【Delete】键即可。

如果需要彻底清除单元格的内容和其他属性,只使用【Delete】键是不够的,因为【Delete】键仅仅清除单元格中的内容,单元格的其他属性依旧保留。具体操作步骤为:【开始】—【编辑】—【清除】下拉按钮,如图 4-17 所示,在打开的下拉列表框中选择相应的命令,即可清除单元格中的相应内容。

图 4-17 清除单元格各项属性

4）复制、移动和删除数据

A. 复制与移动数据

（1）使用命令按钮复制与移动数据。移动或复制单元格或单元格区域数据的方法基本相同,选中单元格数据后,在【开始】选项卡的【剪贴板】选项组中（或鼠标右键）单击【复制】按钮或【剪切】按钮,也可以使用【Ctrl】+【C】或【Ctrl】+【X】组合键,然后单击要粘贴数据的位置并在【剪贴板】选项组中单击【粘贴】按钮,或使用【Ctrl】+【V】组合键,即可完成单元格数据的复制或移动。

（2）使用拖动法复制与移动数据。移动数据时,应先选中要移动的单元格或单元格区域,然后将鼠标移至单元格区域边缘,当鼠标指针变为箭头形状后,拖动鼠标到指定位置并释放鼠标即可实现数据的移动。如果要复制单元格内容,则需要在拖动鼠标的同时按住【Ctrl】键,移动到指定位置后再释放【Ctrl】键,即可实现复制。

B. 粘贴选项与选择性粘贴

在默认情况下,粘贴数据会在保留原格式情况下使用目标主题,若不需要原有格式,或只需要粘贴数值,可以采用粘贴选项和选择性粘贴。

(1)粘贴选项。当数据粘贴到目标单元格区域后,如图4-18所示,目标单元格区域右下角会出现"粘贴选项"下拉按钮,单击该下拉按钮,即可打开"粘贴选项"下拉列表框,从中选择需要的粘贴方式。

(2)选择性粘贴。复制源数据,在定位到目标单元格区域后,单击【剪贴板】选项组中的【粘贴】下拉按钮,在打开的下拉列表框中选择【选择性粘贴】命令,打开【选择性粘贴】对话框,选择需要的粘贴方式,如图4-19所示。

图4-18　粘贴选项　　　　　　　图4-19　【选择性粘贴】对话框

二、操作步骤

打开"2015年员工培训信息表.xlsx"工作簿文件,将图4-20所示的数据输入到工作表中。

员工编号	姓名	性别	部门	质量监测	流程设计	成本预算	设备管理	总分	平均分
0015010101	刘顺里	男	工程部	90	83	64	73	310	77.5
0015010102	王磊	男	质量部	75	80	80	70	305	76.25
0015010103	陈亮	男	质量部	75	88	65	67	295	73.75
0015010104	刘强	男	质量部	70	73	67	86	296	74
0015010105	刘海浪	男	工程部	64	72	84	90	310	77.5
0015010106	张灿云	男	人事部	82	83	67	58	290	72.5
0015010107	李松梅	女	后勤部	90	70	90	86	336	84
0015010108	谢川霖	男	后勤部	66	81	61	59	267	66.75
0015010109	万志庸	男	后勤部	90	63	56	61	270	67.5
0015010110	高慧如	女	工程部	60	66	76	68	270	67.5
0015010111	龚盈琳	女	工程部	60	72	63	78	273	68.25
0015010112	郭聪聪	女	工程部	89	61	87	69	306	76.5
0015010113	莫逆霞	男	人事部	60	70	99	84	313	78.25
0015010114	蓝天	男	质量部	89	66	96	70	321	80.25
0015010115	林东雷	男	质量部	67	71	76	87	301	75.25

图4-20　2015年员工培训信息表数据

(1)在A1单元格中输入数据表标题"2015年员工培训信息表",在第2行输入表头"员工编号""姓名""性别""部门""质量监测""流程设计""成本预算""设备管理""总分""平均分"。

(2)以文本格式输入"员工编号"列数据,可以使用填充柄进行数据填充。

(3)设置表中"性别"列数据的数据有效性,限制"性别"只能由用户选择"男"或"女",若输入错误则弹出提示信息。操作步骤为:

①选择 C3 到 C17 单元格区域,单击【数据】—【数据工具】—【数据有效性】,打开【数据有效性】对话框。

②在【设置】选项卡的【允许】下拉列表中选择【序列】,在【来源】文本框中输入"男,女"(分隔符",",必须为英文标点)。

③选择【信息】选项卡,在【输入信息】文本框中输入"请选择性别!"。

④选择【出错警告】选项卡,在【样式】下拉列表中选择【警告】,并在【错误信息】文本框中输入"性别只选择'男'或'女'!"。

如图 4-21 和图 4-22 所示。

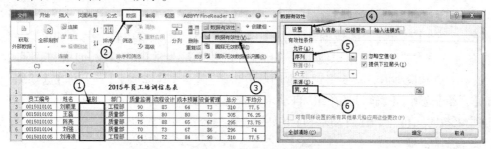

图 4-21　设置"性别"列数据有效性(1)

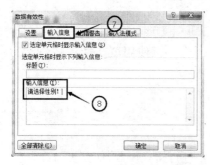

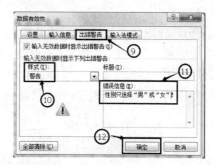

图 4-22　设置"性别"列数据有效性(2)

(4)设置表中"部门"列数据的数据有效性,限制"部门"只能输入"人事部""工程部""质量部""后勤部",若输入错误则弹出提示信息。操作步骤与设置"性别"列数据有效性相同。

(5)设置各科成绩的数值范围为 0 ~ 100 的整数。

①选择 E 到 H 列单元格,单击【数据】—【数据工具】—【数据有效性】,弹出【数据有效性】对话框。

②如图 4-23 所示,在【设置】选项卡的【允许】下拉列表中选择"整数",在【数据】下拉列表中选择"介于",在【最小值】和【最大值】文本框中分别输入"0"和"100"。

图 4-23　设置成绩列的数据有效性

③选择【出错警告】选项卡,在【错误信息】文本框中输入"成绩必须是 0 ~ 100 的整数!"。

(6)根据图 4-20 所示,输入"姓名""性别""部门""质量监测""流程设计""成本预算""设备管理"各列数据。

任务三　使用【自动求和】按钮计算总分和平均分

通过任务二的学习,我们已经输入完 A 到 H 列的数据,现在我们就可以计算总分和平均分了。

一、相关知识

Excel 2010 具有强大的数据计算能力,通过在 Excel 单元格中输入公式和函数,可以进行各种计算。为了方便用户使用数学和统计函数中最为常用的函数,如求和、平均值、计数、最大值和最小值,Excel 将这些常用函数组织在【公式】选项卡【函数库】选项组(或者在【开始】选项卡【编辑】选项组)自动求和快速访问按钮 Σ 自动求和 ▼ 中,这样用户在使用这些函数时,直接点击【自动求和】下拉列表选择需要的函数即可。

二、操作步骤

(1)选择"2015 年员工培训信息表"中的 I3:I17 单元格区域,单击【开始】—【编辑】—【自动求和】—【求和】。

(2)选择 J3 单元格区域,单击【开始】—【编辑】—【自动求和】—【平均值】,将默认的"E3:I3"单元格区域修改为"E3:H3"后,按【Enter】键。再使用填充柄,将公式从 J3 单元格复制到 J17 单元格。

(3)单击快速访问工具栏中的【保存】按钮保存工作簿。

任务四　格式化工作表

输入工作表数据之后,需要对工作表或单元格进行格式设置,使其更为美观。

一、相关知识

1. 单元格格式设置

Excel 将最常用的格式化命令集中在【开始】选项卡的【字体】、【对齐方式】、【数字】、【样式】和【单元格】5 个选项组中,如图 4-24 所示。另外,也可以通过"设置单元格格式"对话框来设置。打开该对话框的方法有两种:一是单击【字体】、【对齐方式】或【数字】选项组右下角的对话框启动器 ;二是右击选中的单元格,从弹出的快捷菜单中选择【设置单元格格式】命令。

图 4-24　【开始】选项卡中设置单元格格式的 5 个选项组

1）字体

【字体】选项组主要用于设置单元格字体格式，使工作表中的某些数据醒目和突出、版面更丰富，包括设置字体、字形、颜色等格式。

2）对齐方式

【对齐方式】选项组主要用于设置单元格中的内容在显示时相对单元格上下左右的位置，即水平、垂直对齐方式，还可以设置单元格的合并、文本控制、文本方向等。

一般情况下，单元格中的文本靠左对齐，数字靠右对齐，逻辑值和错误值居中对齐。此外，Excel 还允许用户为单元格中的内容设置其他对齐方式，如标题的合并或跨列居中，单元格内容的自动换行，旋转单元格中的内容等。

3）数字

在默认情况下，数字以常规格式显示。当用户在工作表中输入数字时，数字以整数、小数方式显示。Excel 提供了多种数字显示格式，如数值、货币、会计专用、日期格式及科学计数等，在【开始】选项卡的【数字】选项组中，可以设置这些数字格式；还可以在【设置单元格格式】对话框的【数字】选项卡中详细设置数字格式，如图 4-25 所示。

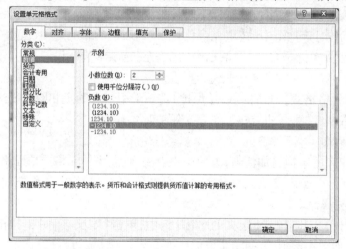

图 4-25　【设置单元格格式】对话框的【数字】选项卡

4）设置边框

在默认情况下，Excel 并不为单元格设置边框，工作表中的边框在打印时并不显示出来。因此，用户在打印工作表或突出显示某些单元格时，就需要添加一些边框以使工作表更美观和容易阅读。

设置边框常用的方法有以下两种：

（1）通过【字体】选项组中的边框下拉列表框的相关选项设置和绘制各种样式的边框。

（2）通过【设置单元格格式】对话框中的【边框】选项卡进行设置。方法：先选中需要设置边框的单元格或单元格区域，首先选择线条样式与颜色，再选择所需预置效果，单击【确定】按钮即可，如图 4-26 所示。

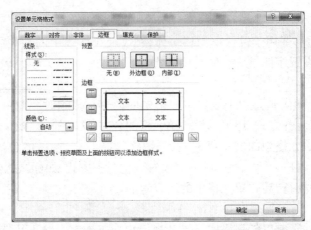

图 4-26 【设置单元格格式】对话框的【边框】选项卡

5）设置填充

使用相关填充命令为特定的单元格加上色彩和图案，不仅可以突出显示重点内容，还可以美化工作表的外观，常用方法有以下两种：

（1）通过【字体】选项组中的【填充颜色】下拉列表框的相关选项设置。

（2）通过【设置单元格格式】对话框中的【填充】选项卡进行设置。

6）保护

在【设置单元格格式】对话框中的【保护】选项卡中勾选锁定和隐藏复选框，可以锁定和隐藏单元格数据，注意该功能在工作表受保护时才有效。

2. 命名单元格或单元格区域

为了使工作表的结构更加清晰，方便用户引用，可以为单元格或单元格区域命名。

方法一：选定单元格或单元格区域，然后在编辑栏左侧的名称框中输入名字，按【Enter】键即可完成命名。

方法二：在【公式】选项卡【定义的名称】组中，单击【定义名称】下拉按钮定义名称，可以新建名称，如图 4-27 所示；单击【根据所选内容创建】按钮，可以选定区域创建名称，如图 4-28 所示；单击【名称管理器】按钮，可以在【名称管理器】对话框中新建、编辑和删除名称，如图 4-29 所示。

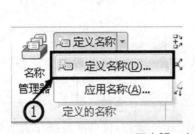

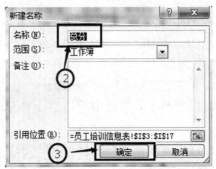

图 4-27 定义单元格区域名称

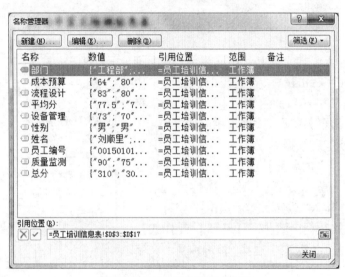

员工编号	姓名	性别	部门	质量监测	流程设计	成本预算	设备管理
0015010101	刘顺里	男	工程部	90	83	64	73
0015010102	王磊	男	质量部	75	80	80	70
0015010103	陈亮	男			88	65	67
0015010104	刘强	男			73	67	86
0015010105	刘海浪	男			72	84	90
0015010106	张灿云			83	67	58
0015010107	李松梅				90	86
0015010108	谢川霖	男		81	61	59
0015010109	万志庸	男		63	56	61
0015010110	高慧如			66	76	68
0015010111	龚盈琳			72	63	78
0015010112	郭聪聪	女	工程部	89	61	87	69
0015010113	莫逆霞	男	人事部	60	70	99	84
0015010114	蓝天	男	质量部	89	66	96	70
0015010115	林东雷	男	质量部	67	71	76	87

图 4-28 选定区域创建名称

图 4-29 【名称管理器】对话框

3. 单元格样式

样式是字体、字号、对齐方式、边框和图案等格式设置特性的组合,并将这样的组合加以命名和保存供用户使用。

在【开始】选项卡上的【样式】组中,单击【单元格样式】,如图 4-30 所示,在下拉列表中,可以选择所需要设置的单元格样式,应用到选中的单元格或单元格区域。

也可以选择【单元格样式】下拉列表中的【新建单元格样式】,进行样式的定义。在【样式名】框中,为新单元格样式键入适当的名称,单击【格式】设置单元格格式,如图 4-31 所示。在【样式】对话框的【包括样式(例子)】下,清除不希望包含在单元格样式中的任何格式对应的复选框,最后单击【确定】即可。

另外,还可以使用【合并样式】命令,进行样式的合并。

二、操作步骤

(1)设置标题行格式:选中 A1:J1 单元格区域,选择【开始】—【对齐方式】—【合并后居中】;字体格式:楷体、16 磅,对齐方式:水平和垂直居中。

图 4-30 【单元格样式】下拉列表

（2）为数据区域加上边框，外框粗线，内框细线。选中 A2：J17，右击鼠标，在弹出的快捷菜单中选择【设置单元格格式】命令，打开【设置单元格格式】对话框，在【边框】选项卡中进行相应的操作。

（3）为"总分"列数据定义名称。选中 I3：I17，选择【公式】—【定义的名称】，在"定义名称"下拉列表中选择【定义名称】，打开【新建名称】对话框，在【名称】文本框中输入"总分"，然后点击【确定】。

（4）选中表格数据区域，选择【开始】—【样式】，在【单元格样式】下拉列表中选择"20% – 强调文字颜色 1"的样式。

（5）将"平均分"列数字设置为保留 2 位小数。

（6）保存工作簿。

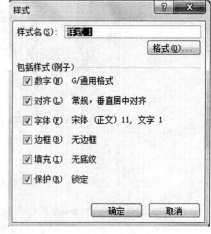

图 4-31　新建单元格样式

任务五　为单元格设置条件格式

在 Excel 中，设置单元格格式不仅可以对选中的单元格进行设置，还可以根据某种条件进行设置。条件格式就是用于判断所选定区域的各单元格中的数据是否满足指定的条件，并动态地为满足条件的单元格自动设置指定的格式。

条件格式可以突出显示所关注的单元格或单元格区域，强调异常值；也可使用数据条、颜色刻度和图标集来直观地显示数据。

在"2015 年员工培训信息表"中为"平均分"列设置条件格式：0～59 分数段填充黄色的数据条，60～79 分数段填充绿色数据条，80 分以上为红色数据条。

一、相关知识

1. 使用色阶、数据条和图标进行条件格式设置

色阶可以直观显示数据分布和数据变化。双色和三色刻度使用颜色的渐变来比较单

元格区域,颜色的深浅表示值的高低。

数据条可帮助查看某个单元格相对于其他单元格的值,数据条的长度代表单元格中的值,越长值越高,越短值越低。在观察大量数据中的较高值和较低值时,数据条尤其有用。

使用图标集可以对数据进行注释,并可以按阈值将数据分为 3～5 个类别,每个图标代表一个值的范围。

具体设置方法有以下两种:

方法一:快速格式化

选择区域、表或数据透视表中的一个或多个单元格。

在【开始】选项卡上的【样式】组中,单击【条件格式】旁边的箭头,然后在下拉列表中选择直观显示的方式(色阶、数据条或图标集),如图 4-32 所示。

设备管理	总分	平均分
73	310	77.5
70	305	76.25
67	295	73.75
86	296	74
90	310	77.5
58	290	72.5
86	336	84
59	267	66.75
61	270	67.5
68	270	67.5
78	273	68.25
69	306	76.5
84	313	78.25
70	321	80.25
87	301	75.25

突出显示单元格规则(H)
项目选取规则(T)
数据条(D)
色阶(S)
图标集(I)
新建规则(N)…
清除规则(C)
管理规则(R)…

图 4-32　快速"数据条"和"图标集"条件格式

方法二:高级格式化。

选择区域、表或数据透视表中的单元格或单元格区域。

在【开始】选项卡上的【样式】选项组中,单击【条件格式】旁边的箭头,然后单击【管理规则】,显示条件格式规则管理器。

单击【新建规则】,将显示"新建格式规则"对话框。若要更改条件格式,先在【显示其格式规则】列表框中选择相应的工作表或数据透视表;或者在【应用于】框中选择设置工作表区域,然后选择规则,单击【编辑规则】,将显示【编辑格式规则】对话框。

在"选择规则类型"下,单击【基于各自值设置所有单元格的格式】(默认值)。在"编辑规则说明"下分别选择"格式样式""类型""值""颜色"等设置,如图 4-33 所示。

2. 仅对包含文本、数字或日期/时间值的单元格设置格式

具体设置方法有两种:

方法一:快速格式化。

选择区域、表或数据透视表中的单元格或单元格区域。

在【开始】选项卡的【样式】组中,单击【条件格式】旁边的箭头,然后单击【突出显示单元格规则】。

如图 4-34 所示,选择所需的命令,如"介于""文本包含"或"发生日期";输入要使用

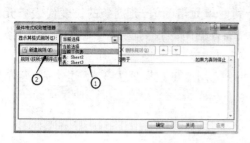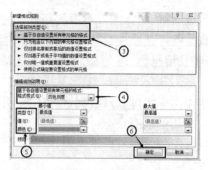

图 4-33 "新建规则"设置条件格式

图 4-34 突出显示单元格规则

的值,然后选择格式,单击【确定】即可。

方法二:高级格式化。

和使用色阶、数据条和图标进行条件格式设置高级格式化方法相似,通过【新建格式规则】对话框来完成,如图 4-35 所示。

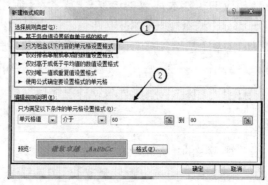

图 4-35 【新建格式规则】对话框

不同之处在于：在"选择规则类型"下，单击【只为包含以下内容的单元格设置格式】；在"编辑规则说明"下的【只为满足以下条件的单元格设置格式】列表框中，通过选择"单元格值""特定文本""发生日期""空值"或"无空值""错误"或"无错误"，分别设置条件范围；单击【格式】将显示【设置单元格格式】对话框。选择当单元格值符合条件时要应用的数字、字体、边框或填充等格式，然后单击【确定】。

用上述类似的方法，还可以对唯一值或重复值、排名靠前或靠后的值、高于或低于平均值的值设置格式（单元格区域中查找高于或低于平均值或标准偏差的值）。

3. 清除条件格式

在【开始】选项卡上的【样式】选项组中，单击【条件格式】旁边的箭头，然后单击【清除规则】，可以选择清除整张工作表，也可以选择要清除条件格式的单元格区域、表或数据透视表。

二、操作步骤

（1）选中"2015 年员工培训信息表"J3：J17 单元格区域，选择【开始】—【样式】，在【条件格式】下拉列表中选择【新建规则】，打开【新建格式规则】对话框。

（2）在"选择规则类型"列表框中选择【只为包含以下内容的单元格设置格式】，然后在"编辑规则说明"区域中进行相应的数据范围设置和格式设置，如图 4-36 所示。

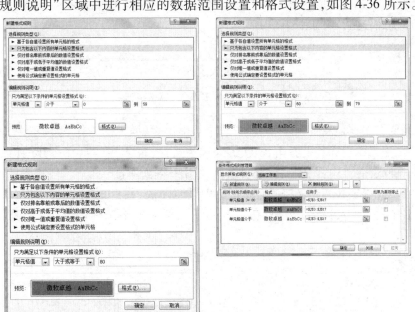

图 4-36　设置"平均分"数据列的条件格式

（3）保存文件。

任务六　重命名工作表和修改工作表标签颜色

在实际工作中，为了方便用户使用和管理工作簿文件中的多张工作表，一般采用的方法就是给工作表命名，来区分不同数据的工作表。

一、相关知识

1. 选定工作表

要操作工作簿中的工作表,必须先选择要操作的工作表,使其成为当前工作表。

选择一张工作表:用鼠标单击窗口底部的工作表标签,此时该工作表称为当前活动工作表。

选定相邻连续的多张工作表:单击第一张工作表的标签,然后在按【Shift】键的同时单击最后一张工作表的标签。

选择多张不连续的工作表:单击第一张工作表的标签,然后在按住【Ctrl】键的同时单击要选择的其他工作表的标签。

全选:右键单击某一工作表的标签,然后单击快捷菜单上的【选定全部工作表】。

提示:如果同时选定了多张工作表,其中只有一张工作表是当前工作表,此时对当前工作表的编辑操作会作用到其他被同时选定的工作表上。

2. 插入工作表

Excel 中当默认的 3 个工作表不够用时需要插入更多的工作表。具体方法有以下几种:

(1)当要在最后面插入一个新的工作表时,单击末尾工作表标签后的"插入工作表"标签按钮即可快速插入,如图 4-37 所示。

图 4-37 "插入工作表"标签按钮

(2)当要在指定位置插入工作表时,选中某工作表(插入的工作表将出现在选中工作表之前),在该工作表标签上右击,从快捷菜单中选择【插入】命令,在打开的【插入】对话框中选择一种表格样式后单击【确定】按钮,如图 4-38 所示。

(3)当要在指定位置插入工作表时,选中某工作表,在【开始】选项卡中,单击【单元格】选项组中的【插入】下拉按钮,在打开的下拉列表框中选择【插入工作表】命令,如图 4-39 所示。

图 4-38 工作表的【插入】对话框

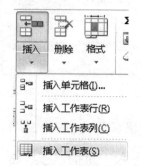

图 4-39 【插入工作表】按钮

3. 删除工作表

删除工作表的方法与插入工作表的方法类似,选中要删除的工作表标签,在【开始】

选项卡中单击【单元格】选项组中的【删除】下拉按钮,在打开的下拉列表框中选择【删除工作表】命令;或者直接右击要删除的工作表标签,在弹出的快捷菜单中选择【删除】命令。

4. 重命名工作表

工作表名称默认为 Sheet1,Sheet2,Sheet3,…。为了便于使用工作表,可以重命名工作表。具体方法有以下几种:

(1)单击【开始】选项卡【单元格】组中的【格式】下拉按钮,在【组织工作表】栏目中执行【重命名工作表】命令。

(2)右击需要重命名的工作表标签,从弹出的快捷菜单中选择【重命名】命令,即可输入新的工作表名称。

(3)双击工作表标签名,输入新的工作表名称。

5. 移动或复制工作表

若改变工作表在工作簿内的先后次序,可以移动工作表,也可使用复制工作表对已有工作表建立备份。

1)利用鼠标拖曳在工作簿内移动或复制工作表

鼠标拖曳法是比较快捷的方法。选定要移动的一个或多个工作表标签,鼠标指针指向要移动的工作表标签,按住鼠标左键沿标签向左或向右拖动工作表标签的同时会出现黑色小箭头,当黑色小箭头指向要移动的目标位置时,释放鼠标左键,完成移动工作表。若要复制,则在拖动工作表标签的同时按【Ctrl】键,当鼠标指针移到要复制的目标位置时,应先释放鼠标按键,后释放【Ctrl】键。

2)利用对话框在工作簿内(或工作簿之间)移动或复制工作表

利用【移动或复制工作表】对话框不仅可以实现在同一工作簿内工作表的移动或复制,也可以实现不同工作簿之间工作表的移动或复制。注意:若要在不同工作簿之间移动或复制工作表,首先要求这两个工作簿都必须在 Excel 应用程序下打开。

具体操作为:选中需要移动的工作表,在【开始】选项卡中单击【单元格】选项组中的

【格式】下拉按钮,在打开的下拉列表框中选择【移动或复制工作表】命令,或者右击需要移动的工作表,从弹出的快捷菜单中选择【移动或复制工作表】命令;打开【移动或复制工作表】对话框,如图 4-40 所示,在该对话框中选择目标工作簿和目标工作表位置,单击【确定】即可完成工作表的移动。当选中【建立副本】复选框时,即可复制工作表。

6. 改变工作表标签颜色

为了区别不同的工作表,可以对工作表标签设置不同的颜色。操作方

图 4-40　移动或复制工作表

法为:选中需要改变颜色的工作表,在【开始】选项卡中单击【单元格】选项组中的【格式】下拉按钮,在打开的下拉列表框中选择【工作表标签颜色】命令;或者在需要改变颜色的工作表标签上右击,从弹出的快捷菜单中选择【工作表标签颜色】命令,在打开的颜色面板中选择想要的颜色即可。

7. 行、列和单元格的操作

1)插入行、列和单元格

在工作表中选择要插入行、列或单元格的位置,在【开始】选项卡的【单元格】选项组中单击【插入】按钮,在打开的下拉列表框中选择相应命令即可插入行、列和单元格。注意:插入的行、列或单元格数量与最初选定的行、列或单元格数目相同。

2)删除行、列和单元格

需要在当前工作表中删除行(列)时,单击行号(列标),选择要删除的整行(列),然后在【单元格】选项组中单击【删除】下拉按钮,在打开的下拉列表框中选择【删除工作表行(列)】命令,被选择的行(列)将从工作表中消失,各行(列)自动上(左)移。其中,选择【删除单元格】命令,会打开"删除"对话框,在该对话框中可以设置删除单元格后如何移动原有的单元格。

除此之外,还可以选中需要删除的行、列或单元格,右击鼠标,在弹出的快捷菜单中,选择【删除】命令,即可删除行、列或单元格。

3)调整行高和列宽

在默认情况下,工作表的每个单元格具有相同的行高和列宽。为了使数据正确地显示在工作表中,就需要对工作表中的单元格高度和宽度进行适当的调整。操作方法如下:

(1)使用鼠标拖动方法粗略设置。

将鼠标指针指向要改变列宽的列标(改变行高的行号)之间的分隔线上,鼠标指针变成水平(垂直)双向箭头形状,按住鼠标左键并拖动鼠标,直至将列宽(行高)调整到合适宽度(高度),放开鼠标即可。

(2)使用列宽(行高)命令精确设置。

选择需要调整的行或列,在【单元格】选项组中单击【格式】下拉按钮,在打开的下拉列表框中选择行高和列宽的相应设置命令。

提示:当直接双击行或列之间的间隔线时,也可以自动调整行高和列宽。

二、操作步骤

(1)双击"Sheet1"工作表标签,当工作表标签名呈黑底白字时,键入新的工作表名"员工培训信息表"。

(2)右击"员工培训信息表"工作表标签,在弹出的快捷菜单中选择【工作表标签颜色】,在级联菜单的颜色面板中选择"水绿色,强调文字颜色5"。

(3)鼠标指向"员工培训信息表"工作表标签,按住【Ctrl】键,将鼠标拖动到"Sheet2"工作表后面,放开鼠标,完成工作表的复制,并更名为"员工培训信息表副本"。

(4)选中"员工培训信息表",选择【开始】—【单元格】—【格式】—【行高】,打开【行高】对话框,将行高设置为16。效果如图4-1所示。

任务七　创建"2015 年员工培训信息图表"

Excel 的强大功能之一是图表功能,该功能可以使图表以图形形式直观显示数值数据系列,从而使用户更容易观察、理解和分析数据。本项目中,为了更直观形象地反映员工培训情况,可以为员工培训信息数据创建图表。

一、相关知识

1. 图表类型

Excel 提供了 11 种图表类型,分别为柱形图、折线图、饼图、条形图、面积图、散点图、股价图、曲面图、圆环图、气泡图和雷达图。各种图表各有优点,适用于不同的场合,用户可根据不同的数据类型选择不同的图表类型。常见的图表类型有以下几种:

(1)柱形图主要适用于排列在工作表的列或行中的数据,主要用于显示一段时间内的数据变化或说明各项之间的比较情况。

(2)折线图主要适用于排列在工作表的列或行中的数据,可以显示随时间而变化的连续数据(根据常用比例设置),因此非常适用于显示在相等时间间隔下数据的趋势。

(3)饼图主要适用于排列在工作表的一列或一行中的数据,显示一个数据系列中各项的大小,与各项总和成比例。使用饼图的情况:仅有一个要绘制的数据系列,要绘制的数值没有负值,要绘制的数值几乎没有零值,不超过七个类别,各类别分别代表整个饼图的一部分。

(4)条形图主要适用于排列在工作表的列或行中的数据,主要用来显示各项之间的比较情况。

(5)面积图主要适用于排列在工作表的列或行中的数据,强调数量随时间而变化的程度,也可用于引起人们对总值趋势的注意。通过显示所绘制的值的总和,面积图还可以显示部分与整体的关系。

(6)散点图主要适用于排列在工作表的列或行中的数据,显示若干数据系列中各数值之间的关系。散点图通常用于显示和比较数值,例如科学数据、统计数据和工程数据。

2. 图表术语

在 Excel 2010 中,无论哪一种类型的图表,生成时有两种样式,一种是嵌入式图表,另一种是独立图表。嵌入式图表就是将图表看做是一个图形对象,与其相关的工作表数据存放在同一工作表中,并作为工作表的一部分进行保存;独立图表是以一个工作表的形式插在工作簿中,在需要查看独立于工作表的数据或编辑大而复杂的图表或节省工作表上的屏幕控件时,就可以使用独立图表。

一个图表基本是由图表区、绘图区、图表标题、数据标志、坐标轴、网格线、图例、背景墙、基底、数据表等部分构成的,如图 4-41 所示。

3. 创建图表

在工作表上选择用于创建图表的数据的单元格区域,在【插入】选项卡上的【图表】组中,单击图表类型,然后单击要使用的图表子类型即可。在默认情况下,图表作为嵌入式图表放在工作表上,Excel 自动为该图表指定一个名称。

若要选择更多的图表类型,只需在【插入】选项卡中,单击【图表】选项组中的对话框

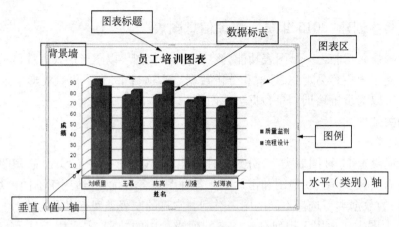

图 4-41　图表基本元素

启动器,打开【插入图表】对话框,并进行选择,如图 4-42 所示。

图 4-42　【插入图表】对话框

4. 编辑图表

图表建立后,用户还可根据需要对各个图表项进一步编辑及格式化。

1)改变图表类型

当发现创建的图表类型不适合体现数据特点时,可以改变图表类型。下面通过典型的例子来讲述如何在 Excel 中改变图表类型。具体操作步骤如下:

选中图表,如图 4-43 所示,选择【设计】选项卡,单击【类型】选项组中的【更改图表类型】按钮,打开【更改图表类型】对话框,选择想要的图表类型,如单击【柱形图】按钮,选择【柱形图】选项组中的"三维簇状柱形图"选项。然后单击【确定】按钮,完成更改图表类型的操作。

2)修改图表的数据区域

A. 向图表中添加源数据

方法一:如果要修改已经建立的图表数据区域,则选中图表,选择【设计】选项卡,单击【数据】选项组中的【选择数据】按钮,打开【选择数据源】对话框,如图 4-44 所示,在该对话框的【图表数据区域】文本框中输入数据地址(更为简单的方法是单击【图表数据区域】文本框右侧的区域选定按钮,在工作表中选择数据)。也可以利用【图例项(系列)】

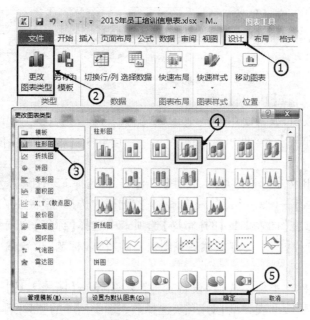

图 4-43 更改图表类型

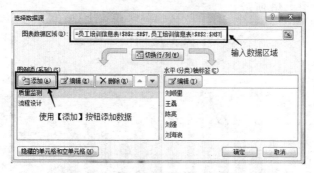

图 4-44 通过【选择数据源】对话框添加数据

组中的【添加】按钮,完成数据的添加。

方法二:选定待添加的源数据区域,将选定的单元格区域用鼠标直接拖曳到图表中,释放鼠标,即可完成数据的添加。

B. 删除图表中的数据

如果要同时删除工作表和图表中的数据,只要删除工作表中的数据,图表将会自动更新;如果只从图表中删除数据,在图表上单击所要删除的图表数据系列,按【Delete】键即可完成。或者再次打开【选择数据源】对话框,选择对应的图例项,单击【删除】按钮即可删除图表数据。

3)更改图表位置

如果要将图表放在单独的图表工作表中,则可以单击嵌入式图表中的任意位置以便将其激活,点击【图表工具】的【设计】选项卡上的【移动图表】按钮。如图 4-45 所示,在【选择放置图表的位置】下,单击【新工作表】,在框中键入新的名称,可将图表显示在图表工作表中;单击【对象位于】,然后在框中单击工作表,将图表显示为该工作表中的嵌入图表。

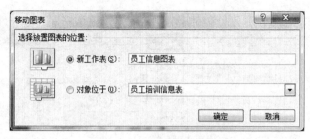

图 4-45 【移动图表】对话框

4)删除图表

选定图表,然后按【Delete】键,或者利用【剪切】按钮,或者使用【开始】—【编辑】—【清除】命令即可。

二、操作步骤

(1)选择 B2:B17 单元格区域后,按住【Ctrl】键,再选择 E2:H17 单元格区域。

(2)选择【插入】—【图表】,在【柱形图】下拉列表中选择"簇状柱形图"。

(3)单击图表,在【图表工具】的【布局】选项卡中选择【标签】选项组的【图表标题】,在其下拉列表中选择【图表上方】,然后在图表上的"图表标题"位置输入"2015 年员工培训信息图表"。

(4)更改数据标志类型。选择"设备管理"系列,单击【图表工具】—【设计】—【更改图表类型】,弹出【更改图表类型】对话框,选择散点图类型中的"带平滑线的散点图"。

(5)美化图表。单击【图表工具】—【格式】—【形状样式】—【形状填充】—【文理】—【羊皮纸】,效果如图 4-46 所示。

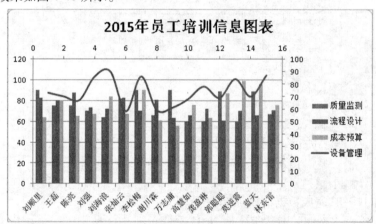

图 4-46 2015 年员工培训信息图表

(6)保存。

任务八 打印工作表

当制作好工作表后,通常需要将它打印出来。利用 Excel 2010 提供的设置页面、设置打印区域、打印预览等打印功能,可以对制作好的工作表进行打印设置,美化打印效果。

本子项目需要将员工培训信息表打印出来发给各个部门。

一、相关知识

1. 页面设置

在打印包含大量数据或图表的工作表之前,应根据要求对打印的工作表进行打印方向、纸张大小、页眉、页脚和页边距等内容的设置。在【页面布局】选项卡的【页面设置】选项组中可以完成最常用的页面设置，如图 4-47 所示。

图 4-47 【页面设置】选项

提示：页面设置操作通常需要切换到"页面布局"视图下进行，如图 4-48 所示，因为在此视图中，不仅可以在打印的页面环境中查看数据，对工作表进行微调，以获得专业效果，还可以轻松地添加或更改页眉和页脚、隐藏或显示行和列标题、更改打印页面的方向、更改数据的布局和格式、使用标尺调节数据的宽度和高度，以及为打印设置页边距。

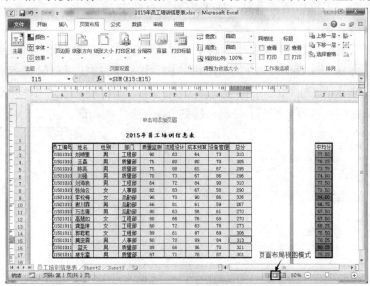

图 4-48 页面布局视图模式

1）设置页眉或页脚

页眉和页脚在普通视图下不会显示在工作表中，而在"页面布局"视图下才能显示在打印页面上。可以在"页面布局"视图中插入页眉或页脚，如果要同时为多个工作表插入页眉或页脚，则可以使用【页面设置】对话框。对于其他工作表类型（如图表工作表），则只能使用【页面设置】对话框插入页眉和页脚。

A."页面布局"视图模式下添加页眉或页脚

单击要添加页眉或页脚或者包含要更改的页眉或页脚的工作表，在【插入】选项卡上的【文本】组中，单击【页眉和页脚】，进入到"页面布局"视图，根据界面上的提示，单击工作表页面顶部或底部的左侧、中间或右侧，如图 4-49 所示，利用【页眉和页脚工具】下的【设计】选项卡键入页眉或页脚，完成页眉和页脚的设计。

图 4-49　页眉和页脚工具的【设计】选项卡

若要删除页眉或页脚,选中页眉或页脚文本框,按【Delete】或【Backspace】键即可。

若要关闭页眉和页脚,只需要将视图从"页面布局"视图切换为"普通"视图或点击除页眉页脚外的其他工作表区域即可。

B. 在【页面设置】对话框中添加页眉或页脚

在打开的【页面设置】对话框的【页眉/页脚】选项卡上,单击【自定义页眉】或【自定义页脚】,打开相应的对话框,如图 4-50 所示。单击"左"、"中"或"右"框,然后单击【确定】按钮以在所需位置插入相应的页眉或页脚信息。若要添加或更改页眉或页脚文本,在"左"、"中"或"右"框中键入其他文本或编辑现有文本。

2)设置打印标题

在打印工作表时,当文档较长出现跨页的情况时,需要每页上都打印出行标题,这时就要设置标题行,单击【页面设置】选项组中的【打印标题】按钮,打开【页面设置】对话框的【工作表】选项卡,如图 4-51 所示,将光标定位在【顶端标题行】文本框中,在表格中选择需要重复的标题行内容。设置【左端标题列】的方法与此相同。

图 4-50　【页眉】对话框

图 4-51　设置打印标题

3)设置分页符

如果用户需要打印的工作表中的内容不止一页,Excel 2010 会自动在其中插入分页符,将工作表分成多页,蓝色线是分页符标志。这些分页符的位置取决于纸张的大小及页边距位置。用户也可以自定义插入分页符的位置,在"分页预览"视图下,选择要在其下方插入分页符的那一行(或要在其右侧插入分页符的那一列),依次单击【页面布局】—【页面设置】—【分隔符】—【插入分页符】即可。

4)设置打印区域

在打印工作表时,经常会遇到不需要打印整张工作表的情况,此时可以设置打印区域,只打印工作表中所需的部分。具体方法为:选中要打印的工作表区域,选择【页面布局】选项卡,单击【页面设置】选项组中的【打印区域】下拉按钮,在打开的下拉列表框中选择【设置打印区域】命令。打印区域出现虚线框。要想取消设置的打印区域,选择【页面布局】—【页面设置】—【打印区域】下拉按钮,在打开的下拉列表框中选择【取消打印区域】命令即可。

2. 打印预览与打印

在打印工作簿之前,必须先通过预览了解打印的效果。具体的操作为:

(1)单击工作表或选择要预览打印的工作表,单击【文件】,然后单击【打印】,在【打印】选项卡上,默认打印机的属性自动显示在左边,工作簿的预览自动显示在右边,如图4-52所示。

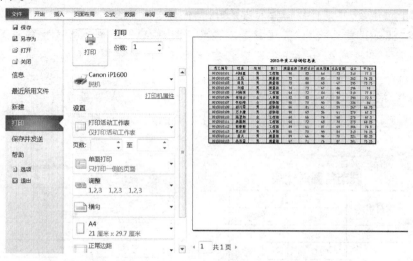

图 4-52　打印和预览

(2)调整和查看工作表或工作簿的边距。在【打印预览】窗口的底部单击【下一页】和【上一页】按钮,可预览下一页和上一页;在【设置】下单击【整个工作簿】,可查看多个工作表。要查看页边距,可直接在【打印预览】窗口底部单击【显示边距】按钮。此时要更改边距,可将边距拖至所需的高度和宽度,还可以通过拖动打印预览页顶部或底部的控点来更改列宽。

(3)单击【打印机】下拉框,选择更改所需的打印机。

(4)在【设置】下选择所需的选项,打印选定区域、一个或多个活动工作表或整个工作簿,可以更改页面设置(包括更改页面方向、纸张大小和页边距);单击【缩放】选项下拉框中所需的选项,可以缩放整个工作表以适合单个打印页的大小。

(5)若打印机属性和打印设置符合要求,并预览满意,单击【打印】即可完成打印。

二、操作步骤

(1)设置"2015 年员工培训信息表"的页眉页脚。点击窗口右下角的视图切换按钮,将视图模式切换到"页面布局",依次点击【插入】—【文本】—【页眉和页脚】,在工作表区顶端点击【单击可添加页眉】占位符,输入"先创公司员工培训";同样的在工作表区底端点击【单击可添加页脚】占位符,选择【页眉和页脚工具】—【设计】—【页眉和页脚元素】—【页码】。

(2)选择【页眉布局】—【页面设置】—【设置打印标题】,在打开的【页面设置】对话框的【工作表】选项卡中,点击【打印区域】文本框右侧按钮,将“员工培训信息表”中 A1:J17 区域设置为打印区域;点击【顶端标题行】文本框右边的按钮,将“员工培训信息表”的第 2 行设置为打印标题行,然后点击【确定】即可。

【项目拓展】

拓展一 制作“城市气温对比表”

1. 运行 Excel,制作如图 4-53 所示工作表,输入“城市气温对比表”的原始数据。

2. 将 A 列数据填充为“一月、二月、三月、……、十二月”;B、C 列数据范围为 -100 ~ 100,保留 1 位小数,并设置数据输入错误时,弹出警告对话框。

3. 将“Sheet1”重命名为“气温对比表”;数据标题 A1:C1 单元格区域合并居中,添加“紫色,强调文字颜色 4”底纹,并设置标题字体为“微软雅黑、14 磅、白色”,设置行高为 25。

4. 设置 A2:C15 单元格区域的字体为“宋体、11 磅,水平垂直居中”,行高为 18;A2:C3单元格区域字体加粗,添加“紫色,强调文字颜色 4,淡色 60%”底纹,效果如图 4-54 所示。

	A	B	C
1	城市气温对比表		
2	月份	平均气温（℃）	
3		重庆	上海
4	一月	8	4.5
5		10	5.5
6		13	9
7		19	15
8		23	20
9		26	24
10		29	28.5
11		29.5	28.5
12		24.5	24.5
13		19	24
14		14.5	13
15		10	7

图 4-53 “城市气温对比表”原始数据

	A	B	C
1	城市气温对比表		
2	月份	平均气温（℃）	
3		重庆	上海
4	一月	8	4.5
5	二月	10	5.5
6	三月	13	9
7	四月	19	15
8	五月	23	20
9	六月	26	24
10	七月	29	28.5
11	八月	29.5	28.5
12	九月	24.5	24.5
13	十月	19	24
14	十一月	14.5	13
15	十二月	10	7

图 4-54 “城市气温对比表”效果图

5. 创建图表标题为“城市气温对比图”的带数据标志的折线图,并为“上海”添加趋势线,效果如图 4-55 所示。

拓展二 制作“星星网吧入库清单”

1. 建立一个工作簿文件,在“Sheet1”中输入如图 4-56 所示的数据内容,并将“Sheet1”重命名为“入库清单”。

2. 将 A1:G1 单元格区域合并,并将字体格式设置为仿宋、加粗、16 磅、黄色,行高 30,添加“水绿色,强调文字颜色 5”底纹;合并 A2:G2 单元格区域,并设置字体格式为仿宋,

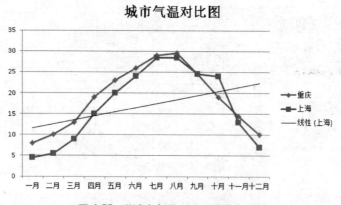

图 4-55 "城市气温对比图"图表效果

货位	物资名称	条形码	型号	单价	入库数量	金额
03-111	键盘	0006403	M100r	42.0	50	2100
03-115	鼠标	0006547	HY-MA75	29.9	100	2990
03-123	显示器	0006698	VX2270smh-LED	779.0	10	7790
03-127	CPU	0005436	A8-7650K	549.0	20	10980
03-132	内存	0007651	DDR3 1600 4GB	109.0	40	4360
03-136	主板	0002461	Z97X-UD3H	899.0	20	17980
03-147	显卡	0008965	GTX750 Ti GAMER	919.0	20	18380
03-154	SSD	0007605	850 EVO	575.0	10	5750
03-159	硬盘	0004379	ST2000DM001)	449.0	30	13470

图 4-56 "星星网吧入库清单"

加粗、12 磅,添加"水绿色,强调文字颜色 5,淡色 80%"底纹。

3. 设置数据区域边框为外框为双线,内框为细线;数据的字体格式为宋体、11 号、居中对齐,"货位"所在行字体加粗;并设置"型号"列的宽度为"自动调整列宽",其他列的宽度为 10。

4. 计算公式:金额 = 单价 * 入库数量,利用条件格式将采购金额在 10000 以上的数据设置为红色加粗、黄色底纹。效果如图 4-56 所示。

子项目二 制作"商品销售统计账簿"

【项目描述】

作为超市销售部员工,小明需要制作一份商品销售统计账簿,以便于统计超市第一季度的销售情况,以及查询业务人员的销售情况。要求:建立"商品基本信息表""销售统计表""按业务人员统计""按商品类型统计""折扣规则"工作表,输入基本数据,并设计计算公式,自动完成复杂计算等。

项目的基本数据及格式效果图如图 4-57 ~ 图 4-61 所示。

2016年某超市第一季度销售统计表

订单编号	产品ID	业务人员	销售类型	单价	数量	折前金额	实际金额
E0031	S0004	刘顺里	店面	31	317		
E0032	S0005	王磊	店面	21	246		
E0033	S0008	陈亮	店面	23.25	177		
E0034	S0009	高慧如	店面	15.5	276		
E0035	S0012	龚盈琳	店面	10	160		
E0036	S0013	刘顺里	网络	22	149		
E0037	S0014	王磊	网络	21.35	280		
E0038	S0015	陈亮	网络	25	185		
E0039	S0016	高慧如	网络	17.45	252		
E0040	S0004	龚盈琳	网络	31	162		
E0041	S0005	刘顺里	电话	21	206		
E0042	S0008	王磊	电话	23.25	197		
E0043	S0009	陈亮	电话	15.5	147		
E0044	S0012	高慧如	电话	10	128		
E0045	S0013	龚盈琳	电话	22	270		
E0046	S0014	刘顺里	邮购	21.35	287		
E0047	S0015	王磊	邮购	25	104		
E0048	S0016	陈亮	邮购	17.45	232		
E0049	S0019	高慧如	邮购	9.2	289		
E0050	S0020	龚盈琳	邮购	81	281		

销售情况分析表

		店面	网络	电话	邮购
销售金额					
销售量					
平均销售额					
平均销售量					
销售数量范围内的订单数	0~149				
	150~299				
	300以上				
销售总量					
最大销售量					
最小销售量					

图 4-57　销售统计表

商品基本信息表

产品ID	产品名称	供应商	类别	单价
S0001	海鲜粉	美妙	特制品	30
S0002	胡椒粉	美妙	调味品	40
S0003	鸡	为全	肉/家禽	97
S0004	蟹	为全	海鲜	31
S0005	矿泉水	日力	饮料	21
S0006	苏打水	日力	饮料	38
S0007	龙虾	海甜	海鲜	196
S0008	醋	海甜	特制品	23.25
S0009	味精	海甜	调味品	15.5
S0010	苹果汁	天乐	饮料	18
S0011	牛奶	天乐	饮料	19
S0012	蕃茄酱	天乐	调味品	10
S0013	盐	康福食品	调味品	22
S0014	麻油	康福食品	调味品	21.35
S0015	酱油	康福食品	调味品	25
S0016	饼干	正一	点心	17.45
S0017	猪肉	正一	肉/家禽	39
S0018	墨鱼	菊花	海鲜	62.5
S0019	巧克力	康新	点心	9.2
S0020	桂花糕	康新	点心	81

图 4-58　商品基本信息表

商品类型	业务人员	实际金额汇总
特制品	刘顺里	
	王磊	
	陈亮	
	高慧如	
	龚盈琳	
商品类型为调味品的订单数目		
输入订单号	业务人员	实际金额

图 4-59　按商品类型统计

经销商	实际销售额汇总	排名
刘顺里		
王磊		
陈亮		
高慧如		
龚盈琳		

图 4-60　按业务人员统计

折扣规则

销售类型	折扣
店面	95%
网络	92%
电话	90%
邮购	98%

图 4-61　折扣规则

本项目包含以下几个任务：

1. 建立工作簿并输入数据，以及通过外部文本导入数据；
2. 使用公式完成各项数据计算，自动完成复杂计算；
3. 创建图表，分析销售数据变化趋势。

任务一　建立工作簿并导入外部数据

在实际工作中，数据可以通过各种方式直接输入到 Excel 中，还可以利用外部数据源导入到 Excel 中，如将文本文件或 Word 文件中的数据导入 Excel。本项目中的“商品基本信息表”的数据就需要利用外部数据源导入到 Excel 中。

一、相关知识

很多外部文件都可以将数据导入到 Excel 中,常用的文本文件格式有带分隔符的文本文件(. txt)和逗号分隔的文本文件(. csv)。

二、操作步骤

(1)新建一个名为"第一季度商品销售统计账簿"的工作簿文件。

(2)分别将 Sheet1、Sheet2、Sheet3 重命名为"销售统计表""按商品类型统计""按业务人员统计",再根据图 4-57、图 4-59、图 4-60 所示,将数据输入到对应的工作表中。

(3)新建一工作表,并重命名为"商品基本信息表"。

(4)选择【数据】选项卡,如图 4-62 所示,在【获取外部数据】选项组中单击【自文本】按钮,打开【导入文本文件】对话框,在对话框中选择文件的路径、文件名和文件类型。

(5)打开【文本导入向导】对话框,在【文本导入向导 – 第 1 步,共 3 步】对话框中,选择【分隔符号】单选按钮,并设定"导入起始行",这时,在预览文件处可以看到效果,单击【下一步】按钮。

(6)在弹出的【文本导入向导 – 第 2 步,共 3 步】对话框中,选择所需要的分隔符,或自己设置的分隔符,【连续分隔符号视为单个处理】复选框根据需要确定是否选择,分列的效果可以预览,如果不符合要求,可以重新选择分隔符,单击【下一步】按钮。

图 4-62 "获取外部数据"选项组

(7)弹出【文本导入向导 – 第 3 步,共 3 步】对话框,为列数据设置数据格式。只需要在【数据预览】中,选中需要设置数据格式的列,选择【列数据格式】,或者选择【不导入此列(跳过)】。这时,选择"供应商"列,在【列数据格式】中选择【不导入此列(跳过)】,然后单击【完成】按钮,如图 4-63 所示。

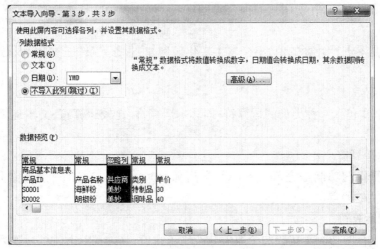

图 4-63 设置"不导入此列(跳过)"

（8）在弹出的【导入数据】对话框中选择导入数据的放置位置，可以是现存工作表的某个单元格，也可以新建一个工作表。这时再选择【现有工作表】的单选按钮，然后在文本框中输入"＝＄A＄1"，或选择"商品基本信息表"中A1单元格，最后单击【确定】即可完成文本文档的数据导入。

（9）和"商品基本信息表"的数据导入类似，将"折扣规则"导入到新建的"折扣规则"工作表中。

（10）保存工作簿。

任务二　进行折前金额的计算

在输入数据并完成格式化之后，就需要对表中的数据进行计算了。在本项目中，首先应对折前金额进行计算，再根据"折扣规则"表中折扣细则进行实际金额的计算。

一、相关知识

Excel 2010工作表中数据的分析和处理离不开公式和函数。公式是函数的基础，它是单元格中的一系列值、单元格引用、名称或运算符的组合，利用它们可以生成新的值。函数则是Excel预定义的内置公式，可以进行数学、文本、逻辑运算或者查找工作表的信息。

1. 公式的输入

公式输入时应先选定要放置结果的单元格，然后在其编辑栏中输入公式，也可以直接在该单元格中输入。首先选中要输入公式的单元格，然后输入等号后再输入公式内容；当公式内容引用单元格地址时，还可以利用鼠标直接点选公式中的单元格录入；公式输入完后按【Enter】键或单击编辑栏中的【输入】按钮确认。

2. 公式组成

在Excel 2010中，公式必须以"＝"开头，后面是参与计算的操作数和运算符。每个运算数据可以是常量、单元格或应用的单元格区域、标志、名称和函数等。运算符用来连接要运算的数据对象，并说明用哪种公式运算。

1）常量

常量就是不进行计算的值，不会发生变化。例如：业务人员"王磊"以及数量"317"等都是常量。

2）运算符

Excel 2010包含4种类型的运算符，即算术运算符、比较运算符、文本运算符、引用运算符。

A. 算术运算符

算术运算符的功能是完成基本的数学运算，如＋（加）、－（减）、＊（乘）、/（除）、%（百分比）、^（乘幂）等。

B. 比较运算符

比较运算符的功能是比较两个数值并产生逻辑值，真为TRUE，假为FALSE。比较运算符有＝（等于）、＞（大于）、＜（小于）、＞＝（大于等于）、＜＝（小于等于）、＜＞（不等于）。

C. 文本运算符

文本运算符是用"&"表示的,其功能是将两个数据内容首尾连接起来。如:"中国"&"重庆"的结果就是"中国重庆"。

D. 引用运算符

区域运算符":"(冒号):表示引用区域内连续的全部单元格。如"A3:D6",它表示引用以 A3 为左上角、D6 为右下角所围成的矩形单元格区域。

联合运算符","(逗号):表示引用多个区域内的全部单元格。如"A3:D5,E7:G9",它表示引用从 A3 到 D5 和 E7 到 G9 两个区域内的所有单元格。

交叉运算符(空格):表示引用两个或两个以上区域中交叉区域内的单元格,如"A2:B5　B3:E7",它表示 B3、B4 和 B5 三个单元格。

E. 运算符的优先级

如果公式中同时用到多个运算符,Excel 2010 将会依照运算符的优先级来一次完成运算。如果公式中包含相同优先级的运算符,如公式中同时包含乘法和除法运算符,则 Excel 将从左到右进行计算。Excel 中的运算符优先级如表 4-1 所示。

表 4-1　运算符优先级

运算符	说明
:(冒号),(逗号)　(空格)	引用运算符
-	负号
%	百分比
^	乘幂
*和/	乘和除
+和-	加和减
&	文本连接符
=　>　<　>=　<=　<>	关系运算符

注意:在所有运算符中,括号的优先级最高,在运算过程中使用括号可以改变运算的优先级。

3)单元格引用

单元格引用是一种从 Excel 中提取有关单元格数据的方法,引用的作用是标示工作表上的单元格或单元格区域,并指明公式中所使用的数据的位置。公式的灵活性正是通过单元格引用来实现的。Excel 单元格的引用分为相对引用、绝对引用和混合引用。

A. 相对引用

相对引用是由单元格行号和列标构成的单元格引用,如:A3、B6。如果某单元格中的公式用相对引用,在复制单元格的公式到新单元格中后,系统将根据移动的位置自动调节单元格中的相对引用。Excel 在默认情况下为相对引用。

如在 D5 单元格中包含公式" = B5 + C5",利用填充柄向下复制填充公式时,公式中的单元格引用将根据移动的位置发生相应的变化,即 D6 单元格的公式自动变为" = B6 + C6"。

B. 绝对引用

绝对引用是在行号和列标前都加"$"符号构成的单元格引用,如:$ A $ 3、$ B $ 6。其特点为:将公式复制到新位置后,公式中的绝对单元格引用不会随着公式位置的改变而发生变化,即永远照搬原来单元格的内容。如在 D5 单元格中包含公式" = $ B $ 5 + $ C $ 5",拖动填充后 D6 单元格中的公式仍然为" = $ B $ 5 + $ C $ 5"。

C. 混合引用

混合引用指同时使用相对引用和绝对引用,即在行号或列标前加"$"符号的引用,如 A $ 3 或 $ A3。当因为复制或插入而引起行、列变化时,公式的相对引用部分会随位置变化而变化,而绝对引用部分仍不变化。如在 D5 单元格中包含公式" = $ B5 + C $ 5",拖动填充后 F6 单元格中的公式为" = $ B6 + E $ 5"。

三种引用方式可以相互切换:在公式中用鼠标或键盘选定单元格引用的部分,通过功能键【F4】可以进行这三种引用方式间的切换。

D. 引用同一工作簿中其他工作表中的单元格

若要在同一工作簿的当前工作表的单元格中引用其他工作表中的单元格,应先输入被引用的工作表名和一个感叹号,然后再引用该工作表的单元格地址,具体格式如下:

工作表名!单元格地址

例如,将工作表 Sheet1 的 A1 单元格内容与 Sheet2 的 A1 单元格内容相乘,其结果放在 Sheet1 的 A2 单元格中,则在 Sheet1 的 A2 单元格中输入公式" = Sheet1!A1 * Sheet2!A1",即在工作表名与单元格引用之间用感叹号分开。

E. 引用不同工作簿中工作表中的单元格

要引用其他工作簿中的单元格,则要在引用不同工作表单元格的基础上,前面加上工作簿名,并用中括号括起来,格式如下:

[工作簿文件名]工作表名!单元格地址

例如,将工作簿 Book1 中工作表 Sheet 1 的 A1 单元格内容与工作簿 Book2 中 Sheet2 工作表的 A1 单元格内容相乘,其结果放在工作簿 Book3 中 Sheet1 的 A1 单元格,则在工作簿 Book3 中 Sheet1 的 A1 单元格中应该输入公式" = [Book1] Sheet1!A1 * [Book2] Sheet2!A1"。

二、操作步骤

(1)打开"第一季度商品销售统计账簿",点击"销售统计表"工作表标签,使其成为当前活动工作表;

(2)选中 G3 单元格,输入公式" = E3 * F3",按【Enter】键;

(3)选中 G3 单元格,当鼠标处于填充柄状态时,如图 4-64 所示,拖动鼠标向下填充至 G22 单元格。

单价	数量	折前金额	实际
31	317	=E3*F3	
21	246		

图 4-64 计算折前金额

任务三　使用函数计算"销售统计表"

通过直接输入公式的方法计算折前金额之后,我们可以使用 Excel 提供的函数来计算"销售统计表"工作表中的各项数据。

一、相关知识

1. 函数的组成

Excel 提供了很多函数,可完成许多不同类型的计算,扩展了公式的功能。例如,在 C5 单元格中对一组单元格的内容求和,可以采用一般的公式" = C1 + C2 + C3 + C4",也可以利用求和函数" = SUM（C1：C4）"。

函数一般分两部分:函数名和参数表。其中,函数名由 Excel 提供,不区分大小写;参数表用一对括号括起来,包括函数计算所需要的数据,参数之间用英文逗号分隔。注意:使用函数时,括号必须成对出现,括号和函数名及参数之间无空格和其他字符。

2. 函数的分类

常用的 Excel 函数类型有数学与三角函数、财务、日期与时间、统计、查找与引用、文本、逻辑、数据库、信息等。各函数具体使用方法可参照 Excel 帮助信息查看。

3. 常用函数

1）求和函数

SUM（参数1,参数2,…）:求各参数的累加和。

2）求平均值函数

AVERAGE（参数1,参数2,…）:算术平均值函数,求各参数的算术平均值。

3）求最大值或最小值函数

MAX（参数1,参数2,…）和 MIN（参数1,参数2,…）函数:分别求各参数中最大值和最小值。

4）条件函数

IF（逻辑表达式,表达式1,表达式2）:若参数"逻辑表达式"的值为真,函数返回值为"表达式1"的值,否则为"表达式2"的值。

5）计数函数

COUNT（参数1,参数2,…）:求各参数中"数值型"数据的个数。

COUNTA（参数1,参数2,…）:求各参数中"非空"单元格的个数。

COUNTBLANK（参数1,参数2,…）:求各参数中"空"单元格的个数。

COUNTIF（条件数据区域,条件）:统计"条件数据区域"中满足给定"条件"的单元格个数。

COUNTIFS（条件数据区域1,条件1,条件数据区域2,条件2,…）:求满足多个条件的单元格个数。

提示:若对一个以上的"条件"统计单元格的个数,还可用数据库函数 DCOUNT 或 DCOUNTA 实现。

6）条件求和函数

SUMIF（条件数据区域,条件［,求和数据区域］）:在"条件数据区域"查找满足"条件"的单元格,计算满足条件的单元格对应于"求和数据区域"中数据的累加和;如果"求和数据区域"省略,求"条件数据区域"满足条件的单元格中的数据累加和。

7)条件平均值函数

AVERAGEIF(条件数据区,条件 [,求平均数据区]):在"条件数据区"查找满足"条件"的单元格,计算满足条件的单元格对应于"求平均数据区"中数据的累加和;如果"求平均数据区"省略,求"条件数据区"满足条件的单元格中的数据累加和。

8)取整函数

INT(数值型参数):返回小于等于该数值型参数的最大整数。

9)舍入函数

ROUND(数值型参数,n):返回对数值型参数进行四舍五入到第 n 位的近似值。

当 $n > 0$ 时,对数据的小数部分从左到右的第 n 位四舍五入。

当 $n = 0$ 时,对数据的小数部分最高位四舍五入取数据的整数部分。

当 $n < 0$ 时,对数据的整数部分从右到左的第 n 位四舍五入。

10)文本函数

LEFT(文本型参数,n):从"文本型参数"左侧第一个字符开始提取 n 个字符。

RIGHT(文本型参数,n):从"文本型参数"右侧第一个字符开始提取 n 个字符。

MID(文本型参数,$n1$,$n2$):从"文本型参数"左侧第 $n1$ 个字符开始提取 $n2$ 个字符。

4.函数的输入

1)自动求和和快捷功能

在数学和统计函数中,最为常用的函数有求和、平均值、计数、最大值和最小值。Excel将这些最为常用的函数组织在【公式】选项卡【函数库】选项组(或者在【开始】选项卡【编辑】选项组)【自动求和】快速访问按钮中,便于使用。

2)【插入函数】对话框

除自动求和快捷功能外,Excel还提供了"插入函数"向导功能,按照向导提示可以完成各函数功能,方法如下:

如图 4-65 所示,在【公式】选项卡中,单击【函数库】选项组中的【插入函数】按钮,或者直接单击编辑栏的【插入函数】按钮,按【插入函数】对话框的提示信息进行操作即可,如图 4-66 所示。

图 4-65 【公式】选项卡中的【函数库】选项组

若用户对函数的使用格式非常清楚,则可以直接用键盘自行输入函数,输入方式类似公式,单击要输入函数的单元格,输入" = "后,再输入函数名和参数表,最后按【Enter】键即可。

图 4-66　【插入函数】对话框

5. 错误信息

在单元格中输入或编辑公式,有时会出现错误的信息,错误值通常以"#"开头,出现错误值的几种原因如表4-2 所示。

表4-2　错误信息表

错误值	出错原因
#####!	输入的数值或日期数据超过列宽
#N/A!	在函数或公式中没有可用数值
#NAME!	在公式中使用 Excel 不能识别的文本
#DIV/0!	被除数为 0
#NULL!	交集为空
#NUM!	公式或函数中使用了无效的数值
#VALUE!	不正确的参数或运算符
#REF	单元格无效引用

二、操作步骤

(1)计算"实际金额":根据"第一季度商品销售统计账簿"的各表之间的关系,"实际金额"须按照"折扣规则"工作表中的销售类型对应的"折扣"乘以"折前金额"来计算。具体操作如下:选择"销售统计表"中的 H3 单元格,在编辑栏中输入公式" = IF(D3 = " 店面" ,95% , IF(D3 = " 网络" ,92% , IF(D3 = " 电话" ,90% ,98%))) ∗ G3",然后按【Enter】键。再选择 H3 单元格,拖动右下角的填充柄到 H22 即可。

(2)根据"销售类型"计算"销售金额":选择"销售统计表"中 L3 单元格,单击【公式】—【函数库】—【数学和三角函数】—【SUMIF】,弹出 SUMIF 函数的【函数参数】对话框,如图 4-67 所示,在【Range】中输入"$ D $ 3 : $ D $ 22",在【Criteria】中输入"L2",在【Sum_range】中输入"$ H $ 3 : $ H $ 22",单击【确定】。

图 4-67 使用 SUMIF 函数计算"销售金额"

（3）根据"销售类型"计算"销售量"：选择"销售统计表"中 L4 单元格，计算方法同计算"销售金额"一样，只是将【Sum_range】中的输入改为"$ F $ 3：$ F $ 22"。

（4）根据"销售类型"计算"平均销售额"：选择 L5 单元格，单击【公式】—【函数库】—【其他】—【统计】—【AVERAGEIF】，弹出 AVERAGEIF 的【函数参数】对话框，如图 4-68 所示，在【Range】中输入"$ D $ 3：$ D $ 22"，在【Criteria】中输入"L2"，在【Average_range】中输入"$ H $ 3：$ H $ 22"，单击【确定】。

图 4-68 使用 AVERAGEIF 函数计算"平均销售额"

（5）根据"销售类型"计算"平均销售量"：选择 L6 单元格，在编辑栏中输入" = AVERAGEIF($ D $ 3：$ D $ 22,L2,$ F $ 3：$ F $ 22)"，按【Enter】键。

（6）选择 L3：L6 单元格区域，拖动右下角的填充柄到 O3：O6 单元格区域，并设置 L3：O6单元格区域数值保留 1 位小数。

（7）计算在销售数量范围内的"订单数"：

①销售数量在"0～149"订单数：选择 L7 单元格，单击编辑栏左侧的【插入函数】按钮，在【插入函数】对话框的【或选择类别】中选择【统计】，在【选择函数】中选择条件计数函数【COUNTIF】，单击【确定】；在 COUNTIF 函数的【函数参数】对话框【Range】中输入"F3：F22"，在【Criteria】中输入" < = 149"，单击【确定】。同理，"300 以上"数量范围的订单数也用相似的公式进行计算。

②销售数量在"150～299"订单数：选择 L8 单元格，单击【公式】—【函数库】—【插入函数】，在【插入函数】对话框的【或选择类别】中选择【统计】，在【选择函数】中选择【COUNTIFS】，单击【确定】；如图 4-69 所示，在 COUNTIFS 函数的【函数参数】对话框【Criteria_range1】中输入"F3：F22"，【Criteria1】中输入" > = 150"，【Criteria_range2】中输

入"F3：F22"，【Criteria2】中输入"＜＝299"，单击【确定】。

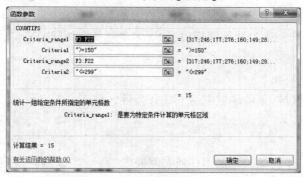

图 4-69　使用 COUNTIFS 函数计算订单数

（8）计算"销售总量"：选择 L10 单元格，单击【公式】—【函数库】—【自动求和】，在 L10 单元格即显示函数"＝SUM（L3：O9）"，将"L3：O9"改为"F3：F22"，按【Enter】键。

（9）计算"最大销售量"：选择 L11 单元格，单击【公式】—【函数库】—【自动求和】—【最大值】，在 L11 单元格中即显示函数"＝MAX（L3：O10）"，将"L3：O10"改为"F3：F22"，按【Enter】键。同理，"最小销售量"也用相似的公式进行计算。

（10）保存工作簿。计算结果如图 4-70 所示。

销售情况分析表

		店面	网络	电话	邮购
	销售金额	23736.9	21436.4	16564.3	37431.7
	销售量	1176.0	1028.0	948.0	1193.0
	平均销售额	4747.4	4287.3	3312.9	7486.3
	平均销售量	235.2	205.6	189.6	238.6
销售数量范围内的订单数	0~149	4			
	150~299	15			
	300以上	1			
	销售总量	4345			
	最大销售量	317			
	最小销售量	104			

图 4-70　"销售情况分析表"计算结果

任务四　使用函数计算"按业务人员统计"和"按商品类型统计"表数据

本项目除"销售统计表"外，还需要计算"按业务人员统计"和"按商品类型统计"工作表数据来进行销售情况统计。

一、相关知识

1. 查找与引用函数

LOOKUP（查找关键字，查找区域，查询结果区域）：根据"关键字"在"查找区域"中查找是否存在，若存在将返回对应的"查询结果"。

2. 排位函数

RANK. EQ(要找到其排位的数字,数字列表的数组,[排位方式]):返回一列数字的数字排位。其大小与列表中其他值相关;如果多个值具有相同的排位,则返回该组值的最高排位。

3. 多条件求和函数

SUMIFS(求和区域,条件区域1,条件1,[条件区域2,条件2]…):计算其满足多个条件的全部参数的总量。

二、操作步骤

(1)在"销售统计表"的"产品ID"列右侧插入"商品类型"列:指向C列右击鼠标,在弹出的快捷菜单中选择【插入】命令,即可完成插入新列,然后在C2单元格中输入文本"商品类型"。

(2)根据"产品ID"将对应的"商品类型"填入到C3: C22单元格区域中:选择C3单元格,单击【公式】—【函数库】—【插入函数】,在【插入函数】对话框的【或选择类别】中选择【查找与引用】,在【函数选择】中选择【VLOOKUP】,在VLOOKUP【函数参数】对话框的【Lookup_value】中输入"B3",在【Table_array】中输入"商品基本信息表! $A$2:$D$22",在【Col_index_num】中输入"3",单击【确定】,如图4-71所示。再选择C3单元格,拖动右下角的填充柄到C22。

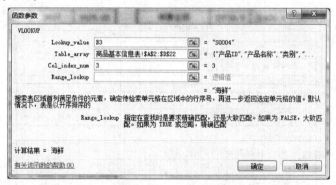

图4-71　使用VLOOKUP函数查找商品类型

(3)定义名称:选中"销售统计表"中的I3: I22单元格区域,单击【公式】—【定义的名称】—【定义名称】,打开【新建名称】对话框,如图4-72所示,在【名称】中输入"实际金额",单击【确定】。

(4)计算"按业务人员统计实际销售额汇总":点击"按业务人员统计"工作表标签,使其成为当前活动工作表;选择B2单元格,在其编辑栏中输入" = SUMIF(销售统计表! $D$3:$D$22,按业务人员统计! A2,第一季度商品销售统计账簿. xlsx! 实际金额)",按【Enter】键。再选择B2单元格,拖动右下角的填充柄到B6。

(5)计算业务人员的销售排名:选择C2单元格,单击【公式】—【函数库】—【其他函数】—【统计】—【RANK. EQ】,在RANK. EQ的【函数参数】对话框的【Number】中输入"B2",在【Ref】中输入"$B$2:$B$6",单击【确定】。再选择C2,拖动右下角的填充柄到C6。

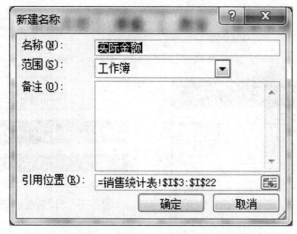

图 4-72　定义名称

（6）计算"按商品类型统计实际金额汇总"：点击"按商品类型统计"工作表标签，使其成为当前活动工作表；选择 C2 单元格，单击【公式】—【函数库】—【数学和三角函数】—【SUMIFS】，在 SUMIFS 的【函数参数】对话框的【Sum_range】中输入"实际金额"，在【Criteria_range1】中输入"销售统计表！$ C $ 3: $ C $ 22"，在【Criteria1】中输入"$ A $ 2"，在【Criteria_range2】中输入"销售统计表！$ D $ 3: $ D $ 22"，在【Criteria2】中输入"B2"，单击【确定】，如图 4-73 所示。再选择 C2，拖动右下角的填充柄到 C6。

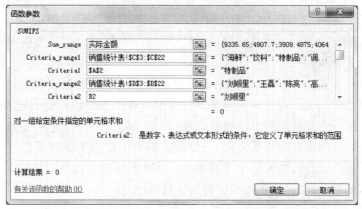

图 4-73　使用 SUMIFS 函数按商品类型计算实际金额汇总

（7）计算商品类型为调味品的订单数目：选择 C8 单元格，在其编辑栏中输入" = COUNTIF（销售统计表！C3: C22,"调味品"）"，按【Enter】键。

（8）根据"订单号"显示其业务人员和实际金额：单击编辑栏左侧的【插入函数】按钮，在【插入函数】对话框的【或选择类别】中选择【查找与引用】，在【选择函数】中选择【VLOOKUP】，单击【确定】；在 VLOOKUP 的【函数参数】对话框的【Lookup_value】中输入"A11"，在【Table_array】中输入"销售统计表！$ A $ 2: $ I $ 22"，在【Col_index_num】中输入"4"，单击【确定】。同理，"实际金额"也用相似公式进行计算。计算结果如图 4-74、图 4-75 所示。

经销商	实际销售额汇总	排名
刘顺里	22249.711	2
王磊	17077.685	3
陈亮	14182.5695	4
高慧如	11867.332	5
龚盈琳	33792.02	1

图 4-74 "按业务人员统计"计算结果

商品类型	业务人员	实际金额汇总
特制品	刘顺里	0
	王磊	4122.225
	陈亮	3909.4875
	高慧如	0
	龚盈琳	0

商品类型为调味品的订单数目	10

输入订单号	业务人员	实际金额
E0031	刘顺里	9335.65

图 4-75 "按商品类型统计"计算结果

任务五 创建"按业务人员统计实际销售额图表"并添加迷你图

为了更形象地比较业务人员的销售情况,需要创建"按业务人员统计实际销售额图表"来查看各业务人员的销售比重。

一、相关知识:迷你图

迷你图是 Microsoft Excel 2010 的一个新功能,它是工作表单元格中的一个微型图表,可提供数据的直观表示。使用迷你图可以显示一系列数值的趋势(例如,季节性增加或减少、经济周期),或者可以突出显示最大值和最小值。在数据旁边放置迷你图可达到最佳效果。

由于迷你图是一个嵌入在单元格中的微型图表,因此可以在单元格中输入文本并使用迷你图作为其背景。

可以通过从样式库(使用在选择一个包含迷你图的单元格时出现的【设计】选项卡)选择内置格式来向迷你图应用配色方案,可以使用【迷你图颜色】或【标记颜色】命令来选择高值、低值、第一个值和最后一个值的颜色(例如,高值为绿色,低值为黄色)。

虽然行或列中呈现的数据很有用,但很难一眼看出数据的分布形态。通过在数据旁边插入迷你图可为这些数据提供上下文参考。迷你图可以通过清晰简明的图形表示方法显示相邻数据的趋势,而且迷你图只需占用少量空间。

Excel 2010 中可以快速查看迷你图与其基本数据之间的关系,而且当数据发生更改时,可以立即在迷你图中看到相应的变化。除为一行或一列数据创建一个迷你图外,还可以通过选择与基本数据相对应的多个单元格来同时创建若干个迷你图;还可以通过在包含迷你图的相邻单元格上使用填充柄,为以后添加的数据行创建迷你图。

二、操作步骤

(1)单击"按业务人员统计"工作表标签,使其成为活动工作表;选择 A1:B6 单元格区域,单击【插入】—【图表】—【饼图】—【分离型三维饼图】;单击图表标题,将标题改为"业务人员实际销售额汇总",然后单击【图表工具】—【布局】—【标签】—【数据标签】—【其他数据标签选项】,打开【设置数据标签格式】对话框,如图 4-76 所示,勾选【标签包括】中的【百分比】,单击【关闭】按钮。

（2）添加迷你图：选择 B7 单元格，单击【插入】—【迷你图】—【折线图】，弹出【创建迷你图】对话框，如图 4-77 所示，在【数据范围】中输入"B2：B6"，单击【确定】，效果如图 4-78所示。

图 4-76 在饼图中显示"百分比"的数据标签

图 4-77 创建迷你图

经销商	实际销售额汇总	排名
刘顺里	22249.711	2
王磊	17077.685	3
陈亮	14182.5695	4
高慧如	11867.332	5
龚盈琳	33792.02	1
迷你图		

图 4-78 "业务人员实际销售额汇总"迷你图和图表

【项目拓展】

拓展一 制作"新兴公司 5 月工资账簿"

1. 新建一个名为"新兴公司 5 月工资账簿"的工作簿文件，将"Sheet1"工作表改名为"5 月工资表"，如图 4-79 所示，输入相应数据内容和设置格式。

序号	姓名	入职时间	工龄	基本工资	岗位工资	工龄工资	保险	补贴	绩效奖金	全勤奖金	应发工资	扣税	实发工资
					新兴公司5月工资表								
1	刘强	2002/8/9		2500	1500		750	100	3500				
2	刘海浪	2004/8/4		2500	1000		750	100	3000				
3	张灿云	2005/7/9		1400	800		320	100	2000				
4	李松梅	2005/10/21		1800	800		350	100	2000				
5	谢川霖	2007/3/26		2000	500		350	100	1800				
6	万志庸	2008/7/14		1900	500		320	100	1800				
7	高慧如	2009/9/21		2000	1000		650	100	1500				
8	龚盈琳	2011/8/4		2500	300		400	100	1000				
9	郭聪聪	2013/4/7		1500	100		200	100	1700				
10	莫逆霜	2014/5/12		1000	100		150	100	1500				

图 4-79 "5 月工资表"原始数据和格式

2. 将"Sheet2"改名为"考勤奖金表",输入图4-80所示的基本数据以及设置相应格式;利用条件格式设置 C3:AG10 单元格区域中病假"B"用加粗红色文字、"紫色,强调文字颜色4,淡色40%"背景显示;事假"S"用加粗绿色文字,黄色背景显示;旷工"K"用加粗紫色文字、红色背景显示。

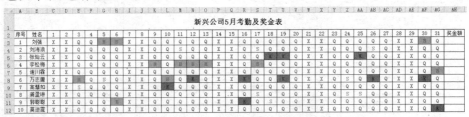

图 4-80 "考勤奖金表"原始数据和格式

3. 将"Sheet3"改名为"工龄工资标准",输入图4-81所示数据和设置相应格式。

4. 插入一张新工作表,重命名为"个税计算标准",输入图4-82所示数据和设置相应格式。

工龄工资标准

工龄	月工龄工资
2	50
3	100
4	150
5	180
6	210

备注:在公司连续工作满四年以上,今后每增加一年,月工龄工资相应增加30

图 4-81 "工龄工资标准"原始数据

个人所得税纳税范围

级数	全月应纳税所得额	税率(%)	速算扣除数
1	<=1500	3	0
2	1500～4500	10	105
3	4500～9000	20	555
4	9000～35000	25	1,005
5	35000～55000	30	2,755
6	55000～80000	35	5,505
7	>80000	45	13,505

图 4-82 "个税计算标准"原始数据

5. 打开"考勤奖金表",利用 COUNTIF 函数和 IF 函数计算"奖金额"。计算规则:一个月奖金基数为500元,全月出勤(Q)的不扣奖金,病假(B)1天扣20元,事假(S)一天扣40元,旷工(K)一天扣80元,扣完为止。将AH3:AH12单元格区域复制,然后粘贴链接到"5月工作表"的K3:K12单元格区域中。

6. 打开"5月工资表",利用 YEAR 函数和 TODAY 函数计算工龄。

7. 根据"工龄工资标准",利用 IF 函数计算"工龄工资"。

8. 利用自动求和按钮计算"应发工资"。

9. 根据"个税计算标准",利用 IF 函数计算"扣税",并计算"实发工资"。

10. 保存文件。

拓展二 计算指定日期为星期几

1. 建立一个新工作簿文件,输入如图4-83所示数据。

2. 利用 WEEKDAY 函数和 CHOOSE 函数计算指定日期是一周中的星期几。

3. 以"日期转换星期"为名保存文件。

	A	B
1	日期	星期
2	2016/5/6	
3	2016/5/7	
4	2016/5/8	
5	2017/5/9	
6	2017/5/10	
7	2017/5/11	
8	2018/5/12	
9	2018/5/13	
10	2018/5/14	

图 4-83　计算出指定日期的星期

子项目三　"第一季度商品销售统计表"数据分析

【项目描述】

本项目是子项目二的后续项目,商品销售统计账簿制作完成之后,还需要对销售数据进行分析统计。本项目需要使用 Excel 的排序、筛选、分类汇总和透视表等数据处理方法来进行比较,查看和分析业务人员和商品的销售情况,以利于以后业务的开展。

本项目的基本数据及格式效果如图 4-84 所示。

	A	B	C	D	E	F	G	H	I
1	2016年某超市第一季度销售统计表								
2	订单编号	产品ID	商品类型	业务人员	销售类型	单价	数量	折前金额	实际金额
3	E0031	S0004	海鲜	刘顺里	店面	31.0	317	9827.0	9335.7
4	E0032	S0005	饮料	王磊	店面	21.0	246	5166.0	4907.7
5	E0033	S0008	特制品	陈亮	店面	23.3	177	4115.3	3909.5
6	E0034	S0009	调味品	高慧如	店面	15.5	276	4278.0	4064.1
7	E0035	S0012	调味品	龚盈琳	店面	10.0	160	1600.0	1520.0
8	E0036	S0013	调味品	刘顺里	网络	22.0	149	3278.0	3015.8
9	E0037	S0014	调味品	王磊	网络	21.4	280	5978.0	5499.8
10	E0038	S0015	调味品	陈亮	网络	25.0	185	4625.0	4255.0
11	E0039	S0016	点心	高慧如	网络	17.5	252	4397.4	4045.6
12	E0040	S0004	海鲜	龚盈琳	网络	31.0	162	5022.0	4620.2
13	E0041	S0005	饮料	刘顺里	电话	21.0	206	4326.0	3893.4
14	E0042	S0008	特制品	王磊	电话	23.3	197	4580.3	4122.2
15	E0043	S0009	调味品	陈亮	电话	15.5	147	2278.5	2050.7
16	E0044	S0012	调味品	高慧如	电话	10.0	128	1280.0	1152.0
17	E0045	S0013	调味品	龚盈琳	电话	22.0	270	5940.0	5346.0
18	E0046	S0014	调味品	刘顺里	邮购	21.4	287	6127.5	6004.9
19	E0047	S0015	调味品	王磊	邮购	25.0	104	2600.0	2548.0
20	E0048	S0016	点心	陈亮	邮购	17.5	232	4048.4	3967.4
21	E0049	S0019	点心	高慧如	邮购	9.2	289	2658.8	2605.6
22	E0050	S0020	点心	龚盈琳	邮购	81.0	281	22761.0	22305.8

图 4-84　"销售统计表"基本数据及格式效果

本项目包括以下几个任务:

1. 按业务人员排序;

2. 使用自动筛选查看销售情况;

3. 使用高级筛选分析统计销售情况;

4. 分类汇总商品类型的销售总量;

5. 创建数据透视表和透视图。

任务一　按"业务人员"进行排序

本项目的数据表来源于子项目二的销售统计表,完成数据计算后,还要对数据进行排序,便于查看"业务人员"的销售情况。

一、相关知识

数据排序是指按照一定的规则对数据进行重新排列,有助于快速直观地显示数据并更好地理解数据,有助于组织并查找所需数据,有助于最终做出更有效的决策,是数据分析不可缺少的组成部分。Excel 中可以对一列或多列数据按文本(升序或降序)、数字(升序或降序)及日期和时间(升序或降序)进行排序,还可以按自定义序列(如星期一、星期二、星期三……)或格式(包括单元格颜色、字体颜色或图标集)进行排序。排序操作可以按行,也可以按列进行,默认按列进行排序。英文字母按字母次序(默认不区分大小写)排序,汉字可按笔画或拼音排序。默认的排序次序如下。

升序:按字母从前到后、数字由小到大、日期从早到晚的顺序对插入点所在列中的选定项目排序。

降序:按字母从后到前、数字由大到小、日期从晚到早的顺序对插入点所在列中的选定项目排序。

1. 单列排序

单列排序是指对单一字段按升序或降序排列,一般选中工作表所需排序的任意单元格,直接在【数据】选项卡中,利用【排序和筛选】选项组中的升降序排序按钮就可以快速地实现排序操作。

若要进行比较复杂的单列排序,则需要打开【排序】对话框进行设置,具体步骤如下:

(1)先选中参与排序的数据区域。

(2)在【数据】选项卡的【排序和筛选】组中,单击【排序】按钮,或选择【开始】选项卡,单击【编辑】选项组中的【排序和筛选】下拉按钮,从打开的下拉列表中选择【自定义排序】命令。

(3)在打开的【排序】对话框中设置主要关键字的相关排序列、排序依据和次序方式,如图 4-85 所示。

图 4-85　单列【排序】对话框

①在【列】下的【主要关键字】框中,选择要排序的列。

②在【排序依据】下,选择排序类型。按文本、数字或日期和时间依据排序,应选择"数值"排序类型。

③在【次序】下选择排序方式(升序或降序)。

(4)单击【确定】按钮,完成排序操作。

若要在更改数据后重新应用排序,则单击区域或表中的某个单元格,然后在【数据】选项卡的【排序和筛选】组中单击【重新应用】。

2. 多列排序

当单列排序后仍有相同的数据时,可使用多列排序,这时要利用"排序"对话框进行排序,具体操作步骤如下:

(1)选择具有两列或更多列数据的单元格区域,或者确保活动单元格在包含两列或更多列的表中。

(2)在【数据】选项卡的【排序和筛选】组中,单击【排序】按钮,或选择【开始】选项卡,单击【编辑】选项组中的【排序和筛选】下拉按钮,从打开的下拉列表中选择【自定义排序】命令。

(3)在打开的【排序】对话框中设置主要关键字的相关排序列、排序依据和次序方式,如图4-86所示。

图4-86 多列【排序】对话框

(4)单击【添加条件】按钮,设置次要关键字的相关排序列、排序依据和次序方式。若要复制作为排序依据的列,则选择该条目,然后单击【复制条件】;若要删除作为排序依据的列,则选择该条目,然后单击【删除条件】;若要更改列的排序顺序,则选择一个条目,然后单击【向上】或【向下】箭头更改顺序。

(5)单击【确定】按钮,完成排序操作。

3. 按单元格颜色、字体颜色或图标排序

如果按单元格颜色或字体颜色手动或有条件地设置了单元格区域或行、列的格式,则可以按这些颜色进行排序,还可以按通过应用条件格式创建的图标集进行排序。具体操作步骤如下:

(1)选择单元格区域中的一列数据,或者确保活动单元格在表列中。

(2)在【数据】选项卡的【排序和筛选】组中,单击【排序】,打开【排序】对话框,如图4-87所示。

图 4-87　按单元格颜色、字体颜色或图标排序对话框

①在【列】下的【主要关键字】框中,选择要排序的列。

②在【排序依据】下,选择排序类型(单元格颜色、字体颜色、单元格图标)。

③在【次序】下,单击按钮旁边的箭头,然后根据格式的类型选择单元格颜色、字体颜色或单元格图标。若要将单元格颜色、字体颜色或图标移到顶部或左侧,则选择【在顶端】(对于列排序)或【在左侧】(对于行排序)。若要将单元格颜色、字体颜色或图标移到底部或右侧,请选择【在底端】(对于列排序)或【在右侧】(对于行排序)。

若要指定作为排序依据的下一个单元格颜色、字体颜色或图标,则单击【添加条件】,然后重复上述步骤。确保在【排序依据】框中选择同一列,并且在【次序】下进行同样的选择。对要包括在排序中的每个其他单元格颜色、字体颜色或图标重复上述步骤。

④最后单击【确定】按钮即可。

4. 按自定义列表排序

可以使用自定义列表按用户定义的顺序排序,具体操作步骤如图 4-88 所示。

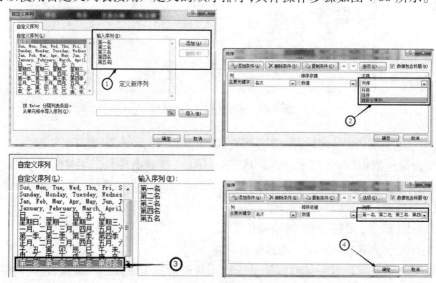

图 4-88　按自定义排序

(1)创建自定义列表。

(2)选择单元格区域中的一列数据,或者确保活动单元格在表列中。

(3)在【数据】选项卡的【排序和筛选】组中,单击【排序】。

（4）在【列】下的【主要关键字】或【次要关键字】框中,选择要按自定义列表排序的列。

（5）在【次序】下选择【自定义序列】,在【自定义序列】对话框中选择所需的列表。

（6）单击【确定】。

5. 排序数据区域的选择

在实际数据处理过程中,工作表中的数据区域可能不是规则的数据清单,因此在进行排序前必须选择好参与排序的符合数据清单要求的区域。如果选定的数据清单内容没有包含所有的列,Excel 会弹出"排序警告"对话框,可选择【扩展选定区域】或【以当前选定区域排序】。如果选中【扩展选定区域】,Excel 自动选定数据清单的全部内容;如果选中【以当前选定区域排序】,Excel 将只对已选定的区域排序,未选定的区域不变。

二、操作步骤

（1）打开项目二中的"第一季度商品销售统计账簿"工作簿文件,将"销售统计表"工作表复制到新建的"第一季度商品销售分析.xlsx"工作簿中,并重命名为"商品销售分析"。

（2）选择"商品销售分析"工作表中的 A2:I22 单元格区域,单击【开始】—【编辑】—【排序和筛选】—【自定义排序】,打开【排序】对话框;

（3）在【排序】对话框中的【列】下的【主要关键字】框中,选择"业务人员"列,在【排序依据】下,选择"数值"排序类型,在【次序】下选择"升序",单击【确定】按钮。

任务二　用自动筛选查看商品销售情况

通过自动筛选可以查看满足不同条件的销售数据。

一、相关知识

数据筛选是指在数据清单中快速找到并显示满足条件的数据,而将不满足条件的数据暂时隐藏起来。Excel 提供了自动和高级两种筛选方式。

使用自动筛选来筛选数据,可以快速又方便地查找和使用单元格区域或表中数据的子集,可以筛选查看指定的值、顶部或底部的值,或者快速查看重复值。

自动筛选可以创建三种筛选类型:按值列表、按格式或按条件。对于每个单元格区域或列表来说,这三种筛选类型是互斥的,因此自动筛选一般适用于简单条件筛选。具体操作步骤如下。

选中工作表数据区域内任意单元格,选择【数据】选项卡,单击【排序和筛选】选项组中的【筛选】按钮,如图 4-89 所示,或选择【开始】选项卡,单击【编辑】选项组中的【排序和筛选】下拉按钮,从打开的下拉列表框中选择【筛选】命令,进入筛选状态。此时在所需筛选的字段名右下角出现筛选下拉箭头按钮,如图 4-90 所示。

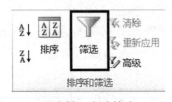

图 4-89　自动筛选

图 4-90　自动筛选状态

单击筛选下拉箭头按钮,在打开的下拉列表框中选择所要筛选的条件,即可完成筛选。一旦应用了筛选,列标题中的图标就呈现"筛选"按钮 ，表示已应用筛选;下拉箭头 表示已启用但是未应用筛选。

在自动筛选下拉列表框中,提供升序排列、降序排列、按颜色排序,并可针对不同数据列的数据格式显示不同的菜单项。下面分类说明。

1. 按单元格颜色、字体颜色或图标集进行筛选

如果已手动或有条件地按单元格颜色或字体颜色设置了单元格区域的格式,可以选择"按颜色筛选",然后根据格式类型选择"按单元格颜色筛选"、"按字体颜色筛选"或"按单元格图标筛选"进行筛选。

2. 文本筛选

如图 4-91 所示,从文本值列表中选择或清除一个或多个要作为筛选依据的文本值;也可以使用【搜索】框输入要搜索的数据;还可以指向【文本筛选】,然后单击一个比较运算符命令,或单击【自定义筛选】。

3. 数字筛选

在数字列表中选择或清除一个或多个要作为筛选依据的数字,也可以使用【搜索】框输入要搜索的数据,如图 4-92 所示。

图 4-91 "文本筛选"选项

图 4-92 "数字筛选"选项

指向【数字筛选】,单击一个比较运算符命令,可以进行数据范围条件的筛选;选择【10 个最大的值】,如图 4-93 所示,在【自动筛选前 10 个】对话框中,可以筛选最大或最小数字;单击【高于平均值】或【低于平均值】选项,可以筛选平均数以上或以下的数字。

4. 日期筛选

在日期或时间列表中,选择或清除一个或多个要作为筛选依据的日期或时间,也可以使用【搜索】框输入要搜索的数据。

指向【日期筛选】,单击一个比较运算符命令,可以筛选某个日期范围的数据;单击一个预定义的日期命令("今天""下个月""明年"等),则可实现动态筛选。

5. 自定义筛选

在文本、数字、日期子菜单中选择【自定义筛选】,还可以打开【自定义自动筛选方式】对话框,如图 4-94 所示,进一步自定义筛选条件,以及它们之间的"与""或"关系。

图 4-93 【自动筛选前 10 个】对话框　　　　图 4-94 【自定义自动筛选方式】对话框

6. 筛选空或非空值

若要筛选非空值,在值列表顶部的自动筛选菜单中,选中【(全选)】复选框,然后在值列表的底部清除【(空白)】复选框。

若要筛选空值,在值列表顶部的自动筛选菜单中,清除【(全选)】复选框,然后在值列表的底部选中【(空白)】复选框。

7. 清除和退出筛选

可以清除对特定列的筛选或清除所有筛选。

1) 清除对列的筛选

若要在多列单元格区域或表中清除对某一列的筛选,可单击该列标题上的"筛选"按钮 ，然后单击【从＜字段名＞中清除筛选】。

2) 清除工作表中的所有筛选并重新显示所有行

在【数据】选项卡上的【排序和筛选】组中,单击【清除】,或利用【编辑】选项组【排序与筛选】中的【清除】命令,即可取消筛选。

3) 退出筛选

对已筛选后的数据表,再次单击【数据】选项卡【排序和筛选】选项组中的【筛选】按钮,或利用【编辑】选项组【排序与筛选】中的【筛选】命令,即可退出筛选状态,恢复数据原有显示状态。

二、操作步骤

(1) 选择"商品销售分析"工作表中 A2:I22 单元格区域,单击【开始】—【排序和筛选】—【筛选】,在第 2 行的每个单元格右下角显示自动筛选按钮。

(2) 查看"网络"销售类型的销售情况:单击 E2 单元格右下角自动筛选按钮,取消【(全选)】,勾选【网络】,单击【确定】按钮。如图 4-95 所示。

(3) 查看销售数量最高的 5 个订单:单击 G2 单元格右下角自动筛选按钮,选择【数字筛选】—【10 个最大的值】,弹出【自动筛选前 10 个】对话框,如图 4-96 所示,在中间的变数框中输入"5",单击【确定】。

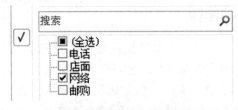

图 4-95 查看"网络"销售情况　　　　图 4-96 查看销售数量最高的 5 个订单

（4）查看销售数量在 200～300 的调味品商品信息：单击 G2 单元格右下角自动筛选按钮，选择【数字筛选】—【介于】，弹出【自定义自动筛选方式】对话框，在"大于或等于"变数框中输入"200"，在"小于或等于"变数框中输入"300"，单击【确定】；然后单击 C2 单元格右下角自动筛选按钮，勾选【调味品】，单击【确定】。

任务三 用高级筛选分析商品销售情况

自动筛选只适合一些简单条件，当条件复杂时，就需要使用高级筛选来完成数据查询工作。本项目需要查询调味品的网络销售量在 150～300 及业务人员王磊的销售额在3000 以上的销售信息。

一、相关知识

自动筛选是对单个字段建立筛选，多字段之间的筛选只能是逻辑"与"关系。自动筛选能满足大部分要求，当要筛选出满足多个约束条件或更复杂的"与""或"条件的记录时，就要用到高级筛选。

进行高级筛选，除要选择设置有效数据表区域外，还需要建立并选定条件区域，因此在使用【高级筛选】命令前，必须先为其建立一个条件区域。建立条件区域的步骤如下：

（1）条件区域与数据清单不能相连接，至少隔开 1 行或 1 列的空白区域，以建立条件输入区；

（2）在条件区域输入或复制粘贴好筛选条件涉及的字段名称；

（3）在条件区域对应字段正下方的单元格中输入筛选条件。

提示：条件区域至少两行，且首行是所有与筛选条件相关的字段名，这些字符必须与数据清单中的字段名完全相同，其他行输入筛选条件，同一行上的条件关系为逻辑"与"关系，不同行之间为逻辑"或"关系。

二、操作步骤

（1）建立条件区域：选择"商品销售分析"工作表，选择 A2：I2 单元格区域，复制到L2：T2 单元格区域，同时在 U2 单元格分别输入"数量"，在 N3 单元格输入"调味品"，在 P3单元格输入"网络"，在 R3 单元格输入"＞=150"，在 U3 单元格输入"＜=300"；在 O4 单元格输入"王磊"，在 T4 单元格输入"＞=3000"，如图 4-97 所示。

L	M	N	O	P	Q	R	S	T	U
订单编号	产品ID	商品类型	业务人员	销售类型	单价	数量	折前金额	实际金额	数量
		调味品		网络		>=150			<=300
			王磊					>=3000	

图 4-97 高级筛选的条件区域

（2）进行高级筛选：选择 A2：I22 单元格区域，单击【数据】—【排序和筛选】—【高级】，弹出【高级筛选】对话框，如图 4-98 所示，选中【将筛选结果复制到其他位置】，在【列表区域】中已显示"＄A＄2：＄I＄22"单元格区域，在【条件区域】中输入（或鼠标选择）"＄L＄2：＄U＄4"单元格区域，在【复制到】中输入"商品销售分析!＄L＄6"，单击【确定】，筛选结果如图 4-99 所示。

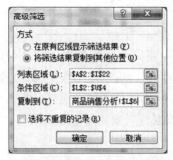

图 4-98 【高级筛选】对话框

订单编号	产品ID	商品类型	业务人员	销售类型	单价	数量	折前金额	实际金额
E0032	S0005	饮料	王磊	店面	21.0	246	5166.0	4907.7
E0037	S0014	调味品	王磊	网络	21.4	280	5978.0	5499.8
E0038	S0015	调味品	陈亮	网络	25.0	185	4625.0	4255.0
E0042	S0008	特制品	王磊	电话	23.3	197	4580.3	4122.2

图 4-99 筛选结果

任务四 按销售类型分类汇总商品销售数据

分类汇总是对相同类别的数据进行统计汇总,即将相同类别的数据放在一起,然后再进行求和、计数、求平均值等汇总运算,是数据分析显示的重要手段。本项目中需要将各类商品的实际销售金额、数量进行分类汇总。

一、相关知识

分类汇总只能针对数据清单进行,数据清单的首行必须有列标题,分类汇总之前对数据清单中的数据必须先按照分类字段排序,然后再开始分类汇总。分类汇总的方式有两种:

(1)简单分类汇总:对一个指标进行分类汇总;

(2)嵌套分类汇总:对同一个分类字段进行多种方式的汇总。

清除分类汇总,先选择包含分类汇总的区域中的某个单元格,然后在【数据】选项卡上的【分级显示】组中,单击【分类汇总】按钮,在【分类汇总】对话框中单击【全部删除】按钮。

二、操作步骤

选择"商品销售分析"工作表,将数据表按"销售类型"进行排序,单击【数据】—【分级显示】—【分类汇总】,弹出【分类汇总】对话框,如图 4-100 所示。在【分类字段】下拉列表中选择"销售类型",在【汇总方式】下拉列表中选择"求和",在【选定汇总项】中选中"数量"和"实际金额"复选框,单击【确定】按钮。分类汇总结果如图 4-101 所示。

图 4-100 【分类汇总】对话框

2016年某超市第一季度销售统计表

订单编号	产品ID	商品类型	业务人员	销售类型	单价	数量	折前金额	实际金额
E0045	S0013	调味品	龚盈琳	电话	22.0	270	5940.0	5346.0
E0041	S0005	饮料	刘顺里	电话	21.0	206	4326.0	3893.4
E0042	S0008	特制品	王磊	电话	23.3	197	4580.3	4122.2
E0043	S0009	调味品	陈亮	电话	15.5	147	2278.5	2050.7
E0044	S0012	调味品	高慧如	电话	10.0	128	1280.0	1152.0
				电话 汇总		948		16564.3
E0032	S0005	饮料	王磊	店面	21.0	246	5166.0	4907.7
E0031	S0004	海鲜	刘顺里	店面	31.0	317	9827.0	9335.7
E0033	S0008	特制品	陈亮	店面	23.3	177	4115.3	3909.5
E0034	S0009	调味品	高慧如	店面	15.5	276	4278.0	4064.1
E0035	S0012	调味品	龚盈琳	店面	10.0	160	1600.0	1520.0
				店面 汇总		1176		23736.9
E0037	S0014	调味品	王磊	网络	21.4	280	5978.0	5499.8
E0039	S0016	点心	高慧如	网络	17.5	252	4397.4	4045.6
E0038	S0015	调味品	陈亮	网络	25.0	185	4625.0	4255.0
E0040	S0004	海鲜	龚盈琳	网络	31.0	162	5022.0	4620.2
E0036	S0013	调味品	刘顺里	网络	22.0	149	3278.0	3015.8
				网络 汇总		1028		21436.4
E0050	S0020	点心	龚盈琳	邮购	81.0	281	22761.0	22305.8
E0046	S0014	调味品	刘顺里	邮购	21.4	287	6127.5	6004.9
E0048	S0016	点心	陈亮	邮购	17.5	232	4048.4	3967.4
E0049	S0019	点心	高慧如	邮购	9.2	289	2658.8	2605.6
E0047	S0015	调味品	王磊	邮购	25.0	104	2600.0	2548.0
				邮购 汇总		1193		37431.7
				总计		4345		99169.3

图 4-101 按销售类型分类汇总的数据结果

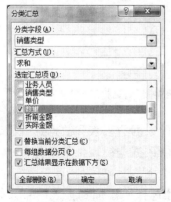

任务五　创建数据透视表和数据透视图

在日常工作中,经常遇到不同部门需要同一个数据表中不同的数据并进行汇总的情况,如果把每个部门需要的数据重新生成一个新表比较费时,这时可以使用数据透视表灵活组织工作表中的任何字段,建立交叉列表的交互性表格,就可以免去再次建立多张工作表的操作。本项目中用"商品销售分析"工作表数据建立数据透视表和数据透视图。

一、相关知识

数据透视表是一种交互式的表,可以进行某些计算,如求和与计数等。所进行的计算与数据跟数据透视表中的排列有关。它可以动态地改变它们的版面布置,以便按照不同方式分析数据,也可以重新安排行号、列标和页字段。每一次改变版面布置时,数据透视表会立即按照新的布置重新计算数据。另外,如果原始数据发生更改,则可以更新数据透视表。

在创建数据透视表或数据透视图报表时,可使用多种不同的源数据类型。源数据可以来自 Excel 数据清单或区域、外部数据库或多维数据集,或者另一张数据透视表。

数据透视图提供了交互式数据分析的图表,与数据透视表类似。可以更改数据的视图,查看不同级别的明细数据,或通过拖动字段和显示或隐藏字段中的项来重新组织图表的布局。

二、操作步骤

(1)选择"商品销售分析"工作表中 A2:I22 单元格区域,单击【插入】—【表】—【数据透视表】—【数据透视图】,弹出【创建数据透视表及数据透视图】对话框。

(2)如图 4-102 所示,选中【选择一个表或区域】,在【表/区域】中显示出"商品销售分析! $A$2:$I$22"单元格区域,选中【新工作表】,单击【确定】。

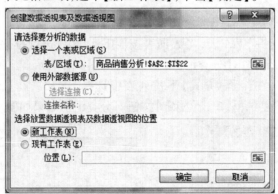

图 4-102　"创建数据透视表及数据透视图"对话框

(3)Excel 将自动创建一张新工作表,显示一张空白数据透视表和数据透视图,同时显示【数据透视表字段列表】及字段布局窗格;单击空白数据透视表中某单元格,即可对数据组织进行合理布局。如图 4-103 所示。

(4)利用【数据透视表字段列表】进行布局:拖动【选择要添加到报表的字段】中的"销售类型"到【列标签】区域,拖动"业务人员"到【行标签】区域,拖动"实际金额"到【数

图 4-103　空白数据透视表和透视图

值】区域,完成效果如图 4-104 所示。

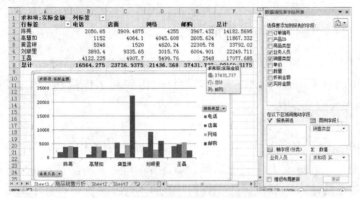

图 4-104　数据透视表和透视图

(5)改变布局增加页字段:将"商品类型"字段拖动到【报表筛选】区域,把【数值】区域的"实际金额"字段改为"数量"字段,如图 4-105 所示。

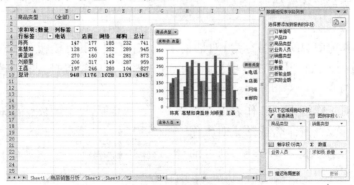

图 4-105　增加报表筛选字段的数据透视表和透视图

(6)筛选"饮料"的销售数量和实际金额:单击【商品类型】页字段【全部】右侧筛选箭头,在下拉列表中选择"饮料";在【选择要添加到报表的字段】中添加"实际金额"到【数值】中,如图 4-106 所示。

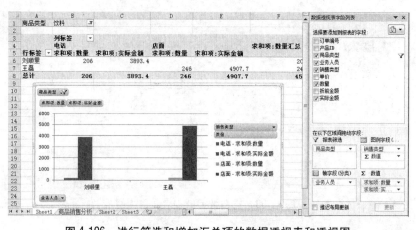

图 4-106　进行筛选和增加汇总项的数据透视表和透视图

任务六　保护工作表和工作簿

在一个工作簿文件所需的工作表建立好以后,为了防止数据被改动,或者误操作使数据出现错误,可以对工作表进行保护。本项目中,需要对工作簿和工作表进行保护,防止工作表被误删除或改变结构。

一、相关知识

Excel 2010 提供了多种方式,用来对用户查看或改变工作簿和工作表中的数据进行限制,可以防止其他人更改工作表中的部分或全部内容,查看隐藏的数据行或列,查阅公式等;还可以防止其他人添加或删除工作簿中的工作表,或者查看其中的隐藏工作表。

1. 保护工作簿

保护工作簿是指通过组织创建新工作表或者仅授权特定用户访问来限定对工作簿的访问。工作簿的保护包括两个方面:一是保护工作簿防止他人非法访问;二是禁止他人对工作簿中工作表或工作簿的非法操作。

1)访问工作簿的权限保护

在保存工作簿时,单击【另存为】对话框下端的【工具】下拉按钮,在下拉列表框中选择【常规选项】命令,打开【常规选项】对话框,在该对话框中设置打开和修改权限的密码。

2)对工作簿中工作表和窗口的保护

若不允许对工作簿中的工作表进行移动、删除、插入、隐藏、重命名或禁止对工作簿窗口的移动、缩放、隐藏等操作,则可通过下述方法实现保护。

图 4-107　【更改】选项组的【保护工作簿】按钮

在【审阅】选项卡中,如图 4-107 所示,单击【更改】选项组中的【保护工作簿】按钮,在打开的下拉列表框中选择【保护结构和窗口】命令,打开【保护结构和窗口】对话框,如图 4-108 所示。要保护工作簿的结构,选中【结构】复选框;要使工作簿窗口在每次打开时大小和位置相同,选中【窗口】复选框。

2. 保护工作表

选定要保护的工作表,在【审阅】选项卡中,单击【更改】选项组中的【保护工作表】按钮,打开【保护工作表】对话框,如图 4-109 所示。设置保护密码,在【允许此工作表的所有用户进行】列表框中选择保护项目,如选中【选定锁定单元格】【选定未锁定的单元格】复选框,单击【确定】按钮,则该工作表只允许选定查看工作表中的数据,而其他操作选项变成灰色为不可用状态,无法实现修改等。

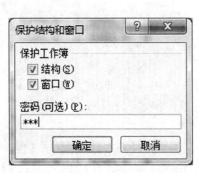

图 4-108 【保护结构和窗口】对话框

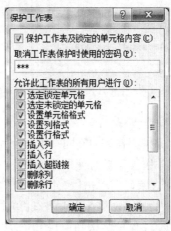

图 4-109 【保护工作表】对话框

也可以打开【文件】选项的【信息】,如图 4-110 所示,选择【保护工作簿】,在如图 4-111 所示的列表中,选择相应的命令保护工作簿和工作表。

图 4-110 【文件】—【信息】项中的保护工作簿   图 4-111 保护工作簿列表

3. 设置允许用户编辑区域

工作表被保护后,其中的所有单元格都将无法编辑。对于大多数工作表来说,往往需要用户编辑工作表中的一些区域,此时就需要在被保护工作表中设置允许用户编辑的区域。

操作方法:在执行工作表保护操作之前,选择【审阅】选项卡,单击【更改】选项组中的【允许用户编辑区域】按钮,打开如图 4-112 所示的【允许用户编辑区域】对话框,单击【新建】按钮,打开【新区域】对话框,如图 4-113 所示,设置引用单元格区域和密码,单击【确定】按钮。待允许编辑区域设置完后,再设置工作表保护,则在对选定区域编辑时输入编辑密码即可实现编辑操作。

图 4-112 【允许用户编辑区域】对话框   图 4-113 【新区域】对话框

二、操作步骤

(1)保护工作表:单击【审阅】—【更改】—【保护工作表】,弹出"保护工作表"对话框,在【取消工作表保护时使用的密码】中输入密码,单击【确定】按钮,在"确认密码"对话框中再次输入密码后单击【确定】按钮。

(2)保护工作簿结果和窗口:单击【审阅】—【更改】—【保护工作簿】—【保护结构和窗口】,弹出【保护结构和窗口】对话框,选中【结构】和【窗口】,在【密码(可选)】文本框中输入密码,单击【确定】。

【项目拓展】

"学生成绩表"数据分析

1. 建立一个工作簿文件,在"Sheet1"中输入图 4-114 所示的数据内容,利用公式计算出"总分"。将"Sheet1"重命名为"学生成绩表",将 A1:I1 单元格区域合并居中,设置格式为宋体、加粗、16 磅,行高 30;添加数据区域的边框:外框为粗线,内框为细线。

学号	姓名	性别	班级	数学	英语	计算机	物理	总分
	学生成绩表							
34102909	刘顺里	男	工管1班	63	84	78	67	
34102910	王磊	男	工管1班	60	76	98	87	
34102911	陈亮	男	工管1班	60	69	45	65	
34102912	刘强	男	工管2班	32	76	68	76	
34102913	刘海浪	男	工管2班	70	77	71	97	
34102914	张灿云	男	工管2班	72	56	65	76	
34102915	李松梅	女	工管3班	80	70	73	87	
34102916	谢川霖	男	工管3班	78	45	56	42	
34102917	万志庸	男	工管3班	74	74	37	64	
34102918	高慧如	女	工管1班	68	76	86	56	
34102919	龚盈琳	女	工管1班	68	73	56	68	
34102920	郭聪聪	男	工管1班	60	67	94	83	
34102921	莫逆霆	男	工管2班	70	56	73	75	
34102922	陈芳	女	工管2班	78	72	64	79	
34102923	林东蕾	男	工管2班	70	76	67	78	
34102924	焦翼翼	女	工管4班	74	76	79	83	
34102925	舒峰	男	工管4班	70	84	87	67	
34102926	蓝天	女	工管4班	68	76	57	85	
34102927	李小军	男	工管3班	68	68	89	63	
34102928	简祥	男	工管3班	71	60	68	73	
34102929	雷彪	男	工管3班	71	82	78	78	
34102930	潘江涛	男	工管4班	60	84	65	57	
34102931	韩大峰	男	工管4班	75	68	74	86	
34102932	邱新琼	女	工管4班	60	59	68	65	

图 4-114 "学生成绩表"原始数据

2. 将"学生成绩表"数据复制到"Sheet2"、"Sheet3"、"Sheet4"和"Sheet5"中。

3. 排序：在"学生成绩表"中按总分高低排序，若总分相同则按数学成绩排序。

4. 自动筛选：将"Sheet2"重命名为"自动筛选"，显示"工管1班"或"工管2班"总分低于300分的记录，并将结果复制到A30单元格；再筛选出英语成绩在70～85的男生记录，显示在原数据区域。

5. 高级筛选：将"Sheet3"重命名为"高级筛选"，筛选出需要补考的学生记录，将结果复制到A30；再筛选出每一班级中各科最高分，显示在原数据区域。

6. 分类汇总：将"Sheet4"重命名为"分类汇总"，汇总出各班级男女生的各科平均分。

7. 数据透视表：将"Sheet5"重命名为"数据透视表"，以"性别"为报表筛选项，"班级"为列标签，"姓名"为行标签，"总分"为平均值项，在现有工作表中建立数据透视表和透视图。

8. 利用数据透视表查看"工管2班"男生的总分情况，效果如图4-115所示。

9. 以"学生成绩分析"为文件名保存文件。

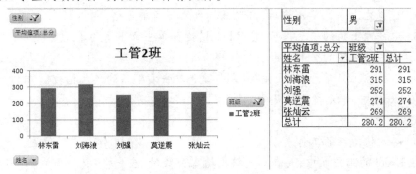

图4-115 "工管2班"男生的总分情况效果图

项目小结

本项目通过实例介绍了电子表格的基本操作、公式函数的应用、图表的创建和编辑、常用的数据处理方法、文档保护和打印等。

习 题

一、单选题

1. 在Excel 2010中的某一个单元格输入"硬回车"，可以使用（　　）。

A.【Enter】 B.【Shift】+【Enter】

C.【Alt】+【Enter】 D.【Ctrl】+【Enter】

2. 在Excel 2010中，默认情况下，单元格名称使用的是（　　）。

A. 相对引用 B. 绝对应用 C. 混合引用 D. 三维相对引用

3. 在 Excel 中,在打印学生成绩单时,对不及格的成绩用醒目的方式表示(如用红色表示等),当要处理大量的学生成绩时,利用( )功能最为方便。

    A. 查找   B. 条件格式   C. 数据筛选   D. 定位

4. Excel 表格中,选中单元格后按【Delete】键将执行( )操作。

    A. 删除单元格   B. 清除单元格内容

    C. 删除行   D. 删除列

5. Excel 的填充柄适合( )类型的数据。

    A. 文字型   B. 数据型

    C. 具有增减趋势的文字型数据   D. 上述各种类型的数据

6. Excel 中,在进行分类汇总前应当( )。

    A. 先按欲分类汇总的字段进行排序   B. 先对符合条件的数据进行筛选

    C. 先排序、再筛选   D. 都不需要

7. Excel 中选定一个单元格区域的方法是( )。

    A. 选择左上角的单元格后,拖动鼠标到右下角单元格

    B. 选择左上角的单元格后,按住【Ctrl】键并单击右下角的单元格

    C. 单击该区域的全部行号、列标

    D. 选择左上角单元格后,按住【Alt】键并单击右下角的单元格

8. 在 Excel 中,单元格地址是指( )。

    A. 每个单元格的内容   B. 每个单元格的大小

    C. 单元格所在的工作表   D. 单元格在工作表中的位置

9. 在 Excel 的工作表中,要在单元格内输入公式时,应先输入( )

    A. 单引号(')   B. 等号(=)

    C. 美元符号($)   D. 感叹号(!)

10. 在 Excel 单元格中输入数据后,按【Shift】+【Tab】键,单元格指针将( )。

    A. 下移一格   B. 上移一格

    C. 右移一格   D. 左移一格

11. 设置 Excel 工作表的"打印标题"的作用是( )。

    A. 在首页打印出标题   B. 在每一页都打印出标题

    C. 在首页突出显示标题   D. 作为文件存盘的名字

12. 下面不是 Excel 可以保存的文件扩展名的是( )。

    A. XLS   B. SLK   C. XOT   D. CSV

13. 在 Excel 中,同时调整所有列的大小,以便所有列宽能容纳每列中最宽的单元格,全选所有内容后,具体的操作是( )。

    A.【开始】—【字体】—【减小字号】

    B.【开始】—【对齐方式】—【合并单元格】

    C.【开始】—【样式】—【套用表格格式】

    D.【开始】—【单元格】—【格式】—【自动调整列宽】

14. 要准确查看报表的打印效果,应使用( )工具。

A. 报表向导　　　B. 打印预览　　　C. 报表工具　　　D. 报表视图

15. 在 Excel 中,若某个单元格的公式为" = IF("计算机">"电脑","TRUE","FALSE")",其计算结果为(　　)。

A. TRUE　　　　　B. FALSE　　　　　C. 计算机　　　　　D. 电脑

二、判断题

1. 在 Excel 中,查找替换的对象不仅可以是文字和数值,还可以是公式。　　(　　)

2. 在 Excel 中,更改数据图表中数据的值,其图表不会自动更新。　　(　　)

3. 在 Excel 中,能将多个单元格命名一个名称,并在公式计算中,可以用该名称引用单元格。　　(　　)

4. 在 Excel 中,可以同时在多个单元格中输入相同的数据。　　(　　)

5. 在 Excel 中,公式相对引用的单元格地址在进行公式复制时会自动发生改变。

(　　)

6. 在 Excel 中,一个被拆分后的窗口可以显示多个工作表。　　(　　)

7. 在 Excel 中,工作表是用来处理和存储数据的最主要的文档。　　(　　)

8. 在 Excel 中对数据清单排序时,只能对列进行排序。　　(　　)

9. 在 Excel 的工作表中不能插入来自其他文件的图片。　　(　　)

10. Excel 的公式只能计算数值类型的单元格。　　(　　)

三、填空题

1. 在 Excel 中输入公式" = SUM(A3:B5)",求和的单元格个数为_____。

2. 在 Excel 的工作簿中,用来处理和存储数据的二维表叫做_____。

3. 在 Excel 中,单元格 C6 的绝对地址的表达形式是_____。

4. 在 Excel 编辑状态下,利用公式计算表格时,SUM(A1:D1,C2)表示对_____(哪几个单元格)单元格求和。

5. 在 Excel 编辑状态下,在单元格中输入分数"4/5",应先输入_____。

6. 在 Excel 公式中引用名称与引用_____的效果是相同的。

7. 在 Excel 中数据筛选是展示记录的一种方式,筛选的方式有自动筛选和_____。

8. 在 Excel 中,如果 B2 = 5、B3 = 6、B4 = 7、B5 = 8,则在某单元格中输入公式" = AVERAGE(B2:B5)"后,其结果为_____。

9. 单元格引用分为绝对引用、_____、_____三种。

10. Excel 工作簿文件的扩展名是_____。

项目五 PowerPoint 2010的基本操作

PowerPoint 是 Microsoft 公司推出的一款演示文稿处理软件,能够制作出集文字、图形、图像、声音及视频剪辑等多媒体元素于一体的演示文稿,将所要表达的信息组织在一组图文并茂的画面中,主要用于设计制作专家报告、产品演示、广告宣传及教师讲义等演示文稿。制作的演示文稿可以在投影仪或者计算机上演示,也可以将演示文稿打印出来、制作成胶片,以便应用到更广泛的领域中。

本项目以 PowerPoint 2010 为例,介绍演示文稿的基本操作、幻灯片的基本操作、幻灯片的模板和母版设计、各种对象的设置、动画设计和切换效果等制作演示文稿的各种方法。

【学习目标】
　　1. 掌握演示文稿的各种创建方法。
　　2. 掌握演示文稿的格式设置、模板设计方法。
　　3. 掌握动画设计和幻灯片的切换。
　　4. 掌握幻灯片的放映设置。

子项目一　制作"新进员工培训课"演示文稿

【项目描述】
　　人力资源部要对新招收的员工进行岗前培训,王小丫利用 PowerPoint 制作演示文稿来协助完成这次任务。那王小丫如何制作一个完整的演示文稿呢? 通过本项目的学习,我们将完成以下几个任务:
　　1. 认识 PowerPoint 的工作环境。
　　2. 利用设计模板制作演示文稿。
　　3. 利用幻灯片版式编辑幻灯片。
　　4. 放映幻灯片和保存演示文稿。
本项目效果如图 5-1 所示。

任务一　认识 PowerPoint 的工作环境

一、相关知识

PowerPoint 是 Microsoft Office 套装中的一个组件,专门用于制作幻灯片,利用 Power-

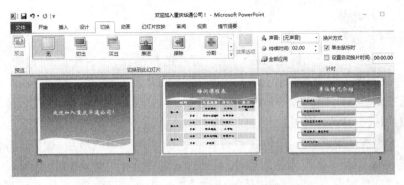

图 5-1　项目效果

Point 创建的文件又称演示文稿,演示文稿包含的就是幻灯片。因其文件名为 *. pptx,所以简称为 PPT。制作的演示文稿可以通过计算机屏幕或投影机播放,它主要用于学术交流、产品介绍、工作汇报和各类培训。

1. 窗口界面介绍

(1)幻灯片编辑窗格:界面中面积最大的区域,用来显示演示文稿中出现的幻灯片,可以在上面进行文本输入、绘制标准图形、创建图画、添加颜色及插入对象等操作。中间带有虚线边缘的框称为"占位符",虚线框的内部往往有"单击此处添加标题"之类的提示语,一旦单击之后,提示语会自动消失,将光标定位在其中,可输入文本或插入图片、表格等。

(2)大纲/幻灯片预览窗格:包含【大纲】选项卡和【幻灯片】选项卡。在【大纲】窗格下可以看到幻灯片文本的大纲,可以输入演示文稿中的所有文本,然后重新排列项目符号、段落和幻灯片。在【幻灯片】窗格下可以看到以缩略图形式显示的幻灯片。

(3)视图切换按钮:位于界面底部左侧的是视图切换按钮,通过单击这些按钮可以以不同的方式查看演示文稿。也可以通过【视图】选项卡来进行切换。

普通视图:PowerPoint 的默认视图。打开一个演示文稿,首先看到的就是普通视图。

幻灯片浏览视图:单击【幻灯片浏览】按钮就可以看到幻灯片浏览视图,这时幻灯片以缩略图的方式显示在同一窗口中。用户可以很方便地对幻灯片进行复制、移动和删除操作,但不能编辑或修改幻灯片的内容。

幻灯片放映视图:单击【阅读视图】按钮,演示文稿窗口被切换到幻灯片放映视图,此时的幻灯片放映是从当前幻灯片开始的。

(4)备注窗格:可供用户输入演讲者备注,通过拖动窗格的灰色边框可以调整其大小。

2. 根据"内容提示向导"创建演示文稿

单击文件任务窗格中的【新建】超链接,在打开的【可用模板和主题】任务窗格中选择需要的模板即可。这种模板和主题列出了各种演示文稿类型,不仅提供了外观,还提供了大纲,在此基础上直接输入文字即可完成一份演示文稿的创建。这种方法比较适合初学者使用。由于演示文稿组织形式被固定,因此对于个人创造性的发挥和个性的展示有一定的约束。

3. 插入幻灯片的其他方式

（1）选择【插入】选项卡，单击【新幻灯片】按钮。

（2）在大纲视图下将光标定位在一张幻灯片的最前面，然后按【Enter】键，即可在这张幻灯片的前面插入一张新幻灯片。

（3）选中幻灯片中的最后一个占位符，按【Ctrl】+【Enter】组合键。

（4）按快捷键【Ctrl】+【M】。

（5）在大纲视图下将光标定位在幻灯片一级标题文字中或最后，按【Enter】键，则生成一张内容为光标后文字内容的幻灯片，该幻灯片的内容只剩光标前的文字。

（6）在幻灯片视图下单击一张幻灯片后按【Enter】键，即可在这张幻灯片后插入一张新幻灯片。

（7）在幻灯片视图下单击两个幻灯片的衔接处，这时出现一条闪烁的横线，然后按【Enter】键。

（8）单击幻灯片版式右侧的小箭头按钮，在弹出的下拉列表中选择【插入新幻灯片】选项，即可插入一张该版式的幻灯片。

二、操作步骤

单击【开始】按钮，选择【所有程序】—【Microsoft Office】—【Microsoft PowerPoint 2010】命令，即可打开 PowerPoint 2010，并新建一个空白演示文稿，如图 5-2 所示。

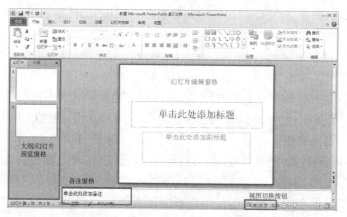

图 5-2　视图界面

任务二　利用设计模板制作幻灯片

一、相关知识

1. 模板

幻灯片模板即已定义的幻灯片格式。PowerPoint 模板主要用于设计制作广告宣传、产品演示的电子版幻灯片，制作的演示文稿可以通过计算机屏幕或者投影机播放；利用 PowerPoint，不但可以创建演示文稿，还可以在互联网上召开面对面会议、远程会议或在 Web 上给观众展示演示文稿。常用的 PowerPoint 模板包括相册、培训、项目状态报告、宣传手册等，如图 5-3 所示。

图 5-3 模板

2. 主题

主题是 PowerPoint 应用程序提供的方便演示文稿设计的一种手段,是一组包含背景图形、字体选择及对象效果的组合,是颜色、字体、效果和背景的设置,一个主题只能包含一种设置。应用主题可以简化演示文稿的创建过程,使演示文稿有统一的风格。Power-Point 2010 提供了大量的设计主题模板,用户可以选择与演示文稿的内容风格统一的设计模板,使幻灯片整体效果协调一致。

二、操作步骤

(1)选择【设计】菜单命令,打开【设计】选项卡,在【主题】组中会显示出 PowerPoint 2010 自带的模板,如图 5-4 所示。

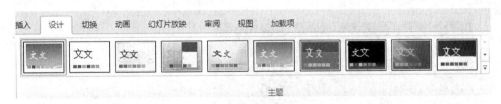

图 5-4 设计选项

(2)移动鼠标,选定名为"波形"的主题模板,即可将所选模板应用于所有的幻灯片。

任务三 编辑幻灯片

一、相关知识

1. 版式

幻灯片版式是 PowerPoint 软件中的一种常规排版的格式,通过幻灯片版式的应用可以对文字、图片等更加合理简洁地完成布局。通常软件已经内置几个版式类型供使用者使用,利用这些版式可以轻松完成幻灯片的制作和运用。

2. 配色方案

"配色方案"是软件预设的应用于文本、背景、填充、强调文字的颜色方案。

(1)选择【设计】选项卡,单击【颜色】下拉按钮,即可打开配色方案列表。

(2)选择【新建主题颜色】选项,打开【新建主题颜色】对话框,如图5-5所示。

在对话框中可以对主题颜色进行设置。

3. 隐藏幻灯片

对于一个演示文稿中的多个幻灯片,如果在放映时不想让它们出现,那么可以对其进行隐藏操作,具体步骤如下:

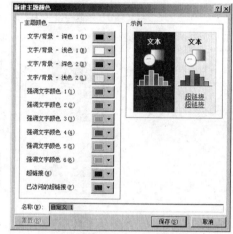

图5-5 【新建主题颜色】对话框

在幻灯片预览窗格中选中需要进行隐藏的幻灯片,选择【幻灯片放映】选项卡,单击【隐藏幻灯片】按钮,完成对所选幻灯片的隐藏。隐藏的幻灯片编号有虚线框。重复以上操作可以取消隐藏。或在幻灯片放映时右击任意幻灯片,在弹出的快捷菜单中选择【定位到幻灯片】命令,选择被隐藏的幻灯片(被隐藏的幻灯片的编号带有括号)即可观看被隐藏的幻灯片。

二、操作步骤

1. 制作标题幻灯片

一般第一张幻灯片是整个演示文稿的标题,称为"标题幻灯片",如图5-6所示。在【单击此处添加标题】占位符中输入"欢迎加入重庆华通公司!"。

2. 插入新幻灯片

选择【开始】按钮,单击【新建幻灯片】下拉按钮,如图5-7所示,添加一张新幻灯片,可以在【版式】下拉列表中选择幻灯片的类型,如图5-8所示。

图5-6 标题幻灯片

图5-7 新建幻灯片

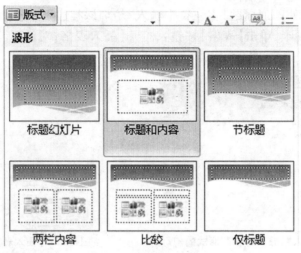

图 5-8　选择幻灯片版式

注意：

每用鼠标执行此操作一次，即插入一张新幻灯片，如果幻灯片插入过多，右击该幻灯片，并选择【删除幻灯片】命令，或按【Delete】键将其删除。

3. 选择幻灯片的版式

选择【文字版式】—【标题和内容】版式，如图 5-9 所示。在【单击此处添加标题】占位符中，输入"单位情况介绍"，在【单击此处添加文本】占位符中，并完成以下内容的录入（如图 5-10 所示）：

＊单位概况

＊单位组织结构

＊单位政策与福利

＊相关程序、绩效考核

＊各部门介绍

图 5-9　"标题和内容"幻灯片　　　　　　图 5-10　加入文字的幻灯片

4. 插入表格

（1）再插入一张幻灯片，选择【内容版式】—【标题和内容】版式，如图 5-11 所示。

（2）在【单击此处添加标题】占位符中输入"培训课程表"，双击幻灯片中的小图标（或选择【插入】选项卡，单击【表格】按钮），打开【插入表格】对话框。在对话框中设置"行数"为7，"列数"为5，如图5-12所示，单击【确定】按钮。

图5-11　插入"标题和内容"版式的幻灯片　　　　图5-12　【插入表格】对话框

（3）按照表5-1所示的培训课程表内容输入文本内容，将表头的文字设置为宋体、28磅、加粗、居中，将表格中其他的文字设置为宋体、18磅、居中，对表格进行编辑的方法与在Word中相同，效果如图5-13所示。

表5-1　培训课程表

时间		内容提要	培训人	备注
第一天	上午	单位概况	人事部	二节课安排参观
	下午	工作心态调整	心理专家	
第二天	上午	工作技巧	行政中心	
	下午	职业规范	人事部	
第三天	上午	交流与沟通	行政中心	
	下午	座谈会		

图5-13　"培训课程表"幻灯片

5. 幻灯片的移动

在幻灯片预览窗格中选中"培训课程表"幻灯片，按住鼠标左键将其拖曳到"单位情况介绍"幻灯片前(在幻灯片浏览视图中也可进行相同的操作)。

任务四 幻灯片的切换及保存

一、相关知识

1. 幻灯片的切换

幻灯片的切换效果是指从一张幻灯片到下一张幻灯片的过渡效果,用户可以根据需要在【切换】选项卡中为指定幻灯片设置切换方式,包括切换声音、切换速度、换片方式等。

2. 幻灯片的保存

PowerPoint 2010 的演示文稿类型为 *.pptx(低版本的类型为 *.ppt),放映文件类型为 *.ppsx(低版本的类型为 *.pps),若需要将该演示文稿移植到其他计算机上使用,可将其打包。

二、操作步骤

1. 幻灯片的切换

选择第一张幻灯片,然后选择【切换】—【切换到此幻灯片】组中选项,如图 5-14 所示。在该组中单击【擦除】效果,选择【声音】—【鼓掌】选项,将【换片方式】设置为【单击鼠标时】,单击【全部应用】按钮,将所有幻灯片设置为这种切换方式。可以单击【预览】按钮查看设置效果。

图 5-14 【切换】选项卡

2. 观看幻灯片放映

(1)选择【幻灯片放映】选项卡,单击【从头开始】命令(或按键盘上的【F5】键),即可放映幻灯片。

(2)放映时按键盘上的【PageUp】和【PageDown】键(或右击幻灯片的任意位置,在弹出的快捷菜单中选择【上一张】、【下一张】命令),可以切换到上一张和下一张幻灯片。

3. 幻灯片的保存

选择【文件】—【选项】—【保存】菜单命令,选择【保存】选项卡,在【保存演示文稿】选项区域,设置自动恢复信息的时间间隔为 5 分钟,并进行相应的保存设置,如图 5-15 所示。

提示:在制作演示文稿时要注意格式与内容风格的统一,整个演示文稿的大小写和标点符号要统一,句子要完整。为了让观众记住你要表达的思想,演示文稿中的项目要精练。每张幻灯片中的项目越多,整个项目使用的文字就越少,每张幻灯片表达的主题就越鲜明。

图 5-15 【保存】选项卡

【项目拓展】

制作个人简介演示文稿

1. 收集整理个人资料；
2. 应用模板或主题创建演示文稿；
3. 插入对象(如图片、文本框、艺术字等)并设置其格式；
4. 应用幻灯片的版式、背景、切换方式等；
5. 保存要求：保存在个人文件夹中，命名为"某某的简介.pptx"。

子项目二　充实、美化演示文稿

【项目描述】

上个项目王小丫完成了新员工培训演示文稿的基本制作，那么怎么让演示文稿尽善尽美，如何对演示文稿进行修改和美化呢？通过本项目的学习，我们将完成以下几个任务：

1. 增加幻灯片，插入图片、声音文件。
2. 利用母版修饰演示文稿。
3. 设置超链接。
4. 运用"动画方案""自定义动画"进行动画设置。
5. 打印和打包幻灯片。

本项目效果如图 5-16 所示。

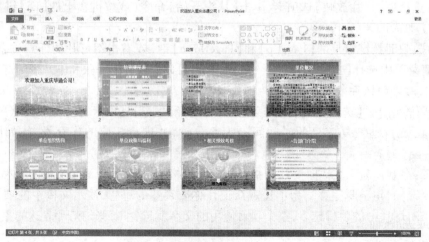

图 5-16　项目效果图

任务一　修饰幻灯片

一、相关知识

1. SmartArt

SmartArt 图形是信息和观点的视觉表示形式，可以通过从多种不同布局中进行选择来创建 SmartArt 图形，从而快速、轻松、有效地传达信息。SmartArt 图形也就是一系列已经成型的表示某种关系的逻辑图、组织结构图，可以表达并列、推理递进、发展演变、对比等关系，如图 5-17 所示。

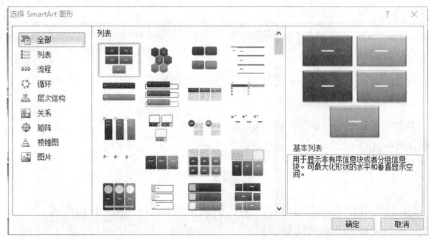

图 5-17　SmartArt 图形

为 SmartArt 图形选择布局时，自问一下需要传达什么信息及是否希望信息以某种特定方式显示。由于您可以快速轻松地切换布局，因此可以尝试不同类型的不同布局，直至找到一个最适合对您的信息进行图解的布局为止。

当切换布局时，大部分文字和其他内容、颜色、样式、效果和文本格式会自动带入新布局中。

由于所需的文字量和形状个数通常能决定外观最佳的布局，因此还要考虑具有的文字量。细节与要点哪个更重要呢？通常，在形状个数和文字量仅限于表示要点时，SmartArt图形最有效。如果文字量较大，则会分散 SmartArt 图形的视觉吸引力，使这种图形难以直观地传达您的信息。但某些布局（如"列表"类型中的"梯形列表"）适用于文字量较大的情况。

如果需要传达多个观点，可以切换到另一个布局，该布局含有多个用于文字的形状，如"棱锥图"类型中的"基本棱锥图"布局。请记住，更改布局或类型会改变信息的含义。例如，带有右向箭头的布局（如"流程"类型中的"基本流程"），其含义不同于带有环形箭头的 SmartArt 图形布局（如"循环"类型中的"连续循环"）。箭头倾向于表示某个方向上的移动或进展，而使用连接线不使用箭头的类似布局则表示连接而不一定是移动。

如果找不到所需的准确布局，可以在 SmartArt 图形中添加和删除形状以调整布局结构。例如,虽然"流程"类型中的"基本流程"布局显示有三个形状,但是您的流程可能只需两个形状,也可能需要五个形状。当您添加或删除形状及编辑文字时,形状的排列和这些形状内的文字量会自动更新,从而保持 SmartArt 图形布局的原始设计和边框。

请注意,只要不删除包含占位符文本的形状,它们通常都会显示和打印。

提示:如果觉得自己的 SmartArt 图形看起来不够生动,可以切换到包含子形状的不同布局,或者应用不同的 SmartArt 样式或颜色变体。

2. 母版

母版是存储有关应用的设计模板信息的幻灯片,包括字形、占位符大小或位置、背景设计和配色方案。

PowerPoint 提供了四种母版:标题母版、幻灯片母版、讲义母版、备注母版。

1)标题母版

标题母版为一张或多张"标题"幻灯片提供下列样式:

➤ "自动版式标题"的默认样式;

➤ "自动版式副标题"的默认样式;

➤ 默认不显示的页脚样式;

➤ 统一的背景颜色或图案等。

2)幻灯片母版

幻灯片母版为除"标题"幻灯片外的一组或全部幻灯片提供下列样式:

➤ "自动版式标题"的默认样式;

➤ "自动版式文本对象"的默认样式;

➤ "页脚"的默认样式,包括"日期时间区""页脚文字区"和"页码数字区"等;

➤ 统一的"背景"颜色或图案等。

3)讲义母版

讲义母版提供在一张打印纸中同时打印 1、2、3、4、6、9 张幻灯片的"讲义"版面布局选择设置和"页眉与页脚"的默认样式。美国学校的老师课前一般要向学生发放纸质的"幻灯片讲义"。

4)备注母版

备注母版向各幻灯片添加"备注"文本的默认样式。说明:备注供演示文档作者用作提示信息。

二、操作步骤

1. 增加幻灯片

(1)打开子项目一制作的演示文稿,选择第 3 张幻灯片,右击,在弹出的快捷菜单中选择【复制】命令。将光标移动到第 3 张幻灯片后,右击,在弹出的快捷菜单中选择【粘贴】命令,复制这张幻灯片。

(2)单击【大纲】选项卡,切换至大纲视图,选中第 4 张幻灯片中的所有项目,如图 5-18 所示,右击,在弹出的快捷菜单中选择【升级】命令。

(3)所有项目被升级为一级标题,且每个项目都生成一张以该项目为标题的幻灯片,如图 5-19 所示。

* 单位概况	单位概况
* 单位组织结构	单位组织结构
* 单位政策与福利	单位政策与福利
* 相关程序、绩效考核	相关程序、绩效考核
* 各部门介绍	各部门介绍

图 5-18　项目升级前　　　　　　图 5-19　项目升级后

（4）选中第 4 张幻灯片，按【Delete】键将其删除。

（5）选中"单位概况"这张幻灯片，将相关文字资料从 Word 文档中复制到幻灯片中。

（6）选中"单位组织结构"这张幻灯片，选中【插入】—【SmartArt】—【层次结构】—【组织结构】。根据需要增减形状，结果如图 5-20 所示。

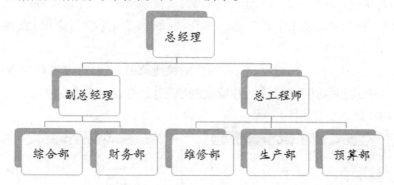

图 5-20　调整组织结构图的颜色

（7）选中该图形，选择【更改颜色】—【彩色】—【彩色范围–强调文字颜色 5 至 6】，效果如图 5-20 所示。

2. 插入声音

（1）选择"标题幻灯片"（第 1 张幻灯片），选择【插入】选项卡，单击【音频】—【文件中的音频】选项，如图 5-21 所示。

（2）打开【插入音频】对话框，选择声音文件【素材】—【项目五】—【A Morning In Cornwall. mp3】。

（3）单击【确定】按钮，即插入声音。选择【播放】菜单即可设置开始播放方式及幻灯片放映时是否隐藏声音图标。

图 5-21　插入声音文件

提示：插入的音频文件需与演示文稿保存在同一个文件夹中，且在复制或移动到其他计算机中进行播放时，必须复制或移动整个文件夹，否则音频文件将丢失或不正常播放。

3. 母版

选择【视图】选项卡,单击【幻灯片母版】按钮,见图 5-22,进入幻灯片母版视图,如图 5-23 所示。

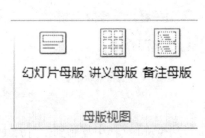

图 5-22 【幻灯片母版】按钮

图 5-23 幻灯片母版视图

(1)在幻灯片中的空白位置右击,在弹出的快捷菜单中选择【设置背景格式】命令,打开【设置背景格式】对话框,在其中选择填充浅绿色,单击【全部应用】按钮,如图 5-24 所示。

(2)在幻灯片中的空白位置右击,在弹出的快捷菜单中选择【设置背景格式】命令,打开【设置背景格式】对话框,选择【图片或纹理填充】,单击【文件】按钮,打开【插入图片】对话框,如图 5-25 所示。

图 5-24 设置背景填充颜色

图 5-25 设置背景透明

(3)选择【素材】—【项目五】—【背景.jpg】文件,插入后并调整图片效果。打开【设置背景格式】对话框,将【透明度】调整为"20%",如图 5-25 所示。

(4)选择【艺术效果】选项卡,将图片设置为【线条图】,如图 5-26 所示。

(5)选中【标题占位符】,右击,在弹出的菜单中选择【大小和位置】命令,将标题占位符设置为高 3 厘米,宽 22.86 厘米,字体为华文行楷、44 磅、加粗。将内容占位符设置为高 12 厘米,宽 22.86 厘米,修改项目符号为"@",效果如图 5-27 所示。

图 5-26　设置背景图片艺术效果

图 5-27　幻灯片母版设置后的效果

(6)选中标题幻灯片,选择【幻灯片母版】选项卡,单击【背景】组中的对话框启动器按钮,在弹出的对话框中选择"图片更正"选项卡,单击【文件】按钮,选择【素材】—【项目五】—【背景.jpg】图片,插入后调整图片效果。打开"设置背景格式"对话框,将"透明度"调整为"50%",选择【艺术效果】选项卡,将图片设置为【线条图】,删除蓝色的前景色,设置主标题字体均为华文行楷、48 磅、加粗、深蓝色,副标题字体 36 磅、深蓝色、加粗,效果如图 5-28 所示。

(7)单击【关闭母版视图】按钮,如图 5-29 所示,新设计的母版即被幻灯片使用,如图 5-30所示。

图 5-28　幻灯片标题母版设置后效果

图 5-29　关闭母版视图按钮

提示:母版体现了演示文稿的外观,包含了演示文稿中的共有信息。修改后的母版中的任何格式或添加对象均会反映于该母版的所有幻灯片中。每个演示文稿提供了一个母版集合,包括幻灯片母版、标题母版、讲义母版、备注母版等。母版设计好后保存为扩展名为 .pot 的文件,保存路径为 C:Program Files \ Microsoft Office \ Templates \ Presentation Designs,即被保存为设计模板。

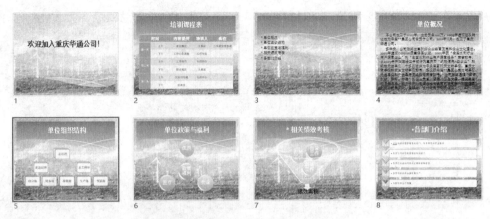

图 5-30　设置幻灯片母版后的效果

任务二　超链接

一、相关知识

浏览网页时,移动鼠标,指向某些文本或图像,光标即会变成小手的形状,这时单击鼠标,就会打开另一个页面,这就是超链接。

超链接是网页中由一个地方跳转到另一个地方(网页、网站或文件)的指针,跳转的起点称为源端点或简称源、锚、锚点,跳转的终点即跳转到的页面称为目标端点或简称目标、目的、目标锚。超链接指出了源端点、目标端点及从源端点到目标端点的路径即地址。

超链接按源端点区分为有文本超链接、图像超链接和表单超链接。文本超链接就是利用文本为源端点构建的超链接。在浏览器中,文本超链接的锚点一般显示为带有下划线的文字,图像超链接的源端点是图像,表单超链接的源端点可能是菜单或按钮等表单对象。

超链接按目标端点可以分为外部链接、内部链接、局部链接和 E-mail 链接。外部链接是链接到本站点之外的站点或文档,利用这种链接,可以跳转到其他的网站上。内部链接的目标端点是本站点中的其他文档,利用这种链接,可以跳转到本站点其他的页面上。局部链接的目标端点是文档中的某个位置,如文档中间、末尾、开头或某个指定的位置,也可以是其他文档中的某一指定位置。E-mail 链接的目标端点是一个 E-mail 地址,单击这种链接,可以启动电子邮件程序,书写邮件并发送到指定的地址。

为了更清晰地表示超链接,特别是文本超链接及它们的链接状态,在网页中可以对超链接及它们的不同状态使用不同的颜色显示。

未访问链接的文本颜色:表示正常显示下超链接的文本颜色。

已访问链接的文本颜色:表示已经单击并正确链接过的超链接的颜色,就是说,对已访问过的超链接可以使用另一种颜色显示。

正在访问的超链接的文本颜色:表示单击以后,正在链接时,超链接显示的颜色。通常链接的网页很快就显示出来了,所以平时不容易看到它的效果。

默认状态下,多数浏览器将未访问的链接文本颜色显示为蓝色。可以利用页面属性来改变超链接的各种状态的颜色。

二、操作步骤

（1）选中第 3 张"单位情况介绍"幻灯片中的项目"单位概况"，选择【插入】—【超链接】按钮（或按【Ctrl】+【K】组合键打开【插入超链接】对话框），如图 5-31 所示。单击【链接到】—【本文档中的位置】选项，然后在右侧的【请选择文档中的位置】列表框中选择"4. 单位概况"，如图 5-32 所示。

图 5-31 【超链接】按钮

图 5-32 【插入超链接】对话框

（2）单击【屏幕提示】按钮，打开【设置超链接屏幕提示】对话框，在【屏幕提示文字(T)】文本框中输入【单击此处链接到"单位概况"】。

（3）单击【确定】按钮，返回【插入超链接】对话框，继续单击【确定】按钮完成超链接设置。使用同样的方法完成"单位组织结构""单位政策与福利""相关程序、绩效考核""各部门介绍"的超链接设置。添加超链接后，文字下方会出现下划线，并按"幻灯片设计"中的"配色方案"改变颜色，在放映过程中，当将鼠标指针移动至对象上后，它会变成手的形态并出现提示文字，单击后会链接至相应的幻灯片。对文本框、图片等对象也能设置超链接，只是外观不会有变化。

任务三　动画设置

一、相关知识

动画在运行演示文稿的过程中可以控制对象在何时以何种方式出现在幻灯片上，可应用于幻灯片中的任何对象，可以使用进入、强调、退出、动作路径等效果，还可以对单个对象应用多个动画。

1. 选择动画种类

选中图片或文字，再选择【动画】菜单，可以对这个对象进行四种动画设置，分别是：进入、强调、退出和动作路径。

"进入"是指对象"从无到有"。

"强调"是指对象直接显示后再出现的动画效果。

"退出"是指对象"从有到无"。

"动作路径"是指对象沿着已有的或者自己绘制的路径运动。

菜单栏下的一排绿色的图标都是指出现方式，用鼠标左键单击，再点击左边的预览按钮可以查看效果,如果不满意,可以再单击别的方式更改。

2. 方向序列设置

点击【效果】按钮,可以对动画出现的方向、序列等进行调整。

3. 开始时间设置

开始时间选择:默认为【单击时】,如果单击【开始】后的下拉选框,则会出现【与上一动画同时】和【上一动画之后】。顾名思义,如果选择【与上一动画同时】,那么此动画就会和同一张PPT中的前一个动画同时出现(包含过渡效果在内),选择后者就表示上一动画结束后再立即出现。如果有多个动画,建议选择后两种开始方式,这样对于幻灯片的总体时间比较好把握。

4. 动画速度设置

调整【持续时间】,可以改变动画出现的快慢。

5. 延迟时间设置

调整【延迟时间】,可以让动画在【延迟时间】设置的时间到达后才开始出现,这对于动画之间的衔接特别重要,便于观众看清楚前一个动画的内容。

6. 调整动画顺序

如果需要调整一张PPT里多个动画的播放顺序,则单击一个对象,在【对动画进行重新排序】下面选择【向前移动】或【向后移动】。更为直接的办法是单击【动画窗格】,在右边框旁边出现【动画窗格】对话框。拖动每个动画,改变其上下位置可以调整出现顺序,也可以单击右键将动画删除。

7. 设置相同动画

如果希望在多个对象上使用同一个动画,则先在已有动画的对象上单击左键,再选择【动画刷】,此时鼠标指针旁边会多一个小刷子图标。用这种格式的鼠标单击另一个对象(文字、图片均可),则两个对象的动画完全相同,这样可以节约很多时间。但动画重复太多会显得单调,需要有一定的变化。

8. 添加多个动画

同一个对象,可以添加多个动画,如进入动画、强调动画、退出动画和路径动画。比如,设置好一个对象的进入动画后,单击【添加动画】按钮,可以再选择强调动画、退出动画或路径动画。

9. 添加路径动画

路径动画可以让对象沿着一定的路径运动,PPT提供了几十种路径。如果没有自己需要的,可以选择【自定义路径】,此时,鼠标指针变成一支铅笔,我们可以用这支铅笔绘制自己想要的动画路径。如果想要让绘制的路径更加完善,可以在路径的任一点上单击右键,选择【编辑顶点】,可以通过拖动线条上的每个顶点或线段上的任一点调节曲线的弯曲程度。

二、操作步骤

(1)选中"培训课程表"中的表格,选择【动画】选项卡,单击【飞入】按钮,如图5-33所示。

(2)单击【效果选项】下拉按钮,选择【自右侧】选项,单击【开始】下拉按钮,选择【上

图 5-33　设置幻灯片内容的动画

一动画之后】选项,将【持续时间】设置为 01.00 秒,如图 5-34 所示。

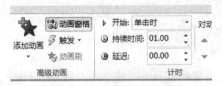

图 5-34　动画的高级设置

(3)完成设置后可通过单击【幻灯片放映】按钮观看效果。

任务四　幻灯片的放映、打印和打包

一、相关知识

1. 排练计时

幻灯片放映有两种方式,即手动放映和自动放映。在设置自动放映前要先设置排练时间。

(1)选择【幻灯片放映】—【排练计时】按钮,幻灯片开始放映,同时启动计时系统,如图 5-35 所示。在放映过程中可以根据演示内容,通过鼠标控制放映时间。放映完毕后,在打开的对话框中显示放映的时间,如图 5-36 所示。

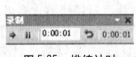

图 5-35　排练计时

图 5-36　排练总时间

(2)单击【是】按钮保存排练时间,返回到幻灯片预览视图,在每张幻灯片下方都标有排练用时,如图 5-37 所示。

(3)选择【幻灯片放映】选项卡,单击【设置幻灯片放映】按钮,打开【设置放映方式】对话框,将"换片方式"设置为"如果存在排练时间,则使用它",如图 5-38 所示。

(4)选择【幻灯片放映】选项卡,单击【观看放映】按钮,演示文稿将自动播放。

2. 幻灯片放映控制快捷键

PowerPoint 在全屏幕模式下进行演示时,用户可以控制幻灯片放映的方式有右键快捷菜单和放映按钮。此外,用户还可以使用专用控制幻灯片放映的快捷键。

(1)按【N】键、【Enter】键、【PageDown】键、【→】键、【↓】键或空格键:执行下一个动画或切换到下一张幻灯片。

(2)按【P】键、【PageUp】键、【←】键、【↑】键或【Backspace】键:执行上一个动画或返回到上一个幻灯片。

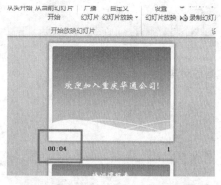
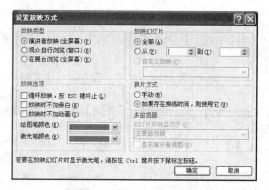

图 5-37 每张幻灯片的排练用时 　　　图 5-38 设置幻灯片放映方式

（3）按【B】键或【。】键：黑屏或从黑屏返回幻灯片放映。

（4）按【W】键或【，】键：白屏或从白屏返回幻灯片放映。

（5）按【S】键或【＋】键：停止或重新启动自动幻灯片放映。

（6）按【Esc】键、【Ctrl】＋【Break】组合键或【－】键（连字符）：退出幻灯片放映。

（7）按【E】键：擦除屏幕上的注释。

（8）按【H】键：切换到下一张隐藏幻灯片。

（9）按【T】键：排练时设置新的时间。

（10）按【O】键：排练时使用原设置时间。

（11）按【M】键：排练时切换到下一张幻灯片。

3. 幻灯片的打印

幻灯片制作完成后一般用多媒体设备放映出来，但根据需求也可以打印到纸上。在 PowerPoint 2010 中，可以创建并打印幻灯片，并且可以使用彩色、黑白或灰度来打印。打印时的页面设置与 Word 中类似，这里不再赘述。在一台连有打印机的计算机上打开制作好的演示文稿，选择【文件】—【打印】菜单命令，或按快捷键【Ctrl】＋【P】，打开如图 5-39 所示的界面。在【整页幻灯片】下拉列表中分别选择【幻灯片】【讲义】【备注页】选项，便可在窗口右侧预览打印效果。

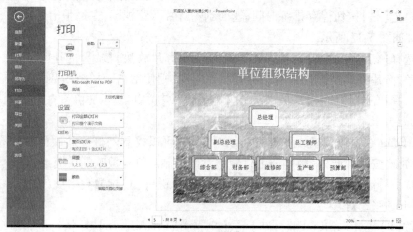

图 5-39 打印设置

4. 打包成 CD

（1）选择【文件】—【保存并发送】—【将演示文稿打包成 CD】菜单命令，如图 5-40 所示，显示"将演示文稿打包成 CD"界面。

图 5-40　"将演示文稿打包成 CD"界面

（2）单击【复制到文件夹】按钮，如图 5-41 所示，打开【复制到文件夹】对话框。

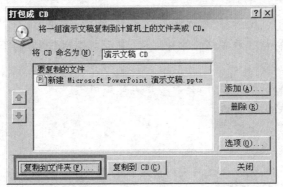

图 5-41　打包成 CD

（3）在【文件夹名称】文本框中输入文件名"重庆华通公司新进人员培训"，单击【位置】文本框右侧的【浏览】按钮，选择将演示文稿打包后保存的位置，单击【确定】按钮，演示文稿即被打包成 CD 并保存在选择的位置。打包后，系统自动将 PowerPoint 播放器、链接文件（如动画、影音文件）添加到文件夹中，即使计算机中没有安装 PowerPoint 软件，也一样能放映幻灯片。

【项目拓展】

制作班级联欢会演示文稿

1. 收集班级联欢会需要的素材；

2. 应用模板或主题创建演示文稿；

3. 插入对象（如图片、文本框、艺术字等）并设置其格式；

4. 应用幻灯片的版式、背景、动画、切换、超链接等；

5. 保存要求：保存在个人文件夹中，命名为"班级联欢会.pptx"。

项目小结

通过本项目的学习,能够利用 PowerPoint 制作集文字、图形、图像、声音及视频剪辑等多媒体对象于一体的演示文稿,并能在幻灯片中插入各种动画效果,设置不同的切换效果,以及在投影仪和计算机上将演示文稿进行演示。

习　题

一、单选题

1. 在 PowerPoint 中,有关人工设置放映时间的说法中错误的是(　　)。
   A. 只有单击鼠标时换页　　　　　　　　B. 可以设置在单击鼠标时换页
   C. 可以设置每隔一段时间自动换页　　　D. B、C 两种方法可以换页

2. 在 PowerPoint 的(　　)视图中,以条目的形式显示,并在右边显示幻灯片的预览效果。
   A. 大纲　　　　　　B. 幻灯片浏览　　　　　C. 备注页　　　　　D. 幻灯片

3. PowerPoint 是制作演示文稿的软件,一旦演示文稿制作完毕,下列相关说法中错误的是(　　)。
   A. 可以制成标准的幻灯片,在投影仪上显示出来
   B. 不可以把它们打印出来
   C. 可以在计算机上演示
   D. 可以加上动画、声音等效果

4. 在 PowerPoint 中,有关在大纲视图中输入和编辑文本的说法中正确的是(　　)。
   A. 按【Shift】+【Enter】组合键使下一行输入文本的等级与上一行不同
   B. 按【Ctrl】+【Enter】组合键使下一行输入文本的等级与上一行不同
   C. 按【Space】键使下一行输入文本的等级与上一行不同
   D. 按【Enter】键使下一行输入文本的等级与上一行不同

5. 关于在 PowerPoint 中实现自动播放,下列说法正确的是(　　)。
   A. 选择"观看放映"方式　　　　　　　　B. 选择"排练计时"方式
   C. 选择"自动播放"方式　　　　　　　　D. 选择"录制旁白"方式

6. 关于 PowerPoint,下列说法正确的是(　　)。
   A. 不可以在幻灯片中插入剪贴画和自定义图像
   B. 可以在幻灯片中插入声音和影像
   C. 不可以在幻灯片中插入艺术字
   D. 不可以在幻灯片中插入超链接

7. 在 PowerPoint 中,有关插入幻灯片的说法中错误的是(　　)。
   A. 选择【插入】菜单中的【新幻灯片】命令,在打开的对话框中选择相应的版式

B. 可以从其他演示文稿中插入幻灯片

C. 在浏览视图下单击鼠标右键,选择【插入新幻灯片】命令

D. 在大纲视图下单击要插入新幻灯片的位置,按回车键

8. 在 PowerPoint 中,有关修改图片,下列说法错误的是(　　)。

A. 裁剪图片是指保存图片的大小不变,而将不希望显示的部分隐藏起来

B. 当需要重新显示被隐藏的部分时,还可以通过【裁剪】工具进行恢复

C. 如果要裁剪图片,单击选定图片,再单击【图片】工具栏中的【裁剪】按钮

D. 按住鼠标右键向图片内部拖动时,可以隐藏图片的部分区域

9. 在 PowerPoint 中,关于表格,下列说法错误的是(　　)。

A. 要向幻灯片中插入表格,需切换到普通视图

B. 要向幻灯片中插入表格,需切换到幻灯片视图

C. 可以向表格中输入文本

D. 只能插入规则表格,不能在单元格中插入斜线

10. 在 PowerPoint 中,有关输入和编辑文本的说法中正确的是(　　)。

A. 只能在幻灯片视图中进行

B. 只能在普通视图中进行

C. 只能在幻灯片视图和大纲视图中进行

D. 既可在普通视图或幻灯片视图中进行,也可以在大纲视图中进行

11. 下列视图中不属于 PowerPoint 2010 视图的是(　　)。

A. 幻灯片视图　　　　B. 页面视图　　　　C. 大纲视图　　　　D. 备注页视图

12. (　　)视图是进入 PowerPoint 2010 后的默认视图。

A. 幻灯片浏览　　　　B. 大纲　　　　　　C. 幻灯片　　　　　D. 普通

13. 在 PowerPoint 2010 中,若要在"幻灯片浏览"视图中选择多个幻灯片,应先按住(　　)键。

A.【Alt】　　　　　　B.【Ctrl】　　　　　C.【F4】　　　　　　D.【Shift】+【F5】

14. 在 PowerPoint 2010 中,【文件】选项卡可创建(　　)。

A. 新文件,打开文件　　　　　　　　B. 图标

C. 页眉或页脚　　　　　　　　　　　D. 动画

15. 在 PowerPoint 2010 中,【插入】选项卡可以创建(　　)。

A. 新文件,打开文件　　　　　　　　B. 表,形状与图标

C. 文本左对齐　　　　　　　　　　　D. 动画

16. 在 PowerPoint 2010 中,【设计】选项卡可自定义演示文稿的(　　)。

A. 新文件,打开文件　　　　　　　　B. 表,形状与图标

C. 背景,主题设计和颜色　　　　　　D. 动画设计与页面设计

17. 在 PowerPoint 2010 中,【动画】选项卡可以用于设置幻灯片上的(　　)。

A. 对象应用,更改与删除动画　　　　B. 表,形状与图标

C. 背景,主题设计和颜色　　　　　　D. 动画设计与页面设计

18. 在 PowerPoint 2010 中,【视图】选项卡可以查看幻灯片的(　　)。

  A. 母版,备注母版,幻灯片浏览   B. 页号

  C. 顺序   D. 编号

19. 要进行幻灯片页面设置、主题选择,可以在( )选项卡中操作。

  A. 开始   B. 插入   C. 视图   D. 设计

20. 要对幻灯片母版进行设计和修改,应在( )选项卡中操作。

  A. 设计   B. 审阅   C. 插入   D. 视图

二、判断题

1. 在 PowerPoint 2010 中创建和编辑的单页文档称为幻灯片。   ( )

2. 在 PowerPoint 2010 中创建的一个文档就是一张幻灯片。   ( )

3. PowerPoint 2010 是 Windows 家族中的一员。   ( )

4. 设计制作电子演示文稿不是 PowerPoint 2010 的主要功能。   ( )

5. 幻灯片的复制、移动与删除一般在普通视图下完成。   ( )

6. 当创建空白演示文稿时,可包含任何颜色。   ( )

7. 幻灯片浏览视图是进入 PowerPoint 2010 后的默认视图。   ( )

8. 在 PowerPoint 2010 中使用文本框,在空白幻灯片上即可输入文字。   ( )

9. 在 PowerPoint 2010 的"幻灯片浏览"视图中可以给一张幻灯片或几张幻灯片中的所有对象添加相同的动画效果。   ( )

10. PowerPoint 2010 幻灯片中可以处理的最大字号是初号。   ( )

三、填空题

1. 用 PowerPoint 创建的用于演示的文件称为_____。

2. PowerPoint 的普通视图可同时显示幻灯片、大纲和_____,而这些视图所在的窗格都可调整大小,以便可以看到所有的内容。

3. PowerPoint 的一大特色就是可以使演示文稿的所有幻灯片具有一致的外观。控制幻灯片外观的方法主要有_____、_____、_____、_____。

4. PowerPoint 中,可以为幻灯片中的文字、形状、图形等对象设置动画效果,设计基本动画的方法是先在_____窗格中选择对象,然后使用【幻灯片放映】菜单中的_____命令。

5. 在_____视图中,可以方便地利用工具栏给幻灯片加切换效果。

6. 同一个演示文稿中的幻灯片,只能使用_____个模板。

7. 在 PowerPoint 2010 中,标题栏显示_____。

8. 在 PowerPoint 2010 中,快速访问工具栏默认情况下有_____、_____、_____等三个按钮。

9. 要在 PowerPoint 2010 中设置幻灯片动画,应在_____选项卡中进行操作。

10. 要在 PowerPoint 2010 中显示标尺、网络线、参考线,以及对幻灯片母版进行修改,应在_____选项卡中进行操作。

项目六　Access 2010 数据库管理

Microsoft Office Access 是由微软发布的关系数据库管理系统。它结合了 Microsoft Jet Database Engine 和图形用户界面两项特点，是 Microsoft Office 的系统程序之一。通过对数据管理软件 Access 的学习，了解创建 Access 数据库的方法，掌握数据库的创建编辑操作，了解查询对象的创建及计算。

【学习目标】

1. 了解 Access 数据库的特点与主要功能。
2. 掌握创建数据库的方法。
3. 掌握数据表的创建、编辑以及查询对象的创建、计算等。

子项目一　创建数据库

【项目描述】

Access 是 Microsoft 公司开发的面向办公管理的关系型数据库管理系统，在许多企事业单位的日常办公管理中被广泛应用。本项目要求利用 Access 2010 来创建和管理学院教务情况。具体要求为：利用模板创建数据，创建教务管理数据库。

任务一　认识 Access 的数据库

Access 2010 将数据库保存为扩展名为"accdb"的文件，例如，教务管理数据库文件的名字为"教务管理 .accdb"。Access 2010 数据库由 6 个对象组成：用来存储数据的"表"，查找和管理各表记录的"查询"，界面友好的"窗体"，灵活方便的"报表"，用来开发系统的"宏"和"模块"。Access 2010 的主要功能就是通过这 6 种数据对象来完成的。

一、表

表(Table)是数据库的核心，用来存放数据库中的全部数据。当在 Access 系统中要创建数据库时，首先就是要建立各种表，每个表保存同一类数据，由一行行记录组成，而每个记录由若干字段组成。例如，教务管理数据库中有学生基本情况表、成绩表、课程表等，分别存储学生信息、成绩、课程等不同的信息。一个数据库中的多个表并不是孤立存在的，可通过外键在表之间建立联系。

二、查询

查询(Query)是用户希望查看表中的数据时，通过设置某些条件，从表中获取所需要的数据。按照指定的规则,查询可以从一个表或多个相关表(或查询)获得全部或部分数据,并将其集中起来形成一个集合供用户在屏幕中查看,也可以把查询结果在窗体中显示或在报表中打印出来。Access还允许用户对查询结果成批执行一个命令,如更新、删除或生成表等。

三、窗体

窗体是用户与数据库应用系统进行人机交互的界面,用户可以通过窗体方便而直观地浏览、输入和编辑数据表中的数据。在窗体中,不仅可以包含普通的数据,还可以包含图片、图形、声音、视频等多种对象。

四、报表

如果用户想把数据库中的有用数据打印出来,报表(Report)是最简单且有效的方法。报表可以按照用户的要求将选择的数据以特定的格式显示或打印。窗体和报表的数据来源可以是表,也可以是查询。

五、宏

宏(Macro)是一个或多个命令的集合,每个命令可以完成特定的功能,如打开某个窗体或某个查询等。Access通过宏的方式整合一组命令,可以简化一些经常性、重复性的工作,使管理和维护数据库更加有效。

六、模块

模块(Module)就是用VBA(Visual Basic Application)编写的一段程序。模块和宏是对Access数据库功能的强化,但模块能够完成比宏更为复杂的功能。模块是声明、语句和过程的集合。需要说明的是,在Access 2010中,不再支持Access 2003中的数据访问页对象。如果希望在Web上部输入窗体并在Access数据库中实现,则需要将数据库部署到Microsoft Windows SharePoint Service服务器上,使用Windows SharePoint Service提供的工具实现指定的要求。

任务二　使用模板创建"学生"数据库

Access 2010提供了12个数据库模板。用户可以根据需要,以这些数据库模板为基础并且在向导的帮助下,对模板稍加修改,创建出满足需要的数据库。

具体操作步骤如下:

(1)启动Access 2010软件。

(2)单击【样本模板】按钮,从列出的模板数据库中选择【学生】模板,如图6-1所示。

(3)在屏幕右下方设置数据库文件的保存位置和文件名称。

(4)单击【创建】按钮,完成数据库的创建,如图6-2所示,在新创建的数据库

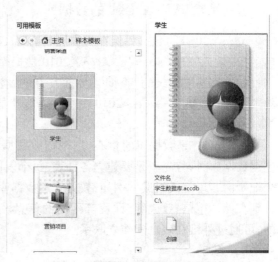

图6-1　利用模板创建数据库对话框

中已有表、查询、窗体、报表等对象。

任务三　创建"教务管理"空白数据库

用户也可以直接创建空白数据库,然后根据实际需求添加数据表、查询、窗体等数据库对象。这种方式是创建数据库的常见方法,适合于创建各种不同的数据库。

具体操作步骤如下:

(1)启动 Access 2010。

(2)单击【空数据库】按钮。

(3)在屏幕右下方设置数据库文件的保存位置和文件名称。

(4)单击【创建】按钮,完成数据库的创建,如图 6-3 所示。

创建的"教务管理"数据库是一个空库,其中只有一个自动创建的数据表(名称为表 1),并以数据表视图方式打开该表(见图 6-4),用户可以添加字段。

图 6-3　创建空白数据库

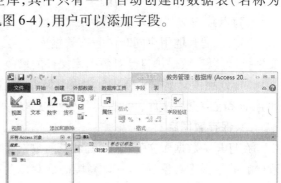

图 6-2　使用模板方式创建的数据库

图 6-4　新建空白数据库"表 1"的数据表视图

任务四　数据库的基本操作

数据库的基本操作包括数据库的打开和关闭等。打开数据库就是将保存在外部存储设备中的数据库文件装入计算机内存中,以便对数据库进行各种操作。而关闭数据库与打开数据库刚好相反,是将当前内存中打开的数据库文件存入外部存储设备中。

Access 2010 数据库是一个独立的文件,任何时刻只能打开一个数据库文件。但在每个数据库中可以包括许多表、查询、窗体、报表、宏和模块等数据库对象,也可以在一个数据库中同时运行多个数据库对象。

一、打开数据库

打开数据库的操作步骤如下:

(1)启动 Access 2010。

(2)选择【文件】标签后单击【打开】选项。

（3）在弹出的对话框中选择要打开的文件，单击【打开】按钮，即可打开所选数据库。

提示：Access 能够自动记忆最近打开过的数据库。对于最近使用过的数据库文件，只需要在【文件】标签下单击【最近所用文件】选项，就可以看到最近使用过的文件。

在 Access 2010 中，数据库文件的打开方式有 4 种，如图 6-5 所示。

（1）打开。以共享方式打开数据库文件，这时网络上的其他用户可以再打开这个文件，也可以同时编辑该文件。这是默认的数据库文件的打开方式，如果在局域网中开发数据库应用系统，最好不要采用这种方式。

（2）以只读方式打开。如果只是想查看已有的数据库而不是对数据库进行编辑操作，则可以选择只读方式打开，这种方式可防止对数据库文件的误操作。

（3）以独占方式打开。此种方式可以防止网络上的其他用户同时访问该数据库文件，也可以有效保护自己对数据库文件的修改。

图 6-5　打开数据库方式

（4）以独占只读方式打开。如果要防止网络上的其他用户同时访问该数据库文件，而且不修改数据库文件，可以选择这种方式打开数据库文件。

二、保存数据库

在打开了数据库文件以后，就可以向数据库中添加表、查询等数据库对象，或编辑修改已有的数据库对象了，应该注意随时保存以防数据丢失。数据库的保存方式可以直接选择【保存】命令，也可以选择【数据库另存为】，定义数据库保存的路径和文件名称。

三、关闭数据库

在完成了对数据库的各种操作后，当不再需要当前数据库时，就可以关闭数据库了。

四、备份数据库

数据库备份是保护数据库中数据的常用安全措施，操作步骤如下：

（1）选择【文件】标签下的【保存并发布】选项，然后单击【备份数据库】按钮，即可完成数据库的备份，如图 6-6 所示。

（2）系统将弹出【另存为】对话框，默认的备份文件名为"数据库名 + 备份日期"，单击【保存】按钮，即可完成数据库备份。

提示：数据库的备份功能类似于文件的"另存为"功能，其实利用 Windows 的"复制"功能或者 Access 的"另存为"功能都可以完成数据库的备份工作。

图 6-6　备份数据库窗口

五、查看数据库的属性

对于一个打开的数据库,可以通过查看数据库属性来了解数据库的有关信息。

操作步骤如下:

(1)打开【文件】标签,单击【选项】按钮,再选择【当前数据库】选项。

(2)在弹出的数据库属性对话框中,用户可以对当前数据库的属性进行查看或可以看到文件的类型、存储位置及大小等信息。

子项目二　创建数据表

【项目描述】

表是数据库文件的核心,同时也是所有查询、窗体和报表的基础。设计良好的表结构,对整个数据库系统的高效运行非常重要。具体要求:掌握数据表结构的建立及数据表中数据的输入、各种数据表的常用操作,如筛选、排序等。

任务一　表结构设计

表作为 Access 数据库六大对象之一,是数据库中存储数据的唯一对象。设计良好的表结构,对整个数据库系统的高效运行非常重要。本项目着重介绍数据表结构的建立及数据表中数据的输入,同时介绍各种数据表的常用操作,如筛选、排序等。

通常,设计表需要从以下几个方面进行定义:

(1)表的名字。

(2)表中有哪些字段。

(3)每个字段的信息(如字段名字、类型、长度、默认值及取值规则等)。

(4)表的索引字段。

(5)向表中输入数据。

把前四步骤看做是定义表的结构的设计,而向表中输入数据则是对表内容的编辑操作。

一、表的构成

Access 是关系型数据库管理系统,数据表是满足关系模型的二维表。所谓二维表,就是由横坐标和纵坐标组成,用来反映某个事物(实体)的相关信息的关系结构。二维表中通过纵坐标表示实体的某个同性的值,通过横坐标表示实体集中每个实体各个属性的值。

如果将二维表的名称也算在内,二维表就由表名、列名和表内容三部分组成。如表 6-1 所示,是学生基本情况表,反映了实体集学生的基本情况信息。其中,表名是用户访问数据的唯一标识,列名即表的字段,表中所有字段的集合完整地记录每个实体,定义字段需要定义字段名称、类型、宽度等。

二、字段名

字段就是表中的一列,数据表中的一列就是数据表的一个字段。给字段命名可以方便用户使用和识别字段。字段名称在数据表中是唯一的。在 Access 2010 中,字段名称应遵循下列命名规则:

表 6-1　学生基本情况资料

学号	姓名	性别	出生日期	政治面貌	班级编号	毕业学校
20160001	卢挠	女	1995 – 5 – 1	团员	20161010	重庆一中
20160002	郝建设	男	1995 – 8 – 9	团员	20161010	重庆一中
20160003	李林	女	1995 – 8 – 12	团员	20161010	重庆三中
20160004	刘族	女	1995 – 4 – 14	团员	20161010	重庆一中
20160005	徐颖	女	1995 – 2 – 3	团员	20161010	重庆一中
20160006	王锦	男	1995 – 3 – 9	团员	20161010	重庆三中
20160007	纪辉	男	1995 – 2 – 6	党员	20161011	重庆一中
20160008	邵林铁	男	1995 – 8 – 7	群众	20161011	重庆八中
20160009	毕进字	男	1995 – 6 – 13	团员	20161011	重庆三中
20160010	靳晖	女	1995 – 11 – 1	团员	20161011	重庆一中
20160011	李明	男	1995 – 3 – 14	团员	20161011	重庆八中
20160012	张红	女	1995 – 9 – 15	党员	20161011	重庆八中

（1）长度最多可以达 64 个字符。

（2）可以包含字母、汉字、数字和空格，以及除句号（。）、惊叹号（!）、重音符号（.）和方括号（[ ]）以外的所有特殊字符。

（3）不能使用前导空格或控制字符（即 ASCII 值为 0 ~ 31 的字符）。

（4）不能以空格开头。

三、字段类型

在 Access 表中，每个字段都有自己的数据类型，字段的类型决定了该字段可以存储的数据的类型。为方便用户完成复杂的数据处理，Access 提供了文本、数字、日期/时间、查阅向导、附件、计算和自定义型等 13 种数据类型。其中，自定义型是 Access 2010 中新增加的功能。对于数字型数据，还细分为字节型、整型、长整型、单精度型和双精度型 5 种类型。

1. 文本型

文本型字段数据类型是 Access 默认的数据类型。它用来存储由文字字符或不具有计算能力的数字字符组成的数据，是最常用的字段类型之一。如"姓名"字段、"学号"字段等。

文本型字段宽度最长为 255 个字符，默认为 50 个字符。在 Access 中，每一个汉字和所有特殊字符（包括中文标点符号）都算为一个字符。

表示方法：用单撇号（'）或双撇号（""）括起来。例如'电子商务'、"2011"等。

2. 备注型

备注型字段用于存放较长的文本数据，最多可以容纳 65535 个字符。但备注型的数据不允许进行排序操作或索引。备注型字段通常用来保存个人简历、备注或备忘录等信息。

3. 数字型

数字型字段用来存放可以进行数值运算的数据,但货币值除外。由数字(0～9)、正负号和小数点组成。数字型字段根据字段的大小划分为字节型、整型、长整型、单精度型、双精度型 5 种类型,长度由系统设置,分别为 1、2、4、4、8 个字节。

在 Aecess 中,如果某个字段被设计成数字型,则系统默认该字段的数据类型是长整型字段。

表示方法:直接书写即可。

4. 日期/时间型

用来存放日期和时间值,占 8 个字节。根据日期/时间字段数据类型存储的数据显示格式的不同,日期/时间字段数据类型又分为常规日期、长日期、中日期、短日期、长时间、中时间和短时间等类型。

表示方法:加英文字符"#",如#2012 – 01 – 01、#2012 – 01 – 01 3:30 pm 等。

注意:日期和时间之间保留一个空格。

5. 货币型

用来保存货币值,占 8 个字节。给货币型字段输入数据时,不用输入货币符号及千位分隔符,Access 会自动根据所输入的数据添加货币符号和千位分隔符。当数据的小数部分超过 2 位时,Access 系统会根据输入的数据自动完成四舍五入。

6. 自动编号型

用来保存递增数据或随机数据。默认是长整型。

自动编号型字段的数据不需输入,当向表中添加一条记录时,Access 系统会自动给该字段加 1 或随机编号。自动编号不能更新。

7. 是/否型

用来保存只有两个取值的字段,占 1 个字节,如"婚否""是否党员"等。是/否型字段通常用来表示逻辑值(真假,是否),不能用来索引。

表示方法:True/False。

8. OLE 对象

用来嵌入或链接其他应用程序建立的文件,如 Word 文档、声音文件等。

9. 超链接

用于存放超链接地址,为文本类型,最多为 64000 个字符,如 http://www.sina.com.cn。

10. 查阅向导型

用来实现查阅另外数据表中的数据或从一个列表中选择的字段。对于某一具体数据而言,可以使用的数据类型可能有多种,如电话号码可以使用数字型,也可使用文本型,但只有一种是最合适的。

四、教务管理系统数据库的表结构

数据库建立完了之后,需要明确数据库里需要建立多少张数据表,以及每张数据表所要包含的信息内容。例如,学生的基本信息包括学生的学号、姓名、性别等,根据数据表所含的内容,确定所需要的字段和字段的数据类型。

如果我们假设教学管理系统的功能需求为学生基本信息的管理、课程基本信息的管理和学生所选课程考试成绩的管理,那么在教务管理数据库中需要包括学生、课程、成绩3个基本表,表6-2~表6-4是这3个表的结构。

表6-2 "学生"表结构

字段名	字段类型	长度	是否为空	主键	索引
学号	文本	10	否	√	有(无重复)
姓名	文本	10	是		
性别	文本	1	是		
出生日期	日期/时间	短日期	是		
院系	文本	16	是		
是否党员	是/否		是		
民族	文本	10	是		
籍贯	文本	20	是		
入学成绩	数字	单精度型	是		
学费	货币		是		
住址	文本	20	是		
家庭电话	文本	12	是		
E-mail	文本	20	是		
照片	OLE 对象		是		
备注	备注		是		

表6-3 "课程"表结构

字段名	字段类型	长度	是否为空	主键	索引
课程号	文本	3	否	√	有(无重复)
课程名称	文本	20	是		
学分	数字	整型	是		
学时	数字	整型	是		
选课方式	文本	6	是		
开课院系	文本	16	是		
备注	备注		是		

表6-4 "成绩"表结构

字段名	字段类型	长度	是否为空	主键	索引
学号	文本	10	否	√	
课程号	文本	3	否	√	
成绩	数字	单精度	是		

任务二　通过数据表视图在"教务管理"数据库中创建"学生"表

"学生"表结构如表 6-2 所示。

具体操作步骤如下：

（1）打开"教务管理"数据库。

（2）单击【创建】选项卡下的【表】按钮，将在 Access 工作区中显示一个空白表，表名为"表1"，并以数据表视图方式打开。

（3）选择 ID 字段列，在【表格工具】—【字段】选项卡中的【属性】组中单击【名称和标题】按钮，如图 6-7 所示。

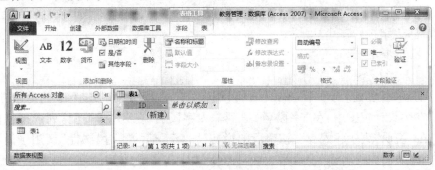

图6-7　【名称和标题】按钮

（4）在打开的【输入字段属性】对话框中定义字段的名称和标题。这里我们定义字段名称为"学号"，如图 6-8 所示。

图6-8　【输入字段属性】对话框

（5）选择"学号"字段列，在【表格工具】—【字段】选项卡的【格式】组中，把数据类型设置为"文本"，在【属性】组中把"字段大小"设置为"10"，如图 6-9 所示。

图6-9　字段的【格式】和【属性】组

（6）至此，"学号"字段定义完毕。

（7）单击"学号"列右侧的【单击以添加】按钮，选择新添加列的类型为"文本"，然后输入字段名"姓名"，并在【属性】选项组中设置字段长度为4。再用相同的方法继续定义"学生"表的其他字段。

（8）在快速访问工具栏中单击【保存】按钮完成表的创建。

（9）输入记录见素材。

任务三　通过设计视图在"教务管理"数据库中创建"课程"表

表设计视图又称为表设计器，是最常用的一种创建表的方法。使用数据表设计视图建表，可以设计功能更为复杂、要求更多的表，比如设置字段的格式、默认值或有效性规则等。

"课程"表结构如表6-3所示。

具体操作步骤如下：

（1）打开"教务管理"数据库。

（2）切换到【创建】选项卡，单击【表格】组中的【表设计】按钮，进入表的设计视图。

（3）在表设计视图中，在"字段名称"列输入字段名，在"数据类型"列选择字段的数据类型，在"说明"列中输入有关该字段的说明，窗口下部的"字段属性"区用于设置字段的属性。例如，"课程名称"字段是文本型，其最大字符个数是20。

（4）以相同的方式按照事先的设计，完成"课程"表中的其他字段设计。字段的设计结果如图6-10所示。

图6-10　表设计器方式创建"课程"表

（5）输入记录见素材。

任务四　通过数据导入在"教务管理"数据库中建立"成绩"表

所谓数据导入就是将其他数据导入到Access数据库中。其他数据可以是另外Access

数据库中的表,也可以是其他常用办公软件产生的文档,比如 Excel 工作表、Word 文档、SharePoint 列表和 Outlook 文件夹等常见的文档格式的数据。

要求将现有的素材"成绩.xlsx"导入到当前数据库中。

具体操作步骤如下:

(1)打开"教务管理"数据库。

(2)选择【外部数据】选项卡,选择【导入并链接】选项组,单击【Excel】按钮。

(3)在弹出的【获取外部数据】对话框中单击【浏览】按钮,找到要导入的文件路径和文件名称,如图 6-11 所示。

图 6-11　【获取外部数据】对话框

(4)在打开的【导入数据表向导】对话框中选中要导入的工作表,如图 6-12 所示。

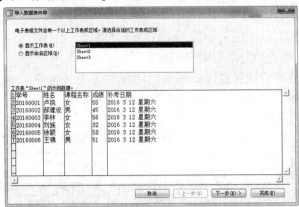

图 6-12　【导入数据表向导】对话框

(5)单击【下一步】按钮,选择新表中是否包含 Excel 数据表的第 1 行作为字段标题。

(6)单击【下一步】按钮,可以对字段名称、类型等进行相应修改,如图 6-13 所示。

(7)单击【下一步】按钮,设置主键。这里选择"学号"为主键,如图 6-14 所示。

(8)单击【下一步】按钮,为新导入的表命名"补考名单",如图 6-15 所示。单击【完成】按钮,则在数据库中新增加了"补考名单"表。

图 6-13　修改字段名称、类型

图 6-14　设置主键

图 6-15　命名

任务五　设置表中字段的属性

数据表结构的建立包括定义表名、字段名称和类型,还包括字段属性的设置。字段属性决定了如何存储、处理和显示字段中的数据。

字段属性可以分为常规属性和查阅属性两种。常规属性包括字段大小、格式、标题等,其中字段大小、格式和索引是 3 个最基本的属性,也是常用属性。表 6-5 是 Access 数据表字段的常规属性说明。

表 6-5　字段的常规属性说明

属性	说明
大小	设置文本、数据和自动编号类型的字段中数据的范围,最大字符数为 255
格式	控制显示和打印格式,选项预定义格式和输入自定义格式
小数位数	指定数据的小数位数,默认值为"自动",范围为 0 ~ 15
输入法模式	确定当焦点移至该字段时,准备设置的输入法模式
输入掩码	用于指导和规范用户输入数据的格式
标题	在各种视图中,可以通过对象的标题向用户提供字段的有关信息
默认值	自动编号和 OLE 数据类型无此项属性
有效性规则	一个逻辑表达式,用户给该字段输入的数据必须符合这个表达式
有效性文本	当输入数据不符合有效性规则时,显示的提示信息

续表6-5

属性	说明
必填字段	决定该字段是否可以取 NULL 值
允许空字符串	决定文本和备注字段是否可以等于零长度字符
索引	决定是否建立索引及索引的类型
Unicode 压缩	决定是否对该字段进行 Unicode 压缩

一、字段大小

字段大小用来定义文本字段的最大长度和数字型字段的类型。只有文本型和数字型字段可以设置该属性。

文本型字段的大小属性是指该字段能容纳的最大字符个数,其长度范围为 0 ~ 255,默认值255。数字型字段的大小共有 5 种。数字型字段默认是长整型。

二、字段格式

字段格式用于自定义文本、数字、日期/时间和是/否类型字段的输出(显示或打印)格式。它根据字段的数据类型不同而有所不同,只影响数据的显示形式而不会影响保存在数据表中的数据。

用户可以使用系统的预定义格式,也可以用格式符号来设定自定义格式,不同的数据类型使用不同的设置。

(1)文本和备注数据类型的自定义格式为:<格式符号 > ; < 字符串 >。其中,"格式符号"用来定义文本字段的格式,"字符串"用来定义字段是空串或是 NULL 值时的字段格式。

(2)是/否类型字段的格式。在 Access 中,是/否类型字段的值保存的形式与预想的不同,"是"值用 1 保存,"否"值用 0 保存。

(3)日期/时间类型的格式。如果字段类型为日期/时间型,则数据格式有"常规日期"(默认)、"长日期""中日期""短日期""长时间""中时间""短时间"7 种预定义格式。

提示:自定义格式根据 Windows【控制面板】中【区域设置属性】对话框所指定的设置来显示,与【区域设置属性】对话框中所指定的设置不一致的自定义格式将被忽略。如果要将其他分隔符添加到自定义格式中,应当将分隔符用双引号括起来。

(4)数字类型字段的格式设置。如果字段类型为数字型,则数据格式有"常规数字"(默认)、"货币"、"欧元"、"固定"、"标准"、"百分比"、"科学计数"7 种。Access 2010 在下拉菜单中给出了各种格式的例子。

数字型数据的自定义格式为:< 正数格式 > ; < 负数格式 > ; < 零值格式 > ; < 空值格式 >。

提示:在格式中共有 4 部分,每一部分都是可省略的,但分号不能省。未指明格式的部分将不会显示任何信息,或将第一部分(正数格式)作为默认值。

三、其他属性设置

1. 使用输入掩码向导为"学生"表的"出生日期"字段设置"长日期"掩码格式

具体操作步骤如下:

（1）打开"学生"表设计器窗口，选择"出生日期"字段，如图 6-16 所示。

（2）单击【输入掩码】文本框右端的 █···█ ，打开【输入掩码向导】对话框 1，在对话框中选择【长日期(中文)】选项，单击【尝试】文本框来验证输入掩码，如图 6-17 所示。

（3）单击【下一步】按钮，打开【输入掩码向导】对话框 2，单击【占位符】文本框中的按钮，在下拉列表框中选择"＊"号作为占位符，单击【尝试】文本框中的按钮来验证输入掩码，如图 6-18 所示。

图 6-16 "学生"表设计器

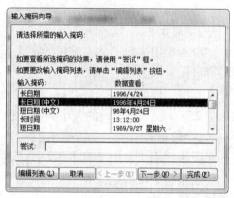

图 6-17 【输入掩码向导】对话框 1

（4）单击【下一步】按钮完成掩码设置，再单击【完成】按钮，生成输入掩码，并添加到输入掩码属性框中，如图 6-19 所示。

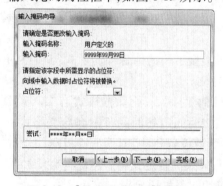

图 6-18 【输入掩码向导】对话框 2

图 6-19 "输入掩码"设置的结果

提示：如果某个字段定义了输入掩码，同时又设置了格式属性，则格式属性在数据显示时优先于输入掩码的设置。

2. 为"学生"表的"性别"字段设置有效性规则，要求只能输入"男"或"女"，有效性文本为"请输入男或女！"

有效性规则属性用来自定义某个字段数据输入的规则，以保证所输入数据的正确性。有效性规则通常是一个逻辑表达式，如果所输入的数据违反了有效性规则，则根据"有效性文本"设置的内容提示相应的信息。例如，在"成绩"表中，"成绩"字段的有效性规则是" ＞ ＝0 and ＜ ＝100"，如果所输入的数据不符合条件，则会给出"有效性规则"中设置的提示信息。

具体操作步骤如下：

（1）打开"学生"表设计视图。

（2）选中"性别"字段，在【有效性规则】文本框中输入"男 or 女"，或者单击【有效性规则】文本框按钮，打开【表达式生成器】对话框，在对话框的文本框中输入正确的表达式，如图 6-20 所示。

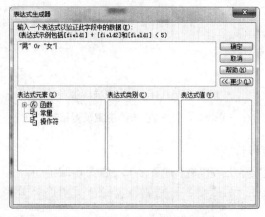

图 6-20 【表达式生成器】对话框

（3）在【有效性文本】文本框中输入"请输入男或女！"。

（4）保存对表的结构设计结果，退出表设计视图。

3. 给"成绩"表设置组合主键

主键是表中的一个字段或多个字段集合，它为每一条记录提供了一个唯一的标识符。

它是为提高 Access 在查询、窗体和报表中的快速查找能力而设计的，主键具有以下特征：

（1）主键值不能为空。

（2）主键值不能重复。

（3）主键值不能轻易修改。

具体操作步骤如下：

（1）打开"成绩"表设计视图，选择"学号"和"课程号"两行。

（2）单击工具栏上的 ☘ 按钮，或者用鼠标右键打开快捷菜单，单击【主键】选项。

（3）保存数据表。设置结果如图 6-21 所示。

4. 给"学生"表按"姓名"字段创建索引

索引的作用就如同图书的目录，其目的是提高查询的速度。一般情况下，用户可以对经常查询的字段、要排序的字段或要在查询中链接到其他表中的字段设置索引。表的主键将自动设置索引，而对 OLE 对象数据类型的字段则不能设置索引。

在 Access 数据库中，索引分为有重复值和无重复值两种。"有重复"允许重复的情况，"无重复"是指索引字段的值不允许出现重复的情况。

索引的创建可以通过字段属性设置，也可以通过索引设计器创建。

具体操作步骤如下：

图6-21 "成绩"表的主键设置结果

(1)打开"学生"表设计视图,选中"姓名"字段。

(2)设置字段属性"索引"为"有(有重复)",如图6-22所示。

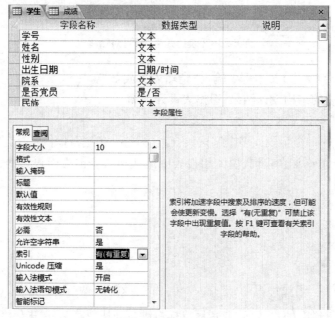

图6-22 建立"姓名"索引

创建索引的方法除在"表设计器"中建立外,还可以通过"索引设计器"对话框来设置。

5. 给"学生"表创建组合索引,索引字段是"院系"和"入学成绩",要求院系相同时按入学成绩降序排列

具体操作步骤如下:

(1)打开"学生"表设计器,在【设计】选项卡下单击【索引】按钮,打开"索引设计器"。

(2)在"索引名称"中输入设置的索引名称,在"字段名称"中分别选择"院系"和"入学成绩"字段,设置"入学成绩"的排序次序为"降序",如图6-23所示。

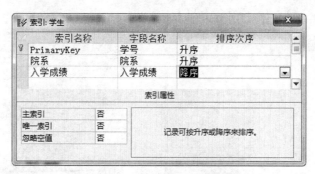

图 6-23　索引设计器创建索引

6. 在"教务管理"数据库的"学生"表中,将"院系"字段类型改为"查阅向导"型

字段的查阅属性选项卡只有一个"显示控件"属性,该属性仅对文本类型、数字类型和是/否类型的字段有效。对于文本型和数字型的字段提供了 3 个选项值:文本框(默认)、列表框和组合框。对是/否型的字段提供了 3 个选项值:复选框(默认)、文本框和组合框。

查阅字段的数据来源有两种:来自创建值列表中的数值和来自表/查询中的数值。

具体操作步骤如下:

(1)打开"学生"表设计器,选中"院系"字段。

(2)单击数据类型右侧的下拉箭头,弹出下拉列表,选择【查阅向导】,如图 6-24 所示。

(3)在打开的【查阅向导】对话框 1 中选中"自行键入所需的值",单击【下一步】,如图 6-25 所示。

图 6-24　选择"查阅向导"

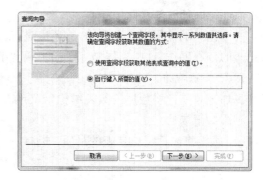

图 6-25　【查阅向导】对话框 1

(4)在【查阅向导】对话框 2 中输入"院系"字段所有可能的取值,然后单击【下一步】按钮,如图 6-26 所示。

(5)在接下来的对话框中,为查询字段指定标签,输入"院系",然后单击【完成】按钮。完成以上设置后,在"学生"表的数据表视图中选择"院系"字段,单击下拉按钮,就可以看到弹出的"院系"下拉列表框,如图 6-27 所示。

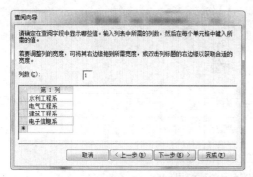

图 6-26 【查阅向导】对话框 2

图 6-27 设置"查阅向导"后的效果

任务六 表的基本操作

Access 2010 数据表的基本操作包括添加记录、删除记录、修改记录、数据的查找、排序与筛选等。

一、打开与关闭表

数据表创建成功后,在数据库管理器的导航窗格中将显示为一个新的表图标,可以在查看、编辑时打开和关闭数据表的各种视图。

1. 表的打开

在导航窗格中可以看到数据库中包含的所有表,选中要打开的表,然后右键单击,弹出快捷菜单,选择【打开】命令,或直接双击该表,都可以打开该表的数据表视图。

2. 表的关闭

关闭一个已经打开的数据表,无论是数据表视图还是设计视图,点击窗口右上角的关闭按钮即可。

二、添加、修改与删除记录

一个完整的数据表除表结构外,还应该有数据,也就是记录。记录的输入和编辑都是数据表的基本操作,这些操作是在数据表视图中完成的。

1. 记录的添加

添加记录是指将数据按照表结构定义的要求添加到表中的操作。Access 2010 提供了 4 种添加记录的方法:

(1)直接将光标定位在表的最后一行。

(2)单击"记录指示器" 记录: ⏮ ◀ 第16项(共16) ▶ ⏭ ▶* 最右侧的"新(空白)记录"按钮。

(3)在【开始】选项卡的【记录】组中,单击【新建】按钮。

(4)将鼠标指针移到任意一条记录的"记录选定器"上,当光标变成向右箭头时右键单击,在弹出的快捷菜单中选择【新记录】选项,如图 6-28 所示。

在 Access 中,由于数据类型不同,因此对不同字段会有不同的要求,输入的数据必须满足这些要求。

(1)日期/时间型数据。在输入日期型数据时,系统会在字段的右侧显示一个日期选

取器图标 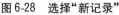，单击将打开日历控件，如图 6-29 所示。

图 6-28 选择"新记录"

图 6-29 日历控件

(2) 文本型数据。文本型数据可以直接输入，最多可以输入 255 个字符。

(3) 是/否型数据。这种类型的数据在录入时会显示一个复选框，打钩状态表示"是"没有钩表示"否"。

(4) OLE 对象型数据。OLE 对象类型的字段使用插入对象的方式插入数据。如"学生"表中的"照片"字段，当光标位于该字段时，单击鼠标右键，在弹出的快捷菜单中选择【插入对象】选项，打开【插入对象】对话框，如图 6-30 所示。

图 6-30 插入对象

在对话框中可以新建各种类型的对象，也可以在指定位置选择一个已经存在的外部文件插入到当前字段上。

(5) 超链接型数据。超链接型数据保存的字符串是一个可以链接的地址，当光标在该字段中输入时会自动变成超链接的方式。右键单击鼠标，在弹出的快捷菜单中选择【超链接】—【编辑超链接】选项，打开【插入超链接】对话框。

在对话框中可以选择 3 种超链接：现有文件或网页、电子邮件地址、超链接生成器。可根据需要，选择输入不同的超链接数据。

2. 记录的删除

如果要在数据表视图中删除记录，可以使用以下操作方法：

(1) 选中要删除的记录，如果要删除连续的多条记录，可以先单击要删除的首记录的"记录选定器"，再拖曳鼠标到尾记录的"记录选定器"，选中连续的记录。

(2) 在【开始】选项卡的【记录】组中单击 ✕ 删除 ▾ 按钮。

（3）选中要删除的记录，右键单击鼠标，选择【删除】命令，在打开的警告信息提示框中单击【是】按钮，删除完成。

提示：由于删除记录会将数据从数据表中永久删除，以后也无法恢复被删记录，因此在删除数据表中的记录时，系统会自动弹出一个对话框，以提示用户确认删除操作。另外，对关键数据或者比较大的数据表，应该定期进行备份。

3. 记录的修改

要修改数据表中的某条记录，只需将光标定位到相应记录的字段处，然后就可以进行编辑修改了。光标的定位除用鼠标外，也可以通过键盘上的方向键操作。具体有以下 3 种方法：

（1）按回车键移动光标到下一个字段。

（2）按【→】键向后移动光标到下一个字段，按【←】键向前移动光标到前一个字段。

（3）按【Tab】键向后移动光标到下一个字段，按【Shift】+【Tab】键向前移动光标到下一个字段。

三、记录的排序

排序是数据处理的一种手段，是按照数据表某个或某几个字段的值重新排列数据记录的过程。默认情况下，Access 按主键排序，如果表中没有主键字段，则以输入的次序排序记录。在数据检索或显示时，可以按不同的顺序来排列记录。排序的方式有升序和降序两种，排序的结果是使排序字段相同的记录排列在一起。

1. 快速排序——对"学生"表按性别降序排序

对一个或多个相邻的字段可以进行快速排序。当多字段排序时，每个字段都按照同样的方式排列（升序或者降序），并且从左到右依次为第一排序字段、第二排序字段……

具体操作步骤如下：

（1）打开"学生"表，切换到数据表视图。

（2）单击"性别"字段名称右侧的下拉箭头，打开下拉列表，如图 6-31 所示。

（3）在打开的下拉列表中选择【降序】选项即可。也可以在【开始】选项卡的【排序和筛选】组中选择【降序】选项，如图 6-32 所示。

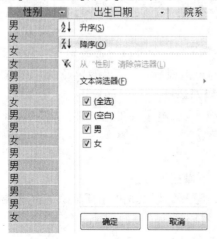

图 6-31　排序下拉菜单

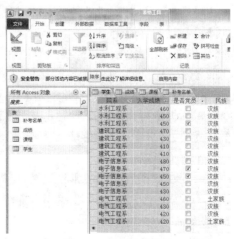

图 6-32　排序和筛选

2. 快速排序——对"学生"表排序,要求同一院系的学生按照入学成绩由高到低排列

具体操作步骤如下:

(1)打开"学生"表,切换到数据表视图。

(2)选中"入学成绩"列,然后把它拖曳到"院系"右侧分隔线处释放鼠标。

(3)选中"院系"和"入学成绩"列,在【开始】选项卡的【排序和筛选】组中单击【降序】,即可完成对"学生"表的排序要求。

3. 高级排序——对"学生"表排序,要求先按院系升序排列,同一院系按入学成绩由高到底排列

如果要对表中的多个字段按照不同的方式(升序或降序)排列,可以使用高级排序功能。

具体操作步骤如下:

(1)打开"学生"表,切换到数据表视图。在【开始】选项卡的【排序和筛选】组中单击【高级】—【高级筛选/排序】选项,如图 6-33 所示。

(2)从窗口下部的"字段"行第 1 列的下拉列表框中选择"院系"字段,排序方式为"升序",从"字段"行第 2 列的下拉列表框中选择"入学成绩"字段,排序方式为"降序",如图 6-34 所示。

图 6-33　"高级筛选/排序"快捷菜单　　　　图 6-34　设置排序条件

(3)单击【排序和筛选】组中的【高级筛选选项】按钮 ,在弹出的快捷菜单中选择【应用筛选/排序】选项,执行排序的结果。

四、数据的查找与替换

当数据表中记录很多时,为了快速查看和修改指定的数据,可以使用 Access 提供的查找与替换功能。

1. 在"学生"表中查找院系为"电子信息系"的学生

具体操作步骤如下:

(1)打开"学生"表,并切换到数据表视图。

(2)在记录导航条最右侧搜索栏 | 记录: ◄ 第 9 项(共 16 项) ► ►| | ▼ 无筛选器 | 搜索 | 中输入"电子信息系"。

(3)按【Enter】键确认,光标将定位在所查找到的位置。

这是一种快速查找方式,另外,还可以通过【查找和替换】对话框进行查找。在该对话框中选择【查找】选项卡,通过对话框中的各项内容进行设置完成查找。

2. 数据替换

数据替换与数据查找基本相同,只是在【开始】选项卡上的【查找】组中单击【替换】按钮 _{abc} 替换,在【查找和替换】对话框中选择"替换"。在该对话框中,多了一个【替换为】文本框,在该文本框中输入要替换的文本,如"水利工程系"。

有以下几种选择:

(1)查找下一个:只查找不替换。

(2)替换:仅替换刚找到的一个。

(3)全部替换:自动查找并替换所有的内容。

五、表结构的操作

表结构的操作主要是针对表中字段的操作,如添加/删除字段、更改现有字段的属性等。这些操作都需要在表的设计视图中完成。

1. 添加新字段

在设计视图中单击最后一个字段下面的行,在字段列表的底端输入新的字段名。如果想在某个字段前面插入新字段,需要首先单击该字段所在行,然后右键单击鼠标,在弹出的快捷菜单中选择【插入行】,即可在当前字段的上面出现一个空行,然后输入新的字段名并设置相应的属性。

2. 修改字段名与字段属性

在数据表的使用过程中,如果发现某些字段的名称不合理或不符合要求,可以对其进行修改。修改字段名不会影响该字段的数据,但会影响到其他基于该表创建的数据库对象,其他数据库对象对该字段的引用必须做相应的修改方可有效。在设计视图中单击要修改的字段,直接输入新的字段名即可。

说明:如果该字段使用了标题,则修改后的新字段名的标题属性将不存在。该字段属性也同样应在相应的属性位置上进行修改。

3. 删除字段

如果要删除某字段,直接选中该字段,然后在【开始】选项卡上的【记录】组中单击【删除】按钮 ✕ 删除,或者右击选择【删除行】,就可以删除字段,当然也就删除了该字段中的所有数据。

4. 移动字段的位置

数据表中显示的字段位置按照创建数据表时字段的输入顺序排列,如果想改变某字段的位置,在设计视图中单击该字段所在行,拖动行选择器到新位置即可。

六、表的复制、删除和重命名

在表的使用过程中,有时需要对表进行复制、删除和重命名。

1. 为"学生"表创建一个备份表"学生备份"

表的复制可以用来实现表的备份,防止误操作导致表中重要数据的破坏。

具体操作步骤如下:

(1)选中"学生"表。

（2）在【开始】选项卡下的【剪贴板】组中单击【复制】按钮，然后单击【粘贴】按钮，系统将打开【粘贴表方式】对话框。

（3）在"表名称"文本框中输入新表名"学生备份"，然后在"粘贴选项"区域中选择所需的粘贴方式，单击【确定】按钮即可完成"学生"表的备份。

如果选中表并完成复制操作后，关闭当前数据库，打开其他数据库，再在【开始】选项卡下的【剪贴板】组中单击【粘贴】按钮，便可以在不同数据库间实现表的复制。

2. 表的删除

表的删除与一般文件的删除方式相同，选中要删除的表的图标，按下【Delete】键；或者在需要删除的数据表上右击鼠标，在弹出的快捷菜单中选择【删除】选项，即可删除一个不再需要的数据表。在确认删除前，系统会打开【确认】对话框，单击【是】按钮，则删除选中的数据表。

3. 表的重命名

要对某表重命名，可以在该表上右击鼠标，在弹出的快捷菜单中选择【重命名】选项，数据表的名字将变成可编辑状态，输入新的表名后按【Enter】键即可。

任务七　表间关系

数据库中的多个数据表之间通常不是相互孤立的，而是根据客观现实存在着某种联系，称为表间关系。表之间的联系通常是通过两个表共有的字段来创建的。数据库系统利用关联性把这些表联成一个整体。关系对整个数据库的性能及数据的完整性起着关键的作用。

一、关系类型

表之间的关系分为3种：一对一、一对多和多对多关系。在 Access 2010 中可以直接建立一对一和一对多关系，而多对多关系需要通过一对多关系来实现。

1. 一对一关系

在一对一关系中，表 A 中的每条记录在表 B 中只能有一条记录与之匹配，同时，表 B 中的一条记录在表 A 中也只有一条匹配的记录。例如，"学生"表和"学生体检表"，都是以"学号"为主键，两表可以通过"学号"建立一对一的关系。

2. 一对多关系

在一对多关系中，表 A 中的一条记录与表 B 中的一条或多条记录匹配，而表 B 中的一条记录在表 A 中只能有一条记录与之匹配。一对多关系是最常用的类型。例如，"学生"表和"成绩"表间的关系就是一对多的关系，"学生"表的一条记录在"成绩"表中可能有多条记录匹配，而"成绩"表中的一条记录只能与"学生"表中的一条记录对应。

3. 多对多关系

在多对多关系中，表 A 中的一条记录与表 B 中的一条或多条记录匹配，而表 B 中的一条记录在表 A 中也可以有多条记录与之匹配。这种类型的关系只能通过第三表来实现，把第三表称为联结表。联结表的主键包括两个字段，即分别是 A 表和 B 表的主键。此时，一个多对多的关系转化为两个一对多的关系。

例如，"学生"表和"课程"表是多对多的关系，一个学生可以选修多门课程，每门课程也可以被多名学生选修。"学生"表和"课程"表分别与"成绩"建立一对多的关系,从而实现两表之间的多对多关系。"成绩"表就是联结表,它的主键由"学号"和"课程号"两个字段组成。

二、相关操作

1. 在"教务管理数据库"中,建立"学生""课程""成绩"三表关系

创建表之间的关系就是根据两个表中含义相同并且数据类型相同的两个字段建立起联系。其中,两个相关联的字段名字可以不同,但是必须有相同的数据类型。特别地,当关联字段类型是"数字"字段时,还要求具有相同的"字段大小"属性设置。另外,如果主键字段类型是"自动编号"类型,那么,匹配字段类型可以是"数字"字段,并且"字段大小"属性是"长整型"。

具体操作步骤如下:

(1)打开"教务管理数据库",在【数据库工具】选项卡的【关系】组中单击关系按钮,打开【关系】窗口。

(2)在【关系】窗口中右击鼠标,在弹出的快捷菜单中选择【显示表】选项,或者在【关系工具】组中选择【关系】组的【显示表】按钮,打开【显示表】对话框,如图 6-35 所示。

(3)按下【Ctrl】键,分别选中"学生""课程"和"成绩"表,单击【添加】按钮,选中的三个表便被添加到【关系】窗口,如图 6-36 所示。

图 6-35 【显示表】对话框

图 6-36 添加表后的【关系】窗口

(4)选中"学生"表的"学号"字段,按住鼠标左键拖动到"成绩"表的"学号"字段上,放开左键,弹出【编辑关系】对话框,如图 6-37 所示。

(5)在【编辑关系】对话框中单击【创建】按钮,关闭对话框。

(6)用同样的方法创建"课程"表和"成绩"表之间的关系。在【关系】窗口便可以看到表间关系的建立结果,如图 6-38 所示。

2. 编辑表之间的关系

1)修改关系

已经创建的关系是可以修改的。对关系进行编辑修改是在【关系】窗口完成的,具体操作步骤如下:

(1)打开【关系】窗口。

图 6-37 【编辑关系】对话框

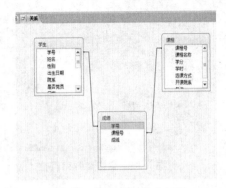

图 6-38 表间关系建立结果

（2）双击关系线，或者用鼠标右击关系线，在快捷菜单中选择【编辑关系】。

（3）在打开的【编辑关系】对话框中修改关系，单击【确定】按钮。

（4）保存修改。

2）删除关系

具体操作步骤如下：

（1）打开【关系】窗口。

（2）右击要删除的关系线，在弹出的快捷菜单中选择【删除】选项即可。

3. 在"教务管理数据库"中，设置"学生"表与"成绩"表之间的参照完整性

在定义表之间的关系时，Access 设置了一些规则以确保数据库中相关表中记录之间关系的完整性，被称为完整性规则。在建立关系的两个表中，如果建立关系的字段是主键或者是"有（无重复）"方式的索引，则称该表是主表，否则为相关表。例如，"学生"表和"成绩"表，两表通过"学号"字段建立关系，"学生"表是主表，而"成绩"表是相关表。

实施参照完整性，对相关表的操作要遵循以下规则：

（1）不能将主表中没有的值添加到相关表中。例如，在"成绩"表中不能存在"学生"表中没有学号的学生成绩。

（2）不能在相关表中存在匹配记录时删除主表中的记录。例如，在"学生"表中不能删除有成绩的学生记录。

（3）不能在相关表中存在匹配记录时更改主表中主键的值。

也就是说，实施了参照完整性后，对表中主关键字字段进行操作时，系统会自动检查主关键字字段，看看该字段是否被添加、修改或删除。如果对主关键字的修改违背了参照完整性规则，那么系统会自动强制执行参照完整性。

具体操作步骤如下：

（1）在"教务管理数据库"中打开【关系】窗口。

（2）右击"学生"表与"成绩"表之间的关系线，打开【编辑关系】对话框。

（3）选中【实施参照完整性】复选框，单击【确定】按钮，关闭对话框，如图 6-39 所示。

（4）在【关系】窗口可以看到实施了"参照完整性"后的关系线，在主表"学生"一方显示"1"，在相关表"成绩"一方显示" ∞ "，表示一对多关系，如图 6-40 所示。

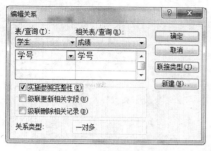

图 6-39 实施参照完整性

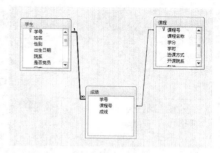

图 6-40 参照完整性的设置效果

子项目三 查询的创建和使用

【项目描述】

查询是根据给定的条件从数据库的一个或多个表中筛选出符合条件的记录,构成一个数据集合,供使用者查看、更改和分析使用。创建查询对象后,可将它看成一个数据表,由它作为窗体、报表或其他查询的数据源。具体要求:使用向导创建查询,使用查询设计视图创建查询,在查询中进行计算。

所谓查询,就是根据给定的条件从数据库的一个或多个表中筛选出符合条件的记录,构成一个数据集合,供使用者查看、更改和分析使用。查询从中获取数据的表称为查询的数据源。查询可以从一个或多个表中查找记录并且功能强大。此外,查询还可以作为一个对象存储。创建查询对象后,可将它看成一个数据表,由它作为窗体、报表或其他查询的数据源。用户在运行查询时,系统会根据数据源中当前数据产生查询结果,所以查询的结果是一个动态的数据集合,会随着数据源的变化而变化。这样一方面可以节约存储空间,因为在查询对象中保存的是查询准则,而不是记录;另一方面可以保持查询结果与数据源同步。

任务一 使用简单查询向导

使用"简单查询向导"创建查询,可以从一个或多个表或已有的查询中选择要显示的字段。如果查询中的字段来自多个表,这些表应事先建立好关系。使用简单查询还可对记录进行分组,并对组中的字段值进行计算,如汇总、求平均值、求最大值、求最小值等。

一、单表查询

建立单表查询学生的基本信息,要求显示学生的学号、姓名、性别、出生日期、院系等信息,所建查询命名为"学生基本信息查询"。具体操作步骤如下:

(1)打开"教务管理"数据库,在【创建】选项卡【查询】组中单击【查询向导】按钮,打开【新建查询】对话框,如图 6-41 所示。在该对话框中选择【简单查询向导】,单击【确定】按钮,打开【简单查询向导】对话框。

(2)在该对话框中的【表/查询】下拉列表中选择"表:学生",此时"学生"表中的全部字段都显示在【可用字段】列表框中,如图 6-42 所示,分别将"学号""姓名""性别""出生日期""院系"等字段添加到右侧的【选定字段】列表框中,单击【下一步】按钮。

图 6-41　【新建查询】对话框

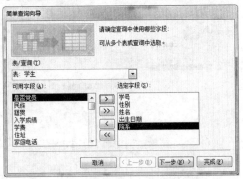

图 6-42　【简单查询向导】对话框

（3）在如图 6-43 所示的对话框的文本框中输入查询的名称"学生基本信息查询",勾选【打开查询查看信息】单选按钮,单击【完成】按钮。查询结果如图 6-44 所示。

图 6-43　指定查询标题

图 6-44　单表查询结果

二、多表查询

当所需要查询的信息来自两个或两个以上的表或查询时就需要建立多表查询。建立多表查询的各个表必须要有关联字段,并且事先应通过这些关联字段建立表间关系。

建立多表查询学生的课程成绩,要求显示"学号""姓名""课程号""课程名称""成绩",这些字段分别来自"学生"表、"课程"表和"成绩"表,这三个表已经建立好关系。具体操作步骤如下:

（1）打开"教务管理"数据库,在【创建】选项卡【查询】组中单击【查询向导】按钮,打开【新建查询】对话框。在该对话框中选择【简单查询向导】,单击【确定】按钮,打开【简单查询向导】对话框。

（2）在该对话框中的【表/查询】下拉列表中选择"表:学生",此时"学生"表中的全部字段都显示在【可用字段】列表框中,分别将"学号""姓名"字段添加到右侧的【选定字段】列表框中。

（3）重复上一步,将"课程"表中的"课程号""课程名称"和"成绩"表中的"成绩"添加到【选定字段】列表框中,如图 6-45 所示。将所需字段选定后,单击【下一步】按钮。

（4）在如图 6-46 所示的对话框中选中【明细（显示每个记录的每个字段）】单选按钮,

然后单击【下一步】按钮。

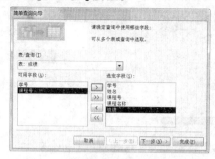 

图 6-45 "简单查询向导"中选定字段　　　图 6-46 "简单查询向导"中选择明细查询

（5）将新建的查询命名为"学生成绩查询"，选中【打开查询查看信息】单选按钮，单击【完成】按钮，会显示学生成绩查询的结果，如图 6-47 所示。

任务二　使用查询设计视图

使用查询向导虽然可以快速创建一个简单而实用的查询，但只能完成一些简单的查询，对于创建指定条件的查询、参数查询或更加复杂的查询，查询向导就无法完成了。为此，Access 2010 提供了功能强大的查询设计视图。

打开查询设计视图的方法是：单击【创建】选项卡下【查询】组中的【查询设计】按钮，打开如图 6-48 所示的查询设计视图。

图 6-47　学生成绩查询结果　　　　图 6-48　查询设计视图

查询设计视图分为上下两个部分：上半部分是表/查询显示区，用来显示创建查询所使用的基本表或查询，下半部分是查询设计区，由若干行和若干列组成，其中包括"字段""表""排序""显示""条件""或"及若干空行，用来指定查询条件。

（1）查询院系为"电子信息系"的学生信息，要求显示"学号""姓名""籍贯"。

具体操作步骤如下：

①打开"教务管理"数据库，在【创建】选项卡【查询】组中单击【查询设计】按钮，同时打开查询设计视图窗口和【显示表】对话框。

②在【显示表】对话框中单击【表】选项卡，选中"学生"表后单击【添加】按钮，将"学生"表添加到查询设计视图上半部分区域中，关闭【显示表】对话框，进入查询设计视图

窗口。

③在查询设计视图窗口的"字段"栏中添加所需的字段，可以双击表中的某个字段，或单击表中的某个字段，然后拖到"字段"栏中，也可单击"字段"栏下拉列表按钮，在下拉列表中选择相应的目标字段，该字段将出现在"字段"栏中。将"学生"表中的"学号""姓名""出生日期""籍贯""院系"字段添加到"字段"行中。

④设置查询条件。在"院系"字段的"条件"行中输入查询条件"电子信息系"，在"显示"栏中指定查询中要显示的字段，如图 6-49 所示。

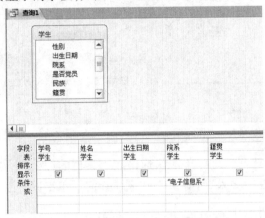

图 6-49 设置查询所需要的字段和条件

⑤单击快速访问工具栏上的【保存】按钮、打开【另存为】对话框，在"查询名称"文本框中输入"电子信息系学生基本信息查询"，如图 6-50 示。单击【确定】按钮即可生成一个新的查询。

⑥在导航窗格中的查询列表中双击要打开的查询，可看到查询的执行结果，如图 6-51 所示。

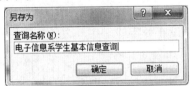

图 6-50 【另存为】对话框

图 6-51 电子信息系学生基本信息查询结果

（2）查询选修了"计算机基础"课程的学生信息，要求显示"学号""姓名""院系""课程名称""成绩"，并按成绩降序显示。

具体操作步骤如下：

①打开"教务管理"数据库，在【创建】选项卡【查询】组中单击【查询设计】按钮，同时打开查询设计视图窗口和【显示表】对话框。

②在【显示表】对话框中单击【表】选项卡，将"学生"表、"课程"表和"成绩"表添加到查询设计视图上半部分区域中，关闭【显示表】对话框，进入查询设计视图窗口。

③在查询设计视图窗口的"字段"栏中添加所需的字段，将"学生"表中的"学号""姓名""院系"字段和"课程"表中的"课程名称"字段及"成绩"表中的"成绩"字段添加到

"字段"行中。

④设置查询条件及显示顺序。在"课程名称"字段的"条件"行中输入查询条件"计算机基础",在"成绩"字段的排序栏中选择"降序",在"显示"栏中指定查询要显示的字段,显示全部字段,如图6-52所示。

⑤设计完毕后,也可直接单击工具栏上的【运行】按钮,运行查询,显示查询结果如图6-53所示。

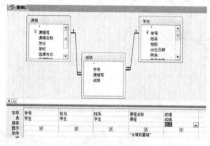

图 6-52　设置查询字段、条件、排序方式

图 6-53　成绩查询结果

⑥保存查询,输入查询名称。单击快速访问工具栏的【保存】按钮,在【另存为】对话框的"查询名称"文本框中输入"计算机基础成绩查询",单击【确定】按钮。

任务三　在查询中进行计算

Access 的查询不仅具有检索记录的功能,而且具有计算的功能。

一、查询中的计算功能

查询除可以用于在各个表中按用户的需要收集数据外,还可以通过查询对数据进行计算操作。在查询中进行的计算有两种:预定义计算和自定义计算。

预定义计算又称为统计计算,使用 Access 的统计计算函数对查询中的某一个查询字段进行计算。

自定义计算是添加一个查询字段,该字段是数据源中没有的字段。

在查询中主要进行的计算如表6-6所示。

表6-6　查询中的常用计算

计算名	功能
合计	计算一组记录中某个字段值的总和
平均值	计算一组记录中某个字段值的平均值
最大值	计算一组记录中某个字段值的最大值
最小值	计算一组记录中某个字段值的最小值
计数	计算一组记录中记录的个数
First	一组记录中某个字段的第一个值
Last	一组记录中某个字段的最后一个值
Expression	创建一个由表达式产生的计算字段
Where	设定分组条件以便选择记录

二、具体操作

1. 总计查询——查询全校学生的入学成绩情况：平均入学成绩、最高成绩和最低成绩，并定义查询字段依次为平均分、最高分、最低分

总计查询是通过对查询设计视图窗口中的"总计"行进行设置实现的，用于对查询中的全部记录进行总和、平均值、最大值、最小值的计算。

具体操作步骤如下：

（1）打开"教务管理"数据库，在【创建】选项卡【查询】组中，单击【查询设计】按钮，同时打开查询设计视图窗口和【显示表】对话框。

（2）在【显示表】对话框中单击【表】选项卡，将"学生"表添加到查询设计视图上半部分区域中，关闭【显示表】对话框，进入查询设计视图窗口。

（3）在查询设计视图窗口的"字段"栏中添加 3 个"入学成绩"字段，单击【设计】选项卡下【显示/隐藏】组的汇总按钮 Σ，此时在设计视图窗口下半部分多了一个"总计"行。在第一个"入学成绩"对应的"总计"行中单击右侧的下拉箭头，在打开的列表框中选择"平均值"，在第二个"入学成绩"对应的"总计"行中选择"最大值"，在第三个"入学成绩"对应的"总计"行中选择"最小值"，如图 6-54 所示。

（4）单击快速访问工具栏上的【保存】按钮，打开【另存为】对话框，输入查询名称"平均分最高分和最低分"，单击【确定】按钮。

（5）切换到数据表视图显示查询结果，如图 6-55 所示。

图6-54　总计查询的设计　　　　图6-55　总计查询结果

2. 分组总计查询——查询全校各院系学生的入学成绩情况，即查询各院系的平均入学成绩、最高成绩和最低成绩，定义查询字段依次为平均分、最高分、最低分，并要求平均分保留小数点后 1 位

在总计查询中是对表中的所有记录进行统计计算的，在实际应用中，有时需要对所有记录进行分组，对分组后的记录进行计算。所谓分组，就是在查询设计窗口中指定某字段为分组字段，将该字段值相同的所有记录组合在一起，并对分组进行统计计算。

具体操作步骤如下：

（1）打开"教务管理"数据库，在【创建】选项卡【查询】组中单击【查询设计】按钮，同时打开查询设计视图窗口和【显示表】对话框。

（2）在【显示表】对话框中单击【表】选项卡，将"学生"表添加到查询设计视图上半部分区域中，关闭【显示表】对话框，进入查询设计视图窗口。

（3）在查询设计视图窗口的"字段"栏中添加"院系"和 3 个"入学成绩"字段，单击【设计】选项卡下【显示/隐藏】组的汇总按钮 Σ，在"院系"字段对应的"总计"行中选择"Group By"，在第一个"入学成绩"对应的"总计"行中选择"平均值"，在第二个"入学成绩"对应的"总计"行中选择"最大值"，在第三个"入学成绩"对应的"总计"行中选择"最小值"，如图 6-56 所示，并在三个"入学成绩"字段前边分别输入："平均分：""最高分：""最低分："。

（4）设置平均分保留小数点后 1 位。将光标移到平均分字段，单击【设计】选项卡下【显示/隐藏】组的【属性表】按钮，在查询设计视图窗口的右侧出现"属性表"，在"格式"栏中选择"固定"选项，在"小数位数"栏中选择"1"。

（5）单击快速访问工具栏上的【保存】按钮，打开【另存为】对话框，在此对话框中输入查询名称"各院系平均分最高分和最低分查询"，单击【确定】按钮。

（6）切换到数据表视图显示查询结果，如图 6-57 所示。

图 6-56　分组统计查询设计　　　　　图 6-57　分组统计查询结果

3. 计算所有学生的年龄，要求显示每个学生的"学号"、"姓名"和"年龄"。"年龄"为计算字段，可由系统当前日期减去每个学生的"出生日期"计算得到

当需要统计的数据在表中没有相应的字段，或者用于计算的数据值来源于多个字段时，应在设计网格中添加一个计算字段。计算字段是指根据一个或多个表中的一个或多个字段并使用表达式建立的新字段。创建计算字段的方法是在查询设计视图的"字段"行中直接输入计算字段及其计算表达式。其格式为：计算字段名：表达式。

具体操作步骤如下：

（1）打开"教务管理"数据库，在【创建】选项卡【查询】组中单击【查询设计】按钮，同时打开查询设计视图窗口和【显示表】对话框。

（2）在【显示表】对话框中单击【表】选项卡，将"学生"表添加到查询设计视图上半部分区域中，关闭【显示表】对话框，进入查询设计视图窗口。

（3）在查询设计视图窗口的"字段"栏中添加"学号"和"姓名"字段，并在设计窗格的第三列"字段"单元格中输入：年龄：Year（Date（））－Year（[出生日期]），如图 6-58 所示。

（4）单击快速访问工具栏上的【保存】按钮，输入查询名称"学生年龄计算查询"，再单击【运行】按钮运行查询，查询结果如图 6-59 所示。

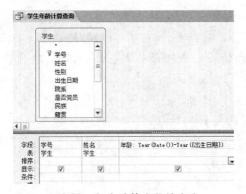

图 6-58　包含计算字段的查询　　　　　图 6-59　学生年龄计算查询结果

项目小结

本项目主要介绍了数据库的基础知识和 Access 数据库管理软件的基本应用,创建数据库,以不同方式创建表,对表进行基本操作,建立查询等。

习　题

一、选择题

1. 在 Access 中,查询的数据源可以是(　　)。

　　A. 表　　　　　　　　　　　　B. 查询

　　C. 表和查询　　　　　　　　　D. 表、查询和报表

2. 数据库系统的核心是(　　)。

　　A. 数据库　　　　　　　　　　B. 操作系统

　　C. 数据库管理系统　　　　　　D. 程序文件

3. 在学生成绩管理系统中,若一名学生可以选修多门课程,而一门课程可以被多名学生所选择,则学生与课程之间是(　　)联系。

　　A. 一对一　　　　B. 一对多　　　　C. 多对多　　　　D. 不确定

4. 数据库系统达到了数据独立性,是因为采用了(　　)。

　　A. 层次模型　　　B. 网状模型　　　C. 关系模型　　　D. 三级模式结构

5. 数据表是相关数据的集合,它不仅包含数据本身,还包括(　　)。

　　A. 数据之间的联系　　　　　　B. 数据定义

　　C. 数据操作　　　　　　　　　D. 数据控制

6. Access 数据库管理系统的数据模型是(　　)。

　　A. 结构型　　　B. 层次型　　　　C. 网状型　　　　D. 关系型

7. 在下列四个选项中,不属于基本关系运算的是(　　)。

　　A. 连接　　　　B. 投影　　　　　C. 选择　　　　　D. 排序

8. 在课程表中,如果要找出所有必修课的课程,所采用的关系运算是(　　　)。

　　A. 连接　　　　　　B. 投影　　　　　　C. 选择　　　　　　D. 排序

9. 将两个关系合并成一个新的关系,生成的关系中包含满足条件的记录,这种操作称为(　　)。

　　A. 连接　　　　　　B. 投影　　　　　　C. 选择　　　　　　D. 排序

10. Access 2010 数据库文件的扩展名是(　　　)。

　　A. dbf　　　　　　B. xls　　　　　　C. mdb　　　　　　D. accdb

11. 以下有关 Acccss 数据库的叙述中错误的是(　　　)。

　　A. Access 数据库是一个单独的数据库文件存储在磁盘中

　　B. Access 数据库是指存储在 Access 中的二维表格式

　　C. Acces 数据库中包含了表、查询、报表、宏、窗体和模块 6 种对象

　　D. 可以使用"样本模板"创建数据库

12. 在 Aceess 2010 中,存储和管理数据的基本对象是(　　　)。

　　A. 表　　　　　　B. 窗体　　　　　　C. 宏　　　　　　D. 查询

13. 在 Access 中,表和数据库的关系是(　　　)。

　　A. 一个数据库可以包含多个表　　　　B. 一个表只能包含 2 个数据库

　　C. 一个表可以包含多个数据库　　　　D. 一个数据库只能包含一个表

14. 表的组成内容包括(　　　)。

　　A. 查询和字段　　B. 字段和记录　　C. 记录和窗体　　C. 报表和字段

15. 在一个单位的人事数据库中,字段"简历"的数据类型应当为(　　　)。

　　A. 文本型　　　　B. 数字型　　　　C. 日期/时间型　　D. 备注型

二、填空题

1. 能唯一标识文件中每个记录的属性或属性组称为_____。

2. 创建 Access 数据库有两种方法:一是自行创建数据库;二是使用_____创建数据库。

3. 关系模型的结构是_____。关系在磁盘上以文件形式存储,每个字段是表中的_____,每个记录是表中的_____。

4. 假设图书的基本信息包括图书编号、图书名称、作者、价格和出版社等,其中可以作为主键的是_____。

5. Access 是功能强大的_____系统,具有界面友好、易学易用、开发简单等特点。

6. 用二维表来表示实体之间的联系的数据模型是_____。

项目七　计算机网络应用

本项目主要介绍计算机网络、局域网、互联网及信息安全等方面的基础知识,通过对本项目的学习,应掌握计算机网络的发展和组成、计算机网络的定义和分类、TCP/IP 协议、局域网的组建、Internet 基本服务、计算机病毒与防治、常见信息安全技术等方面的内容。

> 【学习目标】
> 1. 掌握计算机网络基础知识。
> 2. 掌握 Internet 基础知识及应用。
> 3. 了解局域网组建的方法。
> 4. 了解计算机安全方面的基础知识。

子项目一　计算机网络基本知识

【项目描述】

计算机网络技术是计算机科学的一个重要组成部分,也是计算机科学正在蓬勃发展的一个分支学科。如今,掌握一定的计算机网络基础知识与操作技能是每一个现代人的基本需求。本章将介绍计算机网络的相关知识,认识组建计算机网络。

任务一　了解网络的基本知识

一、计算机网络概述

计算机技术和通信技术的发展及相互渗透结合,促进了计算机网络的诞生和发展。自 20 世纪 60 年代出现计算机网络以来,至今已有 50 多年的历史。通信领域利用计算机技术,可以提高通信系统性能。通信技术的发展又为计算机之间快速传输信息提供了必要的通信手段。计算机网络在当今信息时代对信息的收集、传输、存储和处理起着非常重要的作用,其应用领域已渗透到社会的各个方面。如今,网络已经成为人们生活中不可缺少的内容,不论是在工作,还是在生活中,时时刻刻都在使用着网络。为了能够更好地使用网络,先要了解一些经常用到的基本概念。

一般地说,将分散独立的多台计算机、终端和外部设备通过通信线路互联起来,在网络操作系统和各种协议的管理下,实现互相通信和资源共享的整个系统就叫做计算机网络。

对于计算机网络的概念可以从以下几方面理解：

➢ 连入网络的每台计算机本身都是一台完整独立的设备，可以独立工作。

➢ 通信线路也称传输介质，主要包括同轴电缆、双绞线、光纤等。

➢ 网络操作系统包括 Windows 2000 Server，Novell，UNIX，Linux 等。

➢ 在计算机网络中双方需要共同遵守的规则和约定称为计算机网络协议，由它解释、协调和管理计算机之间的通信和相互间的操作。网络协议包括 TCP/IP、IPX/SPX 等。

二、计算机网络的主要用途

计算机网络技术使计算机的作用范围和其自身的功能有了突破性的发展。其用途主要体现在如下几个方面。

1. 数据通信

数据通信即实现计算机与终端、计算机与计算机间的数据传输，是计算机网络最基本的功能，也是实现其他功能的基础，如电子邮件、传真、远程数据交换等。

2. 资源共享

共享计算机系统的资源是建立计算机网络的最初目的。一般情况下，网络中可共享的资源包括硬件资源、软件资源和数据资源，其中共享数据资源最为重要。资源共享使分散资源的利用率大大提高，避免了重复投资，降低了使用成本。

3. 集中管理

计算机网络技术的发展和应用，已使得现代办公、经营管理等发生了很大变化。计算机网络可以将不同地点的主机或外部设备采集到的数据信息送往一台指定的计算机，在此计算机上对数据信息进行集中处理。

4. 分布式处理

网络的分布式控制可以保证系统在部分硬件发生故障时仍能继续可靠地工作，在网络中的某台服务器关闭时，其他服务器可以自动代替其进行工作。

网络技术的发展，使得大型的课题可以分为若干小课题，由不同的计算机分别完成，然后再集中起来。也就是说，可以将一项工程或任务分派给多台计算机，通过网络在计算机之间传递原始数据和计算结果，使多台计算机相互协作、均衡负载，共同完成任务，实现分布式处理。

5. 负载平衡

负载平衡是指工作被均匀地分配给网络上的各台计算机。网络控制中心负责分配和检测，当某台计算机负载过重时，系统会自动转移部分工作到负载较轻的计算机中去处理。

三、计算机网络的分类

计算机网络要完成数据处理与数据通信两大基本功能，它的结构必然可以分成两个部分：负责数据处理的计算机与终端和负责数据通信的通信控制处理机（Communication Control Processor，CCP）及通信线路。

1. 按网络组成分类

按照计算机网络组成来划分，典型的计算机网络在逻辑上可以分为两个子网：资源子网和通信子网。

(1)资源子网:包括连接到网络上的主机系统和用户终端,负责资源共享和信息处理。

(2)通信子网:包括数据通信设备和通信链路,负责网络的数据通信。

2. 按地理范围分类

按照地理范围来划分,计算机网络可以分为局域网、城域网和广域网。

(1)局域网(Local Area Network,LAN):地理范围小于 10 千米,属于小范围内的联网,如一个建筑物内、一个学校内、一个工厂的厂区内等。局域网的组建简单、灵活,使用方便。

(2)城域网(Metropolitan Area Network,MAN):地理范围为 10~100 千米的区域,可覆盖一个城市或地区,是一种中等形式的网络。

(3)广域网(Wide Area Network,WAN):地理范围一般在几千千米,属于大范围联网,如几个城市,一个或几个国家,是网络系统中的最大型的网络,能实现大范围的资源共享,如国际性的 Internet 网络。

3. 按传输速率分类

按照传输速率来划分,可以将计算机网络分为低速网和高速网等。

网络的传输速率有快有慢,传输速率慢的称为低速网,传输速率快的称为高速网。传输速率的单位是 bit/s(每秒比特数,英文缩写为 bps)。一般将传输速率在 Kbps ~ Mbps 范围的网络称为低速网,在 Mbps ~ Gbps 范围的网络称为高速网。也有些划分标准将 Kbps 网称为低速网,将 Mbps 网称为中速网,将 Gbps 网称为高速网。

网络的传输速率与网络的带宽有直接关系。带宽是指传输信道的宽度,带宽的单位是赫兹(Hz)。按照传输信道的宽度可分为窄带网和宽带网。一般将 kHz ~ MHz 带宽的网称为窄带网,将 MHz ~ GHz 的网称为宽带网,也可以将 kHz 带宽的网称为窄带网,将 MHz 带宽的网称为中带网,将 GHz 带宽的网称为宽带网。通常情况下,高速网就是宽带网,低速网就是窄带网。

4. 按传输介质分类

按照传输介质来划分,可将计算机网络分为有线网和无线网。

传输介质是指数据传输系统中发送装置和接收装置间的物理媒体,按其物理形态可以划分为有线网和无线网两大类。

1)有线网

传输介质采用有线介质连接的网络称为有线网,常用的有线传输介质有双绞线、同轴电缆和光纤。

2)无线网

采用无线介质连接的网络称为无线网。目前无线网主要采用三种技术:微波通信技术、红外线通信技术和激光通信技术。这三种技术都是以大气为介质的。其中微波通信用途最广,目前的卫星网就是一种特殊形式的微波通信,它利用地球同步卫星作为中继站来转发微波信号。一个同步卫星可以覆盖地球的三分之一以上表面,三个同步卫星就可以覆盖地球上的全部通信区域。

5. 按交换方式分类

按照交换方式来划分,计算机网络可以分为电路交换网、报文交换网和分组交换网三种。

(1)电路交换(Circuit Switching)方式:类似于传统的电话交换方式,用户在开始通信前,必须申请建立一条从发送端到接收端的物理信道,并且在双方通信期间始终占用该信道。

(2)报文交换(Message Switching)方式:数据单元是要发送的一个完整报文,其长度并无限制。报文交换采用存储—转发原理,这有点类似古代的邮政通信,邮件由途中的驿站逐个存储转发。报文中含有目的地址,每个中间节点要为途经的报文选择适当的路径,使其能最终到达目的端。

(3)分组交换(Packet Switching)方式:也称包交换方式,1969 年首次在 ARPANET(阿帕网)上使用。人们公认 ARPANET 是分组交换网之父,并将分组交换网的出现作为计算机网络新时代的开始。采用分组交换方式通信前,发送端先将数据划分为一个个等长的单位(分组),这些分组逐个由各中间节点采用存储—转发方式进行传输,最终到达目的端。由于分组长度有限,可以在中间节点机的内存中进行存储处理,其转发速度大大提高。

任务二 认识组建计算机网络

一、计算机网络的组成

计算机网络是一个非常复杂的系统,它通常由计算机网络硬件系统和计算机网络软件系统组成。计算机网络硬件系统由服务器、工作站、通信设备及传输介质组成,计算机网络软件系统由网络操作系统、协议及协议软件、网络通信软件、网络管理软件及网络应用软件等组成。

1. 计算机网络硬件系统简介

1)服务器(Server)

网络服务器上运行网络操作系统,为网上的用户提供通信控制、管理和共享资源。网络服务器是网络的核心设备,可分为文件服务器、远程访问服务器、数据库服务器和打印服务器等,是一台专用或多用途的计算机。

2)工作站(Workstation)

工作站也称为客户机(Client),是连入网络的、具有独立运行功能且接受网络服务器控制和管理的、共享网络资源的计算机。工作站通过网卡和通信线路连接到网络服务器上,每台工作站保持自己的独立的计算机功能。在工作站上运行的软件包括工作站启动程序和工作站实用程序,通过网络对网络服务器进行访问,从网络服务器中取得程序和数据后,再在工作站中运行。运行完毕后,将数据放回服务器中。

3)通信设备(也叫网络设备)

通信设备也叫网络设备,通常包括网络适配器、集线器、中继器、网桥、路由器、交换机、网关和调制解调器等。

A. 网络适配器

网络适配器(Network Adapter)又称为网卡或网络接口卡(Network Interface Card),是计算机之间直接或间接通过传输介质进行通信的接口,是将各个节点上的设备连接到网络上的接口部件。它是一块插件板,使用时插到计算机的主板的扩展槽中。网络适配器负责执行网络协议,具有实现物理层信号的转换等功能。

B. 集线器

集线器(Hub)是网络的专用设备,是实现网络连接使用的最常见的连接设备。

C. 中继器

中继器(Repeater)又称转发器或重发器,是一种扩展局域网覆盖范围的介质连接设备。当网络长度超过允许范围时,必须利用中继器来延长网络距离。

D. 网桥

网桥(Bridge)又称桥接器,可用于连接拓扑结构相同或不同的网络。网桥用于两个具有相同类型的网络操作系统的局域网的连接。

E. 路由器

路由器(Router)用于两个以上同类型的局域网之间的连接。路由器比网桥更为复杂,功能更强。它有多个网络接口,包括局域网的网络接口和广域网的网络接口,每个网络接口连接不同的网络。

F. 交换机

交换机(Switch)是一种多端口的网络部件,能够接收由任一端口发来的数据帧,暂时存储,再将它转发到另一端口。交换机与网桥的区别在于:交换机能在端口间建立多路连接,而网桥每次只能建立单路连接。

G. 网关

网关(Gateway)可用于不同网络操作系统的局域网之间的互联,是一种协议转换器。

H. 调制解调器

由于电话线传送的是模拟信号,计算机处理的是数字信号,为了让计算机能够通过电话线传送信号,就需要把数字信号转换成模拟信号,这个过程叫做调制;当模拟信号传输到对方计算机时,为了能够让计算机处理这些模拟信号,又必须把模拟信号转换成数字信号,这个过程叫做解调。通常,一台计算机既要发送数据,又要接收数据,就需要兼顾这两个功能的设备。调制解调器(Modem)就是兼顾了调制和解调两个功能的设备。

4)网络传输介质

网络传输介质是网络中发送方与接收方之间的物理通道。它对网络数据通信的质量有很大的影响。常用的网络传输介质有有线传输介质和无线传输介质。

有线传输介质有双绞线、同轴电缆和光纤。

无线传输介质有卫星通信、红外线和激光、微波等。

2. 计算机网络软件系统简介

计算机网络软件系统主要由以下内容组成:

(1)网络操作系统:网络操作系统是用以实现系统资源共享、管理用户对不同资源访问的应用程序,它是最主要的网络软件。常用的有 UNIX、Linux、NetWare、OS/2 LAN

Server、Windows 系列(Windows NT/2000/2003 等)。

(2)网络协议和协议软件:协议是通信双方共同遵守的规则(例如,TCP/IP 协议就是 Internet 上使用最广泛的协议)。协议软件通过协议程序实现网络协议的功能。

(3)网络通信软件:通过网络通信软件实现网络工作站之间的通信。

(4)网络管理软件及网络应用软件:网络管理软件是用来对网络资源进行管理和对网络进行维护的软件。网络应用软件是为网络用户提供服务并为网络用户解决实际问题的软件,包括 QQ、IE、网络媒体播放器(例如 Windows Media Player、RealPlayer 等)、文件上传与下载工具(例如 CuteFTP、迅雷、网际快车等)、企业网络信息管理系统等。

二、计算机网络的拓扑结构

拓扑在数学中主要用于研究客观对象的几何布局,它在计算机网络中用于研究网络中节点的结构关系。常见的拓扑结构有以下几种。

1. 总线型拓扑结构

在总线型拓扑结构中,所有节点通过相应的硬件接口连接到一根中心传输线上,这根中心传输线称为总线(Bus),如图 7-1 所示。总线型结构的主要优点是结构简单,安装方便,成本低廉,需要铺设的电缆最短。在总线上增加、删除节点无须进行大量的连接工作,因此其实现就比较容易,而且也不会因为增加节点,或者因为某个节点本身的故障而影响其他站点的工作。

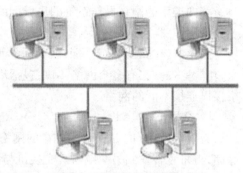

图 7-1 总线型拓扑结构

但是由于多个节点在同一条线路中通信,任何一处通信线路故障都会导致节点无法完成数据的发送或接收,从而导致整个网络瘫痪。当网络瘫痪时,又很难确定是哪个节点发生故障,因此总线型网络适用于 10 ~ 50 个工作站的小型网络。总线型拓扑结构可以方便地建立和维护小型网络。对于具有网络需求的小型办公环境,它是一种成熟的、比较经济的解决方案。

2. 环型拓扑结构

环型拓扑结构是一种闭合的总线结构。在环型结构中,所有的节点都通过中继器连接到一个封闭的环上,任一节点都通过环路相互通信,如图 7-2 所示。信息在封闭的环路中的传输方向都是单方向地从一个节点传向下一个节点,所以可以设置两条环路,实现双向通信,以便提高通信利用率。

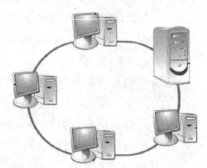

图 7-2 环型拓扑结构

由于通信线路是封闭的,不方便扩充,而其在环中传输的信息必须沿每个节点传送,环中任何一段的故障都会使各站之间的通信受阻。因此,可靠性较差是其主要缺点。为了提高可靠性,一般都采用旁路电路来解决某一个节点出故障而产生的断环现象。

3. 星型拓扑结构

在星型拓扑结构中,网络中的所有节点均通过独立的线路连接到一个中心设备(如集线器)上,由该中心设备完成各节点之间的通信。这是一种集中控制的方式,如图7-3所示。

由于每一个节点都使用独立的电缆连接到集线器上,所以星型拓扑结构需要使用较多的电缆,费用较高。但星型拓扑结构对于大型网络的维护和调试比较方便,对电缆的安装和检测也相对容易。由于所有的工作站

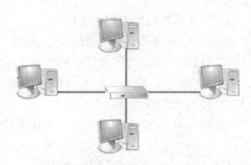

图7-3 星型拓扑结构

都与中心集线器相连接,在星型拓扑结构中移动某个工作站都不会影响其他用户使用网络,因此这比总线型拓扑结构方便很多。

星型拓扑结构的优点是结构简单、容易实现,也很容易在网络中增加新的节点,数据的安全性和优先级容易控制,易实现网络监控。其缺点是可靠性差、节点数少、依赖于中心站工作。如果中央控制中心出了故障,整个网络就会停止工作。

4. 树型拓扑结构(Tree)

树型拓扑结构实际上是星型结构的发展和扩充,是一种倒树形的分级结构,具有根节点和各分支节点,如图7-4所示。在树型拓扑结构中,各节点按级分层连接,节点所处的层越高,其可靠性要求就越高。其特点是结构比较灵活,易于进行网络的扩展。与星型拓扑结构相似,当根节点出现故障时,会影响到全局。树型拓扑结构是中大型局域网常采用的一种拓扑结构。

5. 网状型结构(Mesh)

网状型拓扑结构实际上是不规则形式,主要用于广域网,如图7-5所示。网状型拓扑中两任意节点之间的通信线路不是唯一的,若某条通路出现故障或拥挤阻塞,可绕道其他通路传输信息,因此它的可靠性较高,但它的成本也较高。此种结构常用于广域网的主干网中。如我国的教育科研网(CERNET)、公用计算机互联网(CHINANET)、电子部金桥网(CHINAGBN)等。

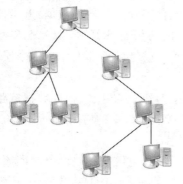

图7-4 树型拓扑结构

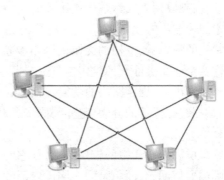

图7-5 网状型拓扑结构

应该指出,在实际的网络组网中,拓扑结构不是单一的,通常会是几种结构的混合使用。

三、计算机网络的体系结构

为了完成计算机间的通信合作,把各个计算机互联的功能划分成定义明确的层次,规定了同层次进程通信的协议和相邻层之间的接口服务。这些同层进程通信的协议及相邻层接口统称为网络体系结构。最常见的网络体系结构模型为 OSI/RM(开放系统互联)模型,也称 OSI 模型。

OSI/RM 模型是 ISO(国际标准化组织)在网络通信方面定义的开放系统互联模型。1978 年,ISO 定义了这个开放协议标准。有了 OSI 模型,各网络设备厂商就可以遵照共同的标准来开发网络产品,最终实现彼此兼容。

整个 OSI 模型共分 7 层,自下而上分别是物理层、数据链路层、网络层、传输层、会话层、表示层和应用层,如图 7-6 所示。

当接收数据时,数据是自下而上传输的;当发送数据时,数据是自上而下传输的。下面简要介绍这几个层次。

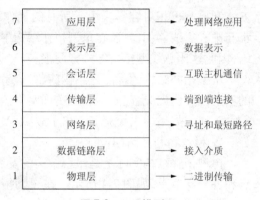

图 7-6 OSI 模型

1. 物理层

这是整个 OSI 参考模型的最低层,它的任务就是提供网络的物理连接。所以,物理层是建立在物理介质(而不是逻辑上的协议和会话)上的,它提供的是机械和电气接口。主要包括电缆、物理端口和附属设备,如双绞线、同轴电缆、接线设备(如网卡等)、RJ – 45接口、串口和并口等都是工作在这个层次上的。

物理层提供的服务包括物理连接、物理服务数据单元顺序化(接收物理实体收到的比特顺序,与发送物理实体所发出的比特顺序相同)和数据电路标识。

2. 数据链路层

数据链路层建立在物理传输能力的基础上,以帧为单位传输数据,它的主要任务就是进行数据封装和数据链接的建立。封装的数据信息中,地址段含有发送节点和接收节点的地址,控制段用来表示数格连接帧的类型,数据段包含实际要传输的数据,差错控制段用来检测传输中帧出现的错误。数据链路层可使用的协议有 SLIP、PPP、X25 和帧中继等。常见的集线器、低档的交换机网络设备和 Modem 等拨号设备都工作在这个层次上。工作在这个层次上的交换机俗称"第二层交换机"。

具体来讲,数据链路层的功能包括:数据链路连接的建立与释放、构成数据链路数据单元、数据链路连接的分裂、定界与同步、顺序和流量控制及差错的检测和恢复等方面。

3. 网络层

网络层属于 OSI 中的较高层次,从它的名字可以看出,它解决的是网络与网络之间,即网际的通信问题,而不是同一网段内部的事。网络层的主要功能是提供路由,即选择到达目标主机的最佳路径,并沿该路径传送数据包。除此之外,网络层还要能够消除网络拥挤,具有流量控制和拥挤控制的能力。网络边界中的路由器就工作在这个层次上,现在较高档的交换机也可直接工作在这个层次上,因此它们也提供了路由功能,俗称"第三层交换机"。

网络层的功能包括建立和拆除网络连接、路径选择和中继、网络连接多路复用、分段和组块、服务选择和传输及流量控制。

4. 传输层

传输层解决的是数据在网络之间的传输质量问题,它属于较高层次。传输层用于提高网络层的服务质量,提供可靠的端到端的数据传输,如常说的 QoS 就是这一层的主要服务。这一层主要涉及的是网络传输协议,它提供的是一套网络数据传输标准,如 TCP 协议等。

传输层的功能包括分割与重组数据、按端口号寻址、连接管理、差错控制和流量控制及纠错。

5. 会话层

会话层利用传输层来提供会话服务,会话可能是一个用户通过网络登录到一个主机,或一个正在建立的用于传输文件的会话。

会话层的功能主要有会话连接到传输连接的映射、数据传送、会话连接的恢复和释放、会话管理、令牌管理和活动管理。

6. 表示层

如果通信双方用不同的数据表示方法,他们就不能互相理解。表示层就是用于屏蔽这种不同之处。

表示层用于管理数据的表示方式,如用于文本文件的 ASCII 码和 EBCDIC 码,用于表示数字的 1S 或 2S 补码等表示形式。

表示层的功能主要有数据语法转换、语法表示、表示连接管理、数据加密和数据压缩等。

7. 应用层

这是 OSI 参考模型的最高层,它解决的也是最高层次,即程序应用过程中的问题,它直接面对用户的具体应用。应用层包含用户应用程序执行通信任务所需要的协议和功能,如电子邮件和文件传输等。在这一层中,TCP/IP 协议中的 FTP、SMTP、POP 等协议得到了充分应用。

任务三 认识组建局域网

一、局域网的概念

局域网(LAN)是指范围在 10 千米内,办公楼或校园内的计算机相互连接所构成的计算机网络,是一种联网范围有限的计算机数据通信系统。局域网广泛地应用于校园、工厂及机关的个人计算机或工作站,有利于个人计算机或工作站之间共享资源和数据通信。

局域网具有如下特征:

(1)短距离。一般在 0.1～10 千米,范围较小。

(2)传输速率高:一般为 1～20 Mbps,光纤高速网可达 100～1000 Mbps。

（3）支持传输介质的种类多。

（4）通信处理一般由网卡完成。

（5）传输质量好，误码率低。

二、局域网的硬件系统组成

局域网一般由服务器、工作站、通信设备和传输介质四部分组成。

1. 服务器（Server）

在局域网中，服务器可以将其 CPU、内存、磁盘、打印机、数据等资源提供给网络用户使用，并负责对这些资源的管理，协调网络用户对这些资源的使用。因此，要求服务器具有较高的性能，包括较快的处理速度、较大的内存、较大容量和较快访问速度的磁盘等。

局域网中的服务器按其提供的服务可分为三种基本类型：文件服务器、打印服务器和应用服务器。文件服务器通过大容量磁盘存储空间为局域网的不同用户提供不同权限的文件夹与文件的共享服务等；打印服务器则为用户提供网络打印机的共享服务；应用服务器提供特定的网络应用服务，如通信服务、数据库服务等。目前，大多数的局域网都已经接入 Internet，因而也提供 Internet 应用服务器，如电子邮件服务器和万维网服务器等。小型局域网中的服务器一般提供文件和打印两种服务，而且在大多数情况下，将文件和打印服务集中到一台计算机上进行。所有的工作站通过外围设备与服务器连接在一起，并且共享服务器上的软、硬件资源。

服务器在运行网络操作系统的同时，还要处理来自多台工作站的各种服务请求。因此，网络越大，用户越多，服务器的负荷就越大，对服务器的整机性能（主要是 CPU 性能、内存和硬盘容量、可靠性和响应速度等）要求越高。服务器的选择对整个网络有着决定性的影响。一般文件和打印服务器对服务器的处理性能要求不高，但对硬盘容量和数据吞吐率要求较高；而应用服务器则要求服务器有较强的处理性能，以减少响应的延迟。在要求不高的情况下，带大容量硬盘的奔腾微机便可作为文件和打印服务器，而应用服务器则最好选择专用服务器、工程工作站或高档微机。

2. 工作站（Workstation）

工作站是网络用户直接处理信息和事务的计算机，它用于对用户数据进行就地处理，并作为用户与网络之间的接口。用户可通过工作站请求获得网络服务，网络服务器又把处理结果返回给工作站上的用户。在不同的网络中，工作站又被称为"节点"或"客户机"。

工作站既可以单机使用，独立工作，为用户本机服务，也可以通过运行工作站网络软件，联网访问服务器共享资源。

3. 通信设备

通信设备主要包括以下内容。

图 7-7　网络适配器

（1）网络适配器（Network Adapter）：简称为网卡（Network Card），是一种可以插到计算机主板插槽中的电路板，如图 7-7 所示。它的主要作用是：通过有线传输介质建立计算机与局域网的物理连接，负责遵循局域网的通信协议，在计算机之间通过局域网实现数据的快速传输。

网卡的性能主要取决于总线宽度、卡上内存与适用速率。网卡的总线宽度与计算机总线对应,网卡上拥有的内存越大,则可以缓存更多的数据,其适用速率则应与其接入网络的速率匹配。

（2）中继器（Repeater）：对传输中的数字信号进行再生放大,用以扩展传输距离。

（3）集线器（Hub）：用于局域网内部多个工作站与服务器之间的连接,提供了多个微机连接的端口。按端口数可分为8口、16口、24口等品种,按连接速率可分为10 Mbps、100 Mbps、10/100 Mbps三种。

（4）交换机（Switch）：交换机与集线器功能类似,但它能选择合适的端口送出信息,这与集线器采用向所有端口发送信息的广播式方式有着根本的不同,可以大幅度降低网络传输的信息流量,减轻系统的负担,从而大大提高数据传送的效率。其交换技术主要有：端口交换技术、帧交换技术和信元交换技术。

（5）网桥（Bridge）：适用于同种类型局域网间的连接设备,用于将一个网的帧格式转换为另一个网的帧格式。

（6）路由器（Router）：用于实现多个网络互联的设备,具有判断网络地址、选择路径、数据转发和数据过滤的功能。

（7）网关（Gateway）：是一种使两个不同类型的网络系统或软件可以进行通信的软件或硬件接口,用于将一类协议转化为另一类截然不同的协议。

（8）调制解调器（Modem）：用于实现计算机输出的数据信号与其他线路（如电话线、同轴电缆等）上的模拟信号之间的相互转换。按连接的线路不同可以分为普通电话线Modem、ADSL Modem、Cable Modem等。

4. 传输介质

传输介质是通信网络中发送方和接收方之间的物理通路。有多种物理介质可用于实际传输,每一种物理介质在带宽、延迟、成本、安装和维护难度上都不相同。传输介质分为有线和无线两大类。双绞线、同轴电缆和光纤是常用的有线传输介质。卫星通信、红外通信、激光通信以及微波通信的信息载体均属于无线传输介质。

局域网中最常采用的是有线传输介质,包括双绞线、同轴电缆和光纤等。

1）双绞线（Twist – Pair）

双绞线是由两根相互绝缘的铜线呈螺旋状绞在一起,以提供稳定的导电性能,如图7-8所示。通常,计算机网络所采用的双绞线可分为两大类：非屏蔽双绞线（Unshielded Twisted Pair,UTP）和屏蔽双绞线（Shielded Twisted Pair,STP）。

双绞线是一种简单经济的传输介质,安装容易,但线路损耗较大。随着技术的发展,双绞线已能达到较高的数据传输率。例如,高速以太网的传输率可达100 Mbps。双绞线常用于对通信速率要求不高的网络中。例如,在家庭微机的调制解调器与电话线路之间、单位与学校局域网中计算机与集线器之间的连接一般使用双绞线。

2）同轴电缆

同轴电缆由内部包裹着绝缘层的导体环及绝缘层外的金属屏蔽网和最外层的保护套组成,如图7-9所示。这种结构的金属屏蔽网可防止中心导体向外辐射电磁场,还可用来防止外界电磁场干扰中心导体的信号。

图 7-8　双绞线

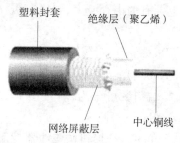

图 7-9　同轴电缆

同轴电缆具有比双绞线更强的抗干扰能力和更好的传输性能,损耗小,是一种宽频带、低误码率、高性价比的传输介质,具有良好的电气特性,适合于传送高频信号。目前在有线电视网与局域网中被普遍采用。

3)光纤

光纤是一种能够传导光线的通信介质。光纤不仅是目前可用的媒体,而且是若干年后将会继续使用的媒体。其主要原因是这种媒体具有很大的带宽。光纤与由电导体构成的传输媒体最基本的差别是,它的传输信号是光束,而非电气信号。因此,光纤传输的信号不受电磁的干扰。光纤由纤芯、包层和保护层组成,其形状结构如图 7-10 所示。

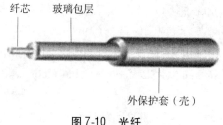

图 7-10　光纤

与同轴电缆相比,光纤具有频带宽、容量大、传输速率高、抗电磁场干扰能力强、安全保密性好、可单根使用等优点。它广泛适用于有线电视网、城域网、广域网和互联网中。

三、局域网的软件系统组成

局域网的软件系统包括局域网采用的网络通信协议、操作系统和应用软件等,它们直接影响到局域网的性能。

1. 网络通信协议

局域网通信协议是局域网软件系统的基础,通常由网卡和相应驱动程序提供,用以支持局域网中计算机之间的通信。典型的局域网通信协议有 IEEE802 系列协议等。

2. 操作系统

局域网操作系统是局域网软件系统的核心,它为用户提供了对局域网硬件和软件系统的管理平台与交互界面。

局域网操作界面通常采用客户机/服务器(Client/Server)模型。目前大多数局域网操作系统中均置有 Internet 适用的 TCP/IP 协议,因此用户可以在所用的操作系统中根据实际需求将计算机设置为 Internet 服务器或客户机。

3. 应用软件

局域网应用软件是在局域网操作系统中运行的应用程序,可以扩展网络操作系统的功能。不同的应用软件可以满足用户在不同情况下的需求。例如,网络通信软件能够提供键盘对话服务。局域网中的每一种应用服务都需要相应的网络应用程序的支持。

网络软件系统(尤其是网络操作系统)直接影响到网络的性能,因为网络中的资源共享、用户通信、访问控制和文件管理等功能都是通过网络软件系统实现的。

子项目二 Internet 及应用

【项目描述】

Internet 将不同地区而且规模大小不一的网络互相连接。Internet 上的各种各样信息,任何人都可以通过网络共享和使用。本项目介绍 Internet 基本知识、IP 地址及协议、Internet 服务功能。

任务一 了解 Internet

目前我们所应用的国际互联网(Internet)也称为万维网,它在英语中的全称是:World Wide Web,其意思就是"世界范围内的网络"。把每个英文单词的第一个字母提出来,就变成了英文简称 WWW,汉语翻译名称就是万维网。20 世纪 90 年代初,在欧洲的一个实验室里,最先使用了 WWW 这个名称,表示网络提供多媒体信息资源的方式。由于它操作方便,容易记忆,所以很快就被广泛地使用,到了 1994 年,WWW 已成为网民们查询互联网、获取信息最为流行的手段。

当今世界,材料、能源和信息是人类社会发展的基本资源,对这三种资源的开发和利用,是人类社会发展的各个阶段都不可缺少的。

人类在开发和利用材料及能源这两个方面取得的巨大成就,创造了一个工业化的社会。电子计算机、通信技术和网络技术的结合引发了一场深刻的信息革命。目前,世界正处于信息新技术革命时代,对信息技术和信息产业的依赖程度越来越大。以计算机技术和网络技术为基础的高新技术的广泛应用,改变了人们的生活方式、生产方式和学习方式。

一、Internet 的起源

Internet 最初起源于美国国防部高级研究项目署(ARPA)在 1969 年建立的一个实验型网络 ARPANET。该网络将美国许多大学和研究机构中从事国防研究项目的计算机连接在一起。1974 年,研究人员基于 ARPANET 研究并开发了一种新的网络协议,即 TCP/IP协议(Transmission Control Protocol/Internet Protocol:传输控制协议/网络互联协议),使得连接到网络上的所有计算机能够相互交流信息。

20 世纪 80 年代局域网技术迅速发展,1981 年 ARPA 建立了以 ARPANET 为主干网的 Internet,1983 年 Internet 已开始由一个实验型网络转变为一个实用型网络。

Internet 在中国的发展可分为两个阶段。

第一阶段是 1987~1993 年,主要为理论研究与电子邮件服务。

1990 年 4 月,我国启动中关村地区教育与科研示范网(NCFC),1992 年该网络建成,实现了中国科学院与北京大学、清华大学三个单位的互联。

第二阶段是 1994 年至今,我国建立了国内的计算机网络,并实现了与 Internet 的全功能连接。

1994 年 4 月, NCFC 工程通过美国 SPRINT 公司接入 Internet 的 64 Kbps 国际专线开通, 实现了与 Internet 的全功能连接。

1994 年 10 月, CERNET 网络工程启动, 1995 年 12 月完成建设任务。在技术上, CERNET 建成包括全国主干网、地区网和校园网在内的三级层次结构的网络, 网络中心位于清华大学, 分别在北京、上海、南京、广州、西安、成都、武汉和沈阳八个城市设立地区网络中心。

除 CERNET 网络外, 邮电部建立了中国公用计算机互联网 CHINANET, 国家科委等部门建立了中国科技网, 中国银行等部门建立了中国金桥网。1997 年, 四网实现了互联互通。

二、Internet 的特点

1. 全球信息浏览

快速方便地与本地、异地其他网络用户进行信息通信是 Internet 的基本功能。一旦接入 Internet, 即可获得世界各地的有关政治、军事、经济、文化、科学、商务、气象、娱乐和服务等方面的最新信息。

2. 检索、交互信息方便快捷

Internet 用户和应用程序不必了解网络互联等细节, 用户界面独立于网络。对 Internet 上提供的大量丰富信息资源能快速地传递, 方便地检索。

3. 灵活多样的接入方式

由于 Internet 所采用的 TCP/IP 协议采取开放策略, 支持不同厂家生产的硬件、软件和网络产品, 任何计算机, 无论是大、中型计算机, 还是小型、微型、便携式计算机, 甚至掌上电脑, 只要采用 TCP/IP 协议, 均可实现与 Internet 的互联。

4. 收费低廉

我国政府在 Internet 的发展过程中给予了大力的支持。Internet 的服务收费较低, 并且还在不断下降。

三、Internet 的基本组成

1. 物理网络

Internet 最基本的部件是物理网络, Internet 上的所有计算机是通过成千上万根电缆、光缆或无线通信设备及连接器组成的一个有机的物理网络; 物理网络是传播信息的真实载体。

2. 通信协议

通信协议是实体间控制和数据交换的规则的集合; 在 Internet 上传送的每个消息至少通过三层协议: 网络协议 (Network Protocol), 它负责将消息从一个地方传送到另一个地方; 传输协议 (Transport Protocol), 它管理被传送内容的完整性; 应用程序协议 (Application Protocol), 作为对通过网络应用程序发出的一个请求的应答, 它将传输转换成人类能识别的事物。

3. 网络工具

六大基本网络工具即远程登录工具、文件传输工具、网络漫游和资源挖掘工具、电子邮件工具、网络聊天工具及流媒体播放工具。

四、Internet 的未来发展方向

未来 Internet 的发展方向将呈现出如下特点：

（1）未来 Internet 的用户需求将向 WWW、移动性和多媒体方向发展。

（2）未来 Internet 的应用将包括与广播媒体、通信业务及出版媒体的综合。

（3）Internet 社会就是信息社会。信息社会将具有五大特征：技术的多样性、业务的综合性、行业的融合性、市场的竞争性和用户的选择性。

（4）未来 Internet 将给任何人（Anybody）、在任何时间（Anytime）、任何地点（Anywhere），以任何接入方式（Any Connection）和可承受的价格，提供任何信息（Any Information）并完成任何业务（Any Service）。

任务二 认识 IP 地址及协议

一、IP 地址的概念及分配

所谓 IP 地址，就是给每个连接在 Internet 上的主机分配的一个 32 bit 地址。

按照 TCP/IP 协议规定，IP 地址用二进制来表示，每个 IP 地址长 32 bit，比特换算成字节，就是 4 个字节。例如，一个采用二进制形式的 IP 地址是"00001010 00000000 00000000 00000001"，这么长的地址处理起来很麻烦。为了方便人们的使用，IP 地址经常被写成十进制的形式，中间使用符号"."分开不同的字节。于是，上面的 IP 地址可以表示为"10.0.0.1"。IP 地址的这种表示法叫做"点分十进制表示法"，这显然比 1 和 0 容易记忆得多。

为了使 Internet 上的众多计算机在通信时能够相互识别，Internet 上的每一台主机都分配有一个唯一的 32 bit 地址，该地址称为 IP 地址，也称做网际地址。IP 地址由 4 个数组成，每个数可取值 0 ~ 255，各数之间用一个点号"."分开（例如 10.0.0.1）。事实上，每个 IP 地址都是由网络号和主机号两部分组成的。网络号表明主机所连接的网络，主机号标识了该网络上特定的那台主机。例如，10.0 是网络号，0.1 是主机号。

有人会以为，一台计算机只能有一个 IP 地址，这种观点是错误的。可以指定一台计算机具有多个 IP 地址，因此在访问互联网时，不要以为一个 IP 地址就是一台计算机；另外，通过特定的技术，也可以使多台服务器共用一个 IP 地址，这些服务器在用户看起来就像一台主机一样。

那么，如何分配 IP 地址呢？

TCP/IP 协议需要针对不同的网络进行不同的设置，且每个节点一般需要一个"IP 地址"、一个"子网掩码"、一个"默认网关"。不过，可以通过动态主机配置协议（DHCP），为用户自动分配一个 IP 地址。这既避免了出错，也简化了 TCP/IP 协议的设置。

互联网上的 IP 地址统一由 IANA（Internet Assigned Numbers Authority，互联网网络号分配机构）来管理。

通常 IP 地址分成 5 类，即 A 类、B 类、C 类、D 类、E 类。

1. A 类地址

网络标识占 1 个字节，第 1 位为"0"，允许有 126（$2^7 - 2 = 126$）个 A 类网络，每个网络

大约允许有 1670 万台主机。通常分配给拥有大量主机的网络,如一些大公司(如 IBM 公司等)和 Internet 主干网络。

2. B 类地址

网络标识占 2 个字节,第 1、2 位为"10",允许有 16382 个网络,每个网络大约允许有 65534 台主机。通常分配给节点比较多的网络,如区域网。

3. C 类地址

网络标识占 3 个字节,第 1、2、3 位为"110",允许有 2097150 个网络,每个网络大约允许有 254 台主机。通常分配给节点比较少的网络,如校园网。一些大的校园网可以拥有多个 C 类地址。

4. D 类地址

前 4 位为"1110",用于多址投递系统(组播)。目前使用的视频会议等应用系统都采用了组播技术进行传输。

5. E 类地址

前 4 位为"1111",保留未用。

对于点分十进制的地址而言,只需要检查第一个数据就可以确定地址的分类(如表 7-1 所示):

表 7-1 IP 地址分类表

类别	从	到
A 类	0. 0. 0. 0	127. 255. 255. 255
B 类	128. 0. 0. 0	191. 255. 255. 255
C 类	192. 0. 0. 0	223. 255. 255. 255
D 类	224. 0. 0. 0	239. 255. 255. 255
E 类	240. 0. 0. 0	255. 255. 255. 255

若第一个数字在 0 到 127(含 0 和 127)之间,则为 A 类地址;

若第一个数字在 128 到 191(含 128 和 191)之间,则为 B 类地址;

若第一个数字在 192 到 223(含 192 和 223)之间,则为 C 类地址;

若第一个数字在 224 到 239(含 224 和 239)之间,则为 D 类地址;

若第一个数字在 240 到 255(含 240 和 255)之间,则为 E 类地址。

二、域名系统

DNS(Domain Name Server)是域名解析服务器的意思,它在互联网中的作用是,把域名转换成为网络可以识别的 IP 地址。例如,我们上网时输入的"www. html. net. cn"会自动转换成为 219. 148. 244. 61。用户的域名 DNS 地址设置在哪个服务器,就利用哪个公司的 DNS 系统管理用户的域名。什么是域名解析? 域名解析就是域名到 IP 地址的转换过程。什么是反向域名解析? 反向域名解析与通常的正向域名解析相反,提供 IP 地址,找出对应的域名,反向域名格式如:X. X. X. in – addr. arpa,然后按域名解析的方式查询。

DNS 全名叫 Domain Name Server。在网路上辨别一台电脑的方式是利用 IP,但是一组 IP 数字很不容易记,且没有什么联想的意义,因此我们会为网络上的服务器取一个有意义又容易记的名字,这个名字我们就叫它"Domain Name"。

例如,就新浪网站而言,一般使用者在浏览这个网站时,都会输入 www. sina. com. cn,而很少有人会记住这台服务器的 IP 是多少。所以,www. sina. com. cn 就是新浪网的"Domain Name"。就如同我们在称呼朋友时,一定是叫他的名字,几乎没有人是叫对方身份证号的吧!

跟我们一般人的姓名不同,Domain Name 和 IP 一样,每个 Domain Name 必须对应一组 IP。

DNS 是一个分布式的数据库,它是为了定义 Internet 上的主机而提供的一个层次性的命名系统。利用 DNS 能进行域名的解析。

1. 域名解析过程

(1)DNS 客户向本地的 DNS 服务器发出查询请求。

(2)如果该 DNS 本身具有客户想要查询的数据,则直接返回给客户。如果没有,则该服务器和其他命名服务器联系,从其他服务器上获取信息,然后返回给用户。

(3)本地的 DNS 服务器把返回的结果保存到缓存,以备下一次使用,同时还将结果返回给客户机。

2. DNS 和 WINS 的集成

我们知道,DNS 是静态的配置,而 WINS(Windows 网络名称服务器)完全是动态的;DNS 能用于非 Microsoft 客户,而 WINS 不行。将 DNS 和 WINS 集成起来,充分利用各自的优越性,使得域名解析过程更完美。

通过 DNS 和 WINS 的集成能实现"动态的 DNS",其基本原理为:由 DNS 解析较高层的域名,而将解析的结果传给 WINS,并由 WINS 得到最终的 IP 地址。WINS 将解析结果传给客户,好像是 DNS 服务器处理了整个解析过程一样。

域名系统 DNS 的后缀有以下几种,它们分别代表以下意义:

(1)edu:教育及学术单位。

(2)com:公司或商业组织。

(3)gov:政府单位。

(4)mil:军事单位。

(5)org:财团法人,基金会等非官方单位。

(6)net:网络管理服务机构。

(7)int:国际性组织。

(8)arpa:即 ARPANET(Internet 的起源)。

(9)国家及地区代码:依 ISO 标准定义,例如,cn 代表中国。

三、TCP/IP 协议简介

TCP/IP 协议起源于 ARPANET,目前已成为实际上的 Internet 的标准连接协议。

TCP/IP 协议其实是一个协议集合,内含了许多协议。TCP(Transmission Control Protocol,传输控制协议)和 IP(Internet Protocol,网络互联协议)是其中最重要的、确保数据完整传输的两个协议。IP 协议用于在主机之间传送数据,TCP 协议则确保数据在传输过程中不出现错误和丢失。除此之外,还有多个功能不同的其他协议。

任务三　Internet 基本服务功能

一、WWW 服务与信息检索

全球信息网即 WWW(World Wide Web),又称为 3W、万维网等,是 Internet 上最受欢迎、最为流行的信息检索工具。Internet 中的客户使用浏览器只要简单地点击鼠标,即可访问分布在全世界范围内 Web 服务器上的文本文件,以及与之相配套的图像、声音和动画等,进行信息浏览或信息发布。

1. WWW 的起源与发展

1989 年,瑞士日内瓦 CERN(欧洲粒子物理实验室)的科学家 Tim Berners Lee 首次提出了 WWW 的概念,采用超文本技术设计分布式信息系统。到 1990 年 11 月,第一个 WWW 软件在计算机上实现。一年后,CERN 就向全世界宣布 WWW 的诞生。1994 年,Internet 上传送的 WWW 数据量首次超过 FTP 数据量,WWW 成为访问 Internet 资源最流行的工具。随着 WWW 的兴起,在 Internet 上大大小小的 Web 站点纷纷建立,势不可挡。当今的 WWW 成了全球关注的焦点,为网络上流动的庞大资料找到了一条可行的统一通道。

WWW 之所以受到人们的欢迎,是由其特点决定的。WWW 服务的特点在于高度的集成性,它把各种类型的信息(如文本、声音、动画、录像等)和服务(如 News、FTP、Telnet、Gopher、Mail 等)无缝链接,提供了丰富多彩的图形界面。WWW 特点可归纳为:

➢ 客户可在全世界范围内查询、浏览最新信息。

➢ 信息服务支持超文本和超媒体。

➢ 用户界面统一使用浏览器,直观方便。

➢ 由资源地址域名和 Web 网点(站点)组成。

➢ Web 站点可以相互链接,以提供信息查找和漫游访问。

➢ 用户与信息发布者或其他用户相互交流信息。

由于 WWW 具有上述突出特点,它在许多领域中得到了广泛应用。大学研究机构、政府机关甚至商业公司都纷纷出现在 Internet 上:高等院校通过自己的 Web 站点介绍学院概况、师资队伍、科研、图书资料及招生招聘信息等;政府机关通过 Web 站点为公众提供服务,接受社会监督并发布政府信息;生产厂商通过 Web 页面用图文并茂的方式宣传自己的产品,提供优良的售后服务。

2. HTTP 协议

HTTP 协议位于 TCP/IP 协议之上,是 WWW 的基本协议,即超文本传输协议(Hyper Text Transfer Protocol)。超文本具有极强的交互能力,用户只需单击文本中的字和词组,即可阅读另一文本的有关信息,这就是超链接(Hyperlink)。超链接一般嵌在网页的文本或图像中。浏览器和 Web 服务器间传送的超文本文件都是基于 HTTP 协议实现的,支持 HTTP 协议的浏览器称为 Web 浏览器。除 HTTP 协议外,Web 浏览器还支持其他的传输协议,如 FTP、Gopher 等。

3. URL(统一资源定位器)

在 WWW 协议上浏览或查询信息,必须在浏览器上输入查询目标的地址,这就是 URL(Uniform Resource Locator,统一资源定位器),也称 Web 地址,俗称"网址"。URL 规定了某一特定信息资源在 WWW 中存放地点的统一格式,即地址指针。例如,http://www. microsoft. com 表示微软公司的 Web 服务器地址。URL 的完整格式如下:

协议 +":// "+ 主机域名(IP 地址) + 端口号 + 目录路径 + 文件名

URL 的一般格式为:

协议 +":// "+ 主机域名(IP 地址) + 目录路径

二、电子邮件

Internet 是一种应用广泛的计算机网络,它有两个突出特点:一是促进人们相互之间的信息沟通,二是为人们提供了信息资源的共享。在 Internet 上,共享的资源不是硬件,而是各种信息服务,Internet 之所以发展如此迅速,就是因为它恰好满足了人们对网络信息服务的需求。Internet 的信息服务可分为电子邮件服务、远程登录服务、文件传输服务、新闻讨论组服务以及 WWW 服务等。

电子邮件(简称 E-mail)又称电子信箱、电子邮政,它是一种用电子手段提供信息交换的通信方式,是全球多种网络上使用得最普遍的一项服务。这种非交互式的通信,加速了信息的交流及数据传送,它是一种简易、快速的方法。通过连接全世界的 Internet,实现各类信号的传送、接收、存储等处理,将邮件传送到世界的各个角落。到目前为止,可以说电子邮件是 Internet 资源使用得最多的一种服务。E-mail 不只局限于信件的传递,还可用来传递文件、声音及图形、图像等不同类型的信息。

电子邮件不是一种"终端到终端"的服务,而是一种"存储转发式"服务。这正是电子信箱系统的核心,利用存储转发可进行非实时通信,属异步通信方式。即信件发送者可随时随地发送邮件,不要求接收者同时在场,即使对方当时不在,仍可将邮件立刻送到对方的信箱内,且存储在对方的电子邮箱中。接收者可在他认为方便的时候读取信件,不受时空限制。在这里,"发送"邮件意味着将邮件放到收件人的信箱中,而"接收"邮件则意味着从自己的信箱中读取信件,信箱实际上是由文件管理系统支持的一个实体,这是因为电子邮件是通过邮件服务器(Mail Server)来传递文件的。

电子邮件的传输是通过简单邮件传输协议(Simple Mail Transfer Protocol,SMTP)来完成的,它是 Internet 下的一种电子邮件通信协议。

电子邮件的基本原理是在通信网上设立"电子信箱系统",它实际上是一个计算机系统。系统的硬件是一个高性能、大容量的计算机。硬盘作为信箱的存储介质,为用户分配一定的存储空间作为用户的"信箱",每位用户都有属于自己的一个电子信箱,并确定一个用户名和用户可以自己随意修改的口令。存储空间包含存放所收信件、编辑信件及信件存档三部分空间,用户使用口令开启自己的信箱,并进行发信、读信、编辑、转发、存档等各种操作。系统功能主要由软件实现。

电子邮件的通信是在信箱之间进行的。用户首先开启自己的信箱,然后通过输入命令的方式将需要发送的邮件发到对方的信箱中。邮件在信箱之间进行传递和交换,也可以与另一个邮件系统进行传递和交换。接收方在取信时,使用特定账号从信箱提取。

下面简单介绍一下电子邮件的地址。

E-mail 像普通的邮件一样也需要地址,它与普通邮件的区别在于它是电子地址。所有在 Internet 上有信箱的用户都有自己的一个或几个 E-mail 地址,并且这些 E-mail 地址都是唯一的。邮件服务器就是根据这些地址,将每封电子邮件传送到各个用户的信箱中,E-mail 地址就是用户的信箱地址。就像普通邮件一样,用户能否收到 E-mail,取决于是否取得了正确的电子邮件地址(用户需要先向邮件服务器的系统管理人员申请注册)。

一个完整的 Internet 邮件地址由以下两部分组成,格式如下:

loginname@ hostname. domain

即:登录名@ 主机名. 域名

邮件地址由登录名、主机名和域名组成,登录名和主机名之间用一个表示"在"(at)的符号"@"分开。其中,域名由几部分组成,每一部分称为一个子域(Subdomain),各子域之间用圆点"."隔开,每个子域都会告诉用户一些有关这台邮件服务器的信息。

假定用户 webmaster 的本地机(必须具有邮件服务器功能)为 cug. edu. cn,则其 E-mail 地址为:webmaster@ dns. cug. edu. cn

表示:这台计算机在中国(cn),隶属于教育机构(edu)下的中国地质大学(cug),机器名是 dns。在@ 符号的左边是用户的登录名:webmaster。

三、文件传输

FTP(File Transfer Protocol)是文件传输协议的英文缩写,是一种与 Telnet 类似的联机服务,允许用户从远程计算机上获得一个文件副本传送到本地计算机上,或将本地计算机上的一个文件副本传送到远程计算机上。同样,远程计算机在进行文件传输时要求输入用户的账号和口令。但 Internet 上有许多 FTP 服务器都提供免费软件和信息,用户登录时不记名,这种 FTP 服务称为匿名 FTP 服务。

FTP 采用"客户机/服务器"工作方式,客户端要在自己的计算机上安装 FTP 客户程序。使用 FTP 可传送任何类型的文件,如文本文件、二进制文件、声音文件、图像文件和数据压缩文件等。

FTP 就是完成两台计算机之间的复制。从远程计算机复制文件至自己的计算机上,称之为"下载(download)"文件。若将文件从自己计算机中复制至远程计算机上,则称之为"上传(upload)"文件。

FTP 的传输有两种模式:ASCII 传输模式和二进制数据传输模式。

子项目三　信息安全

【项目描述】

信息化与计算机应用相互依存且同步发展,而信息安全领域中出现的计算机病毒大大威胁着计算机系统以及计算机网络信息系统的安全,本项目介绍计算机病毒与防治、网络黑客与攻击、常见信息安全技术。

任务一 计算机病毒与防治

计算机病毒种类繁多,软件检测和杀毒也有时间限制,人工检测要求操作人员有一定的软件分析能力,并对操作系统有较深的了解。当然,病毒本身并不可怕,只要用户能够了解它的特点和原理,就能够识别和防范计算机病毒。

一、计算机病毒的定义

计算机病毒是一组通过复制自身来感染其他软件的程序代码。当软件运行时,嵌入的病毒也随之运行并感染其他程序。一些病毒不带有恶意攻击性编码,但更多的病毒携带毒码,一旦被事先设定好的环境激发,即可感染和破坏。在《中华人民共和国计算机信息系统安全保护条例》中明确将计算机病毒定义为:"指编制或者在计算机程序中插入的破坏计算机功能或者破坏数据,影响计算机使用并且能够自我复制的一组计算机指令或者程序代码"。通过以上定义,可以了解计算机病毒与医学上的"病毒"是不同的,它不是一种生物,而是一种人为的特制程序,可以自我复制,具有很强的感染性、一定的潜伏性、特定的触发性、严重的破坏性。

二、计算机病毒的产生

随着计算机技术的飞速发展,计算机已经被应用到人类社会生活的各个领域。与此同时,"计算机病毒"使人们在尽情使用计算机所带来的方便和愉快的同时,心中不免产生一些阴影。随着 1983 年 11 月,世界上第一个计算机病毒在美国实验室诞生,1986 年,巴基斯坦两兄弟为追踪非法窃取自己软件的人,又制造了世界上第一个传染 PC 的"巴基斯坦"病毒。1988 年,计算机病毒开始传入我国,在短短几个月之内迅速感染了全国 20 多个省、市的计算机。

分析计算机病毒产生的原因,一般有以下几种:用于软件的版权保护,或出于一些特殊的目的或个人的报复心理,开玩笑、恶作剧等。

三、计算机病毒的种类

计算机上病毒的种类不计其数,而且每天都有新的病毒产生。不过,可以通过对病毒进行分类来更好地了解病毒。目前对计算机病毒的分类方式主要有以下几种:

(1)按照病毒文件的传染方式可将病毒分成引导区型病毒、文件型病毒、网络型病毒和混合型病毒。

引导区型病毒的攻击对象就是磁盘的引导扇区,能使系统在启动时获得优先的执行权,从而达到控制整个系统的目的。因为感染的是引导扇区,一般来说会造成系统无法正常启动。但查杀该类病毒也较容易,多数杀毒软件都能奏效。

文件型病毒一般是感染扩展名为 .exe、.com 等的可执行文件。

网络型病毒是近年来网络高速发展的产物,感染的对象不再局限于单一的模式和单一的可执行文件,而是更加综合、隐蔽。其攻击方式也有转变,从原始的删除、修改文件到现在进行文件加密、窃取用户有用信息等。传播的途径也发生了质的飞跃,不再局限于磁盘,而是通过更加隐蔽的网络进行。

混合型病毒同时具备了引导区型病毒和文件型病毒的某些特点,既可以感染磁盘的引导扇区,也可感染某些可执行文件。如果没有对该类病毒进行全面的清除,则残留病毒可自我恢复,还会造成引导扇区和可执行文件的感染,查杀病毒难度极大。

(2)按照连接方式可将病毒分为源码型病毒、入侵型病毒、操作型病毒和外壳型病毒。

源码型病毒入侵的主要是高级语言的源程序,病毒是在源程序编译之前插入病毒代码,最后随源程序一起被编译成可执行文件。

入侵型病毒是用它自身的病毒代码取代某个入侵程序的整个或部分模块,主要是攻击特定的程序,针对性较强,但是不易被发现,清除起来也较困难。

操作型病毒主要是用自身程序覆盖或修改系统中的某些文件,达到调用或替代操作系统中的部分功能,直接感染系统,危害较大,也是最为多见的一种病毒类型,多为文件型病毒。

外壳型病毒通常是将其病毒附加在正常程序的头部或尾部,相当于给程序添加了一个外壳。在被感染的程序执行时,病毒代码先被执行,然后才将正常程序调入内存。

(3)按照破坏性可分为良性病毒、恶性病毒、极恶性病毒和灾难性病毒等。

良性病毒入侵的目的不是破坏系统,只是发出某种声音或出现一些提示,除占用一定的硬盘空间和 CPU 处理时间外无其他危害。

恶性病毒是只对软件系统造成干扰,窃取信息,修改系统信息,不会造成硬件损坏、数据丢失等严重后果的病毒。该类病毒入侵后系统除不能正常使用外,无其他损失。系统损坏后一般只需要重装系统的某个部分文件后即可恢复。

极恶性病毒的损坏程度要大一些,感染后系统就要彻底崩溃,根本无法正常启动,硬盘中的有用数据可能不能获取。

灾难性病毒一般是破坏磁盘的引导扇区,修改文件分配表和硬盘分区表,造成系统根本无法启动,甚至会格式化或锁死硬盘,使人们无法使用硬盘,系统很难恢复,保留在硬盘中的数据也就很难获取了。

四、计算机病毒的特征

计算机病毒具有隐蔽性、潜伏性、传染性、激发性和破坏性等特征。

1. 隐蔽性

由于病毒制造者大都十分熟悉计算机系统的内部结构,具有较丰富的计算机知识和较强的编程能力,因而所设计出的病毒程序短小精悍,技巧性相当高,极具隐蔽性,使人们很难察觉和发现它的存在。

2. 潜伏性

病毒具有依附于其他信息媒体的寄生能力。病毒侵入系统后,一般不立即发作,往往要经过一段时间后才发作。病毒的潜伏期长短不一,可能为数十小时,也可能长达数天甚至更久。

3. 传染性

这是计算机病毒最基本的特性,病毒的传染性是病毒赖以生存繁殖的条件。计算机病毒具有与生物病毒类似的特征,有很强的再生能力。计算机病毒的传播主要通过文件复制、文件传送、文件执行等方式进行。计算机病毒可以通过磁盘等媒体进行传播,可以将自身复制到其他对象上,造成病毒的扩散。

4. 激发性

许多病毒传染到某些对象上后,并不立即发作,而是在一定条件下,满足一定条件后才被控制激发。激发条件可能是时间、日期、特殊的标识符及文件使用次数等。

5. 破坏性

计算机病毒对系统具有不同程度的危害性,具体表现在抢占系统资源、破坏文件、删除数据、干扰运行、格式化磁盘甚至摧毁系统等方面。

五、计算机病毒的清除与预防

通常情况下,计算机发生异常并不一定就是感染了病毒引起的,大多是计算机本身的软、硬件故障引起的。发现异常时,在杀毒软件还不能解决的情况下,应考虑软、硬及人为因素的可能性。例如,网络上的故障可能是权限设置所致。最常见的"死机"现象在组装兼容机上经常出现,这可能是兼容机的内存质量差,硬件超频使用造成的。系统无法启动可能是人为地误删除了某些启动文件或系统文件造成的。

为了尽可能地避免被病毒感染,最大可能地减少或不受损失,用户平时应坚持以预防为主、兼杀为辅的原则,正确而安全地使用计算机。可采用的防范病毒措施如下:

(1)不用盗版软件和来历不明的磁盘。将外来盘拷入计算机之前,一定要用多种杀毒软件交叉检查清杀。

(2)经常对系统和重要的数据进行备份。

(3)对重要内容的软盘要及时贴上写保护条。

(4)经常用杀毒软件对系统(硬盘和软盘)进行病毒检测和清杀。

(5)保存一份硬盘的主引导记录档案。

(6)一旦发现被病毒感染,用户应及时采取措施,保护好数据,利用杀毒软件对系统进行查毒消毒处理。及时根除毒源,以免扩散造成更大的损失。

任务二　网络黑客与网络攻防

生活在数字化的网络空间里,信息设备及其信息本身与人们的日常工作和生活息息相关。但是许多管理者或用户对信息系统安全性的关注仍比较薄弱,对于信息安全问题漫不经心,对网络上的攻击和防护基本知识也缺乏了解,更多地只是考虑网络性能、效率和方便性,由此使得信息安全问题更为复杂化。关注黑客,关注信息安全,是每一位管理者和网络用户必须铭记的。

一、网络黑客

对于黑客(Hacker)一词,不同媒体有不同的解释,它一般是指计算机技术中的行家或那些热衷于解决问题和克服限制的人。他们伴随并依赖着网络,对计算机尤其是计算机网络有着狂热的爱好,搜寻和发现计算机及网络中的各种大小漏洞。真正的黑客一般是不会有意利用这些漏洞去侵犯他人的系统并进行破坏的,他所做的一般是提出漏洞的补救办法。但是,总有一些人,他们并不是真正的黑客,他们到处收集黑客工具,利用网络四处进行捣乱和破坏,来炫耀自己的计算机"技术"。正因为这些人的存在,使得现在的"黑客"成为了贬义词。

二、黑客入侵的目的

一般黑客入侵大体有以下目的：

(1)好奇心与成就感；

(2)当作入侵其他重要机器的跳板；

(3)盗用系统资源；

(4)窃取机密资料；

(5)恶意攻击。

三、常见的黑客攻击方式

1. 攻击模式

当前，网络上黑客的攻击手段和方法多种多样，一般可以归结为下面的两种模式：口令入侵攻击和工具攻击。

(1)口令入侵攻击方式是最早采用和最原始的黑客攻击方式，通过获取的口令来侵入目标系统，并获取对目标的远程控制，例如获取目标操作系统的 Root 用户的口令等。黑客一般都是采用破解密码的方式来获取所需要的口令，当前，破解密码的方法主要有猜测法、穷尽法、字典法和网络监听法。

(2)工具攻击和口令入侵攻击不同，它是借助一些现成的黑客工具和软件，直接对目标进行攻击，破坏对方系统和文件资料。虽然现在网络黑客工具多如牛毛，数以千计，但一般不外乎以下几种类型：病毒攻击、炸弹攻击、特洛伊木马、IP 或端口攻击。

2. 攻击方法

1)猜测法和穷尽法

猜测法是黑客依据一般人员的心理和对被攻击目标的熟悉程度，来猜测对方可能设置的密码。例如，被攻击目标的生日、名字的汉语拼音、姓名缩写及其这些方式的组合等。穷尽法是使用遍历法一个一个尝试所有可能试出的密码。

2)字典法

字典法主要是针对破解组合密码而采用的一种方法。在对目标攻击之前，事先建立一个字典库，在该字典库中包含了一些常用单词、数字、短语、句子等。然后结合密码破解软件对可能的组合进行一一尝试，不断地循环和反复，直到获取正确的密码口令。由于现在计算机的运算速度非常快，甚至采用巨型机和并行机参与运算，所以这种方法的效率要远远高于穷尽法。当前的密码破解软件一般都支持这种破解方法，所以该方法是黑客在获取被攻击目标口令时比较常见的一种方法。

3)网络监听

网络监听是一种监视网络状态、数据流及网络上传输信息的管理工具，它可以将网络接口设置于监听模式，并且可以截获网上传输的信息。也就是说，当黑客登录网络主机并取得超级用户权限后，若要登录其他主机，使用网络监听可以有效地截获网上的数据，这是黑客使用得最多的方法。但是，网络监听只能应用于物理上连接于同一网段的主机。

4)炸弹攻击

炸弹攻击的一般方式是利用特殊的工具软件，在短时间内向被攻击的目标发出大量的超出系统负荷的信息，造成网络堵塞，被攻击目标超负荷，从而造成被攻击目标系统崩溃及拒绝服务等。目前常见的炸弹攻击主要有邮件炸弹、聊天室炸弹、逻辑炸弹等。

提起炸弹攻击，就不得不提起拒绝服务攻击。从其本质上讲，拒绝服务攻击就是一种炸弹攻击。拒绝服务攻击也叫分布式 DoS 攻击，该攻击是使用大量的数据包消耗目标网络上的数据资源，从而使网络服务陷入瘫痪状态。

5）特洛伊木马

木马攻击属于较低层次但功能强大的攻击，一般黑客利用诱惑或欺骗的方法让用户把木马的服务器端程序运行后，就潜伏在用户的机器中，并把用户的秘密和数据发给黑客，黑客轻而易举地把用户的机器当成他的没有任何秘密的服务器。

6）IP 或端口攻击

因为绝大多数的计算机用户所采用的操作系统是 Windows 操作系统，其安全体系是非常脆弱的，一些黑客就利用 Windows 系统本身的一些漏洞，从 IP 或端口直接进行攻击，导致系统崩溃、蓝屏和死机现象。

四、如何防范黑客

从技术上对付黑客攻击，主要采用下列措施：

（1）使用防火墙来防止外部网络对内部网络的未经授权访问，建立网络信息系统的对外安全屏障，以便对外部网络与内部网络交流的数据进行检测，符合的予以放行，不符合的则拒之门外。

（2）经常使用安全监测与扫描工具作为加强内部网络与系统的安全防护性能和抗破坏能力的主要手段，用于发现安全漏洞及薄弱环节。当网络或系统被黑客攻击时，可用该软件及时发现黑客入侵的迹象，并及时进行处理。

（3）使用有效的控制手段抓住入侵者。经常使用网络监控工具对网络和系统的运行情况进行实时监控，用于发现黑客或入侵者的不良企图及越权使用，及时进行相关处理，防范于未然。

（4）经常备份系统，以便在被攻击后能及时修复系统，将损失减少到最低程度。

（5）加强安全防范意识，有效地防止黑客的攻击。

任务三 常见信息安全技术

信息安全概念是随着时代的发展而发展的，信息安全的概念、内涵及技术都在不断地发展变化，并且随着计算机网络技术的不断发展，涌现出了许多信息安全技术。本节主要介绍数据加密、数字签名与防火墙技术等。

一、数据加密

数据加密是应用信息安全的核心技术——密码技术将资料加密，以防止信息泄露的技术。信息在网络传输时被窃取，是个人和公司面临的最大安全风险。为防止信息被窃取，则必须对所有传输的信息进行加密。就体制而言，目前的加密体制可分为单密钥加密体制和公用密钥体制。

1. 单密钥加密体制

单密钥加密体制是指在加密和解密过程中都必须用到同一个密钥的加密体制，此加密体制的局限性在于，在发送方和接收方传输数据时，必须先通过安全渠道交流密钥，保证在他们发送或接收加密信息之前有可供使用的密钥。但是,如果用户能通过一条安全渠道传递密码,也能够用这条安全渠道传递邮件。

2. 公用密钥体制

公用密钥需要两个相关的密码,一个密码作为公钥,一个密码作为私钥。在公用密钥体制中,信息接收者可以把他的公钥放到 Internet 的任意地方,或者用非加密的邮件发给信息的发送者,信息的发送者用他的公钥加密信息后发给信息接收者,信息接收者则用他自己的私钥解密信息。

在所有公钥加密算法中,最典型的代表是 1978 年由 R. Rivest、A. Shamir 和 L. Adlman 三人发明的 RSA,现在已经有许多应用 RSA 算法实现的数字签名系统。

二、数字签名

签名是证明当事者身份的一种信息。数字签名是以电子形式存储的一种信息,可以在通信网络中传输。由于数字签名是利用密码技术进行的,所以其安全性取决于所采用的密码体制的安全程度。

1. 数字签名与手写签名的主要差别

1)签名的文件不同

手写签名所签写的是物理存在的文件,数字签名则不是,所以数字签名的算法必须首先设法实现将签名绑定到所签的文件上。

2)验证的方法不同

手写签名是通过和作为标准的真实的手写签名相比较来验证的,而数字签名则是通过一个公开的验证算法来实现验证的。两种签名方式相比较,手写签名比较容易伪造。如果数字签名所采取的算法安全性能较高的话,可以阻止伪造签名的可能性。

3)复制方法不同

手写签名可以通过复印的方式获得与原件完全相同的文件的副本,但是人们可以很容易地将原件和复印件区分开来。然而,由于数字签名是电子文档,复制一份副本出来,它和原件将不会有丝毫差别,很难区分。

2. 设计一个数字签名算法需要满足的条件

(1)签名者事后不能否认自己的签名。

(2)任何其他人都不能伪造签名,接收者能验证签名。

(3)当双方就签名的真伪发生争执时,法官或第三方能够解决双方之间的争执。

通常,一个数字签名的实现由两个算法组成,即签名算法和验证算法。以 RSA 数字签名为例,首先,签名者使用一个秘密的签名算法对一段消息 X 进行签名,得到一个签名信息 Y;其次,信息的接收方需要判断信息 X 的签名 Y 是否真实,这时可以通过一个公开的验证算法来对 Y 进行验证,最后得到验证结果。

三、防火墙技术

1. 什么是防火墙

防火墙(Firewall)是从内部网(Intranet)的角度来解决网络的安全问题。内部网通常采用一定的安全措施与企业或机构外部的 Internet 用户相隔离,以加强 Internet 与 Intranet 之间的安全防范,这个安全措施就是防火墙。防火墙用来在两个网络之间实施存取控制策略,它可以确定哪些内部服务允许外部访问,哪些外部人员被许可访问所允许的内部服务,哪些外部服务可由内部人员访问等。建立防火墙后,来自和发往 Internet 的所有信息都必须经由防火墙出入。

2. 防火墙有何用途

目前,许多企业、单位已纷纷建立与 Internet 相连的内部网络,使用户可以通过网络查询信息。这时,企业的 Intranet 的安全性就会受到考验,因为网络上的不法分子在不断寻找网络上的漏洞,企图潜入内部网络。一旦 Intranet 被人攻破,一些重要的机密资料可能会被盗,网络可能会被破坏,将给网络所属单位带来难以预测的损害。

而使用了防火墙后,防火墙可以有效地挡住外来的攻击,对进出的数据进行监视,并能自动统计,分析通过防火墙的各种连接数据,探测出攻击者,立即断开与该主机的任何连接,保护内部网络所有服务器和主机的安全。防火墙除可以作为网络门户的保护外,还提供了许多网络连接时的应用。如包含代理服务器的功能,可以提高内部网络对外访问的速度;采用加密连接方式,使企业通过公共网络安全地传输数据。

四、其他常见技术

1. 访问控制

访问控制是通过一个参考监视器,在每一次用户对系统目标进行访问时,都由它来进行调节,包括限制合法用户的行为。每当用户对系统进行访问时,参考监视器就会查看授权数据库,以确定准备进行操作的用户是否确实得到了可进行此项操作的许可。

2. 入侵检测

入侵检测是对防火墙技术的一种逻辑补偿技术。它将系统的安全管理扩展到安全审计、安全检测、入侵识别、入侵取证和响应等范畴,解决了防火墙后门问题,以及防火墙自身的性能的限制,如不能提供实时入侵检测等问题。

3. 身份验证

身份验证是一致性验证的一种,验证是建立一致性证明的一种手段。身份验证主要包括验证依据、验证系统和安全要求。身份验证技术是在计算机中最早应用的安全技术,而且现在仍然在广泛应用,是互联网上信息安全的第一道屏障。

4. 存取控制

存取控制规定何种主体对何种客体具有何种操作权力。存取控制是网络安全理论的重要方面,主要包括人员限制、数据表示、权限控制、类型控制和风险分析。存取控制也是最早采用的安全技术之一,它一般与身份验证技术一起使用,赋予不同身份的用户以不同的操作权限,以实现不同的安全级别的信息分级管理。

5. 数据完整性

数据完整性证明是在数据传输的过程中,验证收到的数据是否与原来的数据之间保持完全一致的证明手段。检查是最早采用数据完整性验证的方法,它虽然不能保证数据的完整性,并且只起到基本的验证作用,但是由于它的实现非常简单,因此现在仍然广泛应用于网络数据的传输和保护中。

6. 安全协议

安全协议的建立和完善是安全保密系统走上规范化和标准化道路的基本因素。一个较为完善的内部网和安全保密系统至少要包含加密机制、验证机制和保护机制。

五、信息安全应用软件

1. 网络加密通用系统(Pretty Good Privacy,PGP)

PGP 是一款著名的共享加密软件,包含四个密码单元:单钥密码(IDEA)、双钥密码(RSA)、杂凑算法(MD－5)和一个随机数生成算法。PGP 与具体的应用无关,可独立地提供数据加密、数字签名和密钥管理等功能,适合于电子邮件内容和文件内容的加密,也可以作为安全工具嵌入应用系统。PGP 速度快、效率高、可移植性强,可在多种操作平台上运行。

2. 安全邮件标准(Privacy Enhanced Mail,PEM)

PEM 是由美国 RSA 实验室基于 RSA 和 DES 算法而提出的一个 Internet 标准建议草案,其目的就是增强个人的隐私功能。PEM 主要包含以下四个 RFC 文件。

➤ RFC1421 第一部分:消息加密和鉴别过程。此文件为 Internet 中的电子邮件传输提供保密性增强邮件业务,定义了消息加密和鉴别过程。

➤ RFC1422 第二部分:基于证书的密钥管理。此文件定义了基于公开密钥证书技术的密钥管理体系和基础结构,为消息的发送者和接收者提供密钥信息。

➤ RFC1423 第三部分:算法,模式和标识。此文件为密码算法,使用模式相关的标识和参数提供了定义、格式、参考文献和引文。

➤ RFC1424 第四部分:密钥证书和相关业务。此文件介绍了支持 PEM 的三类业务,即密钥证书、证书撤销列表(CRL)存储和 CRL 恢复。

目前,PEM 在 Internet 上得到了广泛应用,专为 E-mail 用户提供如下两类安全服务:一类是对所有的报文提供诸如验证性、完整性、防抵赖等安全服务功能;另一类提供可选的安全服务功能,如保密性等,一般与 Internet 标准 SMTP(Simple Mail Transfer Protocol)协议结合使用。

【项目拓展】

1. 打开 IE 浏览器,设置 www. baidu. com 为主页。

2. 利用百度搜索"熊猫"的相关住处,将搜索到的第一个网页保存为网页文件,文件名为"国宝熊猫"。

3. 利用百度图片搜索再搜索"熊猫"的图片,并选择两张你喜欢的保存下来。

4. 打开 http://www. tsinghua. edu. cn,将其以"清华大学"为名收藏起来。

5. 下载当前最新版 360 安全卫士安装并使用。

6. 创建文档"课程学习心得. docx",打开 QQ 邮箱,以附件的形式发送给教师。

项目小结

本项目主要学习了计算机网络的基础知识、Internet 的基础知识和基本操作、局域网的基础知识和组网的方法及计算机信息安全的基本知识等。通过本项目的学习,能够对计算机网络、计算机安全等知识有一定的了解,并能够使用互联网搜索需要的素材,以及使用电子邮件收集信息。

习 题

一、单选题

1. 最先提出信息高速公路的国家是( )。
    A. 中国　　　　　　　B. 美国　　　　　　　C. 英国　　　　　　　D. 日本
2. Internet 最初创建的目的是用于( )。
    A. 军事　　　　　　　B. 教育　　　　　　　C. 政治　　　　　　　D. 经济
3. 信息高速公路传送的是( )。
    A. 二进制数据　　　B. 系统软件　　　　　C. 应用软件　　　　　D. 多媒体信息
4. 广域网覆盖的地理范围从几十千米到几千千米。它的通信子网主要使用( )
交换技术。
    A. 报文　　　　　　　B. 分组　　　　　　　C. 文件　　　　　　　D. 电路
5. 计算机网络按其覆盖的范围,可划分为( )。
    A. 以太网和移动通信网　　　　　　B. 电路交换网和分组交换网
    C. 局域网、城域网和广域网　　　　D. 星型结构、环型结构和总线型结构
6. 计算机网络是由通信子网和( )子网组成的。
    A. 交换　　　　　　　B. 资源　　　　　　　C. 服务器　　　　　　D. TCP/IP
7. 在 OSI 参考模型的各层次中,( )是由操作系统来完成的。
    A. 物理层　　　　　　B. 数据链路层　　　　C. 网络层　　　　　　D. 传输层
8. 将下述介质按传输速度由慢到快排序,顺序正确的是( )。
    A. 双绞线、同轴电缆、光纤　　　　B. 同轴电缆、双绞线、光纤
    C. 同轴电缆、光纤、双绞线　　　　D. 双绞线、光纤、同轴电缆
9. WWW 即 World Wide Web,我们经常称它为( )。
    A. 因特网　　　　　　　　　　　　B. 万维网
    C. 综合服务数据网　　　　　　　　D. 电子数据交换网
10. Internet 的普及与广泛使用,是计算机技术( )的具体体现。
    A. 网络化　　　　　　B. 全球化　　　　　　C. 巨型化　　　　　　D. 智能化
11. TCP/IP 协议是指( )。
    A. TCP 协议和 IP 协议　　　　　　B. 物理层协议
    C. TCP/IP 协议簇　　　　　　　　D. 网络层协议
12. 描述计算机网络中数据通信的基本技术参数是数据传输速率与( )
    A. 服务质量　　　　B. 传输延迟　　　　　C. 误码率　　　　　　D. 响应时间
13. 下列选项中,防范网络传输泄密最有效的方法是( )。
    A. 安装防火墙　　　　　　　　　　B. 漏洞扫描
    C. 数据加密　　　　　　　　　　　D. 采用无线网络传输
14. IPv4 协议中,其 IP 地址由( )两部分组成。

A. 网络地址和主机地址　　　　　　　B. 高位地址和低位地址

C. 掩码地址和网关地址　　　　　　　D. 互联网地址和局域网地址

15. 从 www. cernet. edu. cn 可以看出它是(　　　)。

A. 中国的一个政府组织站点　　　　　B. 中国的一个商业组织的站点

C. 中国的一个军事部门站点　　　　　D. 中国的一个教育机构的站点

16. 中国的顶级域名是(　　　)。

A. CHINA　　　　　B. ZHONGGUO　　　　C. CN　　　　　D. ZG

17. 电子邮件服务采用的通信协议是(　　　)。

A. FTP　　　　　　B. HTTP　　　　　C. SMTP　　　　　D. Telnet

18. E-mail 地址的一般格式是(　　　)。

A. 用户名＋域名　　B. 用户名－域名　　C. 用户名@域名　　D. 用户名#域名

19. 因特网上用户最多、使用最广的服务是(　　　)。

A. E-mail　　　　　B. WWW　　　　　C. FTP　　　　　D. Telnet

20. 电子邮件(E-mail)是(　　　)。

A. 有一定格式的通信地址　　　　　　B. 以磁盘为载体的电子信件

C. 网上一种信息交换的通信方式　　　D. 计算机硬件地址

21. 在电子邮件中,所包含的信息(　　　)。

A. 只能是文字信息　　　　　　　　　B. 只能是文字与图像信息

C. 只能是文字与声音信息　　　　　　D. 可以是文字、声音、图形和图像信息

22. 下列对 IPv6 地址的表示中,错误的是(　　　)。

A. : : 880 : BC : 0 : 05D7　　　　　　B. 21DA : 0 : 0 : 0 : 2A : F : FE08 : 3

C. 21BC : : 10　　　　　　　　　　　D. FF60 : : 2A90 : FE : 0 : 4CA2 : 9C5A

23. ISP 指的是(　　　)。

A. 网络服务供应商　　　　　　　　　B. 信息内容供应商

C. 软件产品供应商　　　　　　　　　D. 硬件产品供应商

24. 文件传输服务采用的通信协议是(　　　)。

A. FTP　　　　　　B. HTTP　　　　　C. SMTP　　　　　D. Telnet

25. 计算机病毒传播速度最快的途径是(　　　)。

A. 通过网络　　　B. 通过光盘　　　C. 通过硬盘　　　D. 通过 U 盘

二、判断题

1. 两台计算机利用电话线路传输数据信号时必备的设备之一是网卡。　　　(　　)

2. 因特网(Internet)初期主要采用 TCP/IP 协议进行通信,随着因特网的发展,该协议已经不再使用。　　　(　　)

3. Modem(调制解调器)既是输入设备又是输出设备。　　　(　　)

4. Internet 的 IP 地址为二进制的 32 位。　　　(　　)

5. 防火墙使得内部网络与 Internet 之间互相隔离,从而保护内部网络的安全。

(　　)

6. 电子邮件(E-mail)地址的正确形式是"用户名@域名"。　　　　　　（　　）

7. 反病毒软件通常滞后于计算机新病毒的出现。　　　　　　　　（　　）

8. 网络域名地址一般都通俗易懂,大多采用英文名称的缩写来命名。　（　　）

9. 按照国际惯例,非正版软件,能用于生产和商业性目的。　　　　（　　）

10. 发送电子邮件不是直接发送到接收者的计算机中。　　　　　　（　　）

11. 必须借助专门的软件才能在网上浏览网页。　　　　　　　　　（　　）

三、填空题

1. 为网络信息交换而制定的规则称为_____。

2. WWW 上的每个网页都有一个独立的地址,这些地址称为_____。

3. 局域网的英文缩写是_____。

4. TCP 协议是_____的简称。

5. Internet 上最基本的通信协议是_____。

6. 在计算机网络中,通常把提供并管理共享资源的计算机称为_____。

7. 目前广泛使用的因特网(Internet)基本上都采用_____拓扑结构。

参考文献

[1] 李建华. 计算机文化技术[M]. 北京:高等教育出版社,2012.

[2] 孙力. 计算机应用基础[M]. 北京:北京交通大学出版社,2014.

[3] 卞诚君. 完全掌握 Office 2010 高效办公超级手册[M]. 北京:机械工业出版社,2011.

[4] 李燕,罗群. 计算机基础及办公自动化[M]. 上海:华东师范大学出版社,2014.

[5] 阳东青,徐也可,谢晓东. 计算机应用基础项目教程 [M]. 北京:中国铁道出版社,2010.